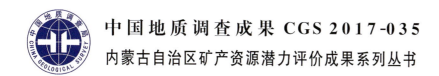

中国地质调查成果 CGS 2017-035

内蒙古自治区矿产资源潜力评价成果系列丛书

内蒙古自治区
重力场特征及地质应用研究

NEIMENGGU ZIZHIQU ZHONGLICHANG TEZHENG JI DIZHI YINGYONG YANJIU

苏美霞　赵文涛　常忠耀　阴曼宁　孙会玲　等著

内容摘要

本书以2010年底之前完成的1∶100万、1∶50万、1∶20万重力测量成果数据为基础,编制了全区《布格重力异常图》《剩余重力异常图》;首次对剩余重力异常进行了系统编号及解释推断,划分了断裂构造,初步圈定了地层单元、中新生代盆地、岩体、构造岩浆岩带的范围,在此基础上,首次编制了全区《推断地质构造图》;完成了对全区重力场的分区及地质解释,进行了构造单元的划分;首次研究了Ⅲ级成矿区(带)重力场特征及其地质意义,总结了重力推断的深大断裂、前寒武纪基底隆起区、构造岩浆岩带与矿产的关系;对华北板块与西伯利亚板块界线的厘定等重大地质问题进行了探讨,认为西拉木伦河深大断裂带应是华北板块与西伯利亚板块的终级缝合带。对区内铁、铜、金、铅、锌、钨、锑、稀土、钼、银、铬、锰、镍、锡、铝土、萤石、磷、重晶石、硫、菱镁矿20个矿种优选的160个典型矿床所在区域重磁场特征进行了综合研究,建立了区域地质地球物理模型及找矿标志,编制了典型矿床地质地球物理系列图册。

图书在版编目(CIP)数据

内蒙古自治区重力场特征及地质应用研究/苏美霞,赵文涛,常忠耀,阴曼宁,孙会玲等著.—武汉:中国地质大学出版社,2017.10

(内蒙古自治区矿产资源潜力评价成果系列丛书)

ISBN 978-7-5625-3999-5

Ⅰ.①内⋯

Ⅱ.①苏⋯②赵⋯③常⋯④阴⋯⑤孙⋯

Ⅲ.①地球重力场-研究-内蒙古

Ⅳ.①P312.1

中国版本图书馆 CIP 数据核字(2017)第 091068 号

内蒙古自治区重力场特征及地质应用研究	苏美霞 赵文涛 常忠耀 阴曼宁 孙会玲 等著
责任编辑:胡珞兰 选题策划:毕克成 刘桂涛	责任校对:周旭
出版发行:中国地质大学出版社(武汉市洪山区鲁磨路388号)	邮编:430074
电 话:(027)67883511 传 真:(027)67883580	E-mail:cbb@cug.edu.cn
经 销:全国新华书店	Http://cugp.cug.edu.cn
开本:880毫米×1230毫米 1/16	字数:420千字 印张:12.5 插页:5
版次:2017年10月第1版	印次:2017年10月第1次印刷
印刷:武汉中远印务有限公司	印数:1—900册
ISBN 978-7-5625-3999-5	定价:198.00元

如有印装质量问题请与印刷厂联系调换

《内蒙古自治区矿产资源潜力评价成果》
出版编撰委员会

主　　任：张利平

副 主 任：张　宏　赵保胜　高　华

委　　员：（按姓氏笔画排序）

于跃生　乌　恩　王志刚　王博峰　田　力　刘建勋

刘海明　宋　华　王文龙　李玉洁　杨文海　李志青

陈志勇　杨永宽　武　文　赵文涛　莫若平　赵士宝

张　忠　邵积东　褚立国　路宝玲　武　健　黄建勋

辛　盛　韩雪峰　邵和明

项目负责：许立权　张　彤　陈志勇

总　　编：宋　华　张　宏

副 总 编：许立权　张　彤　陈志勇　赵文涛　苏美霞　吴之理

方　曙　任亦萍　张　青　张　浩　贾金富　陈信民

孙月君　杨继贤　田　俊　杜　刚　孟令伟

《内蒙古自治区重力场特征及地质应用研究》

课题负责：赵文涛　苏美霞

主　　编：苏美霞　赵文涛

副 主 编：常忠耀　阴曼宁　孙会玲

编著人员（编写人员）：苏美霞　赵文涛　常忠耀　阴曼宁　孙会玲
　　　　　　　　　　　范亚丽　吴艳君　李红威　孟晓玲　贾瑞娟
　　　　　　　　　　　王志利　杨建军　薛书印　陈江均　贾大为
　　　　　　　　　　　王　鑫　张永旺　张永财

项目负责单位：中国地质调查局　内蒙古自治区国土资源厅

编撰单位：内蒙古自治区国土资源厅

主编单位：内蒙古自治区地质调查院
　　　　　　内蒙古自治区煤田地质局
　　　　　　内蒙古自治区地质矿产勘查院
　　　　　　内蒙古自治区第十地质矿产勘查开发院
　　　　　　内蒙古自治区国土资源勘查开发院
　　　　　　内蒙古自治区国土资源信息院
　　　　　　中化地质矿山总局内蒙古自治区地质勘查院

序

  2006年,国土资源部为贯彻落实《国务院关于加强地质工作决定》中提出的"积极开展矿产远景调查评价和综合研究,科学评估区域矿产资源潜力,为科学部署矿产资源勘查提供依据"的精神要求,在全国统一部署了"全国矿产资源潜力评价"项目,"内蒙古自治区矿产资源潜力评价"项目是其子项目之一。

  "内蒙古自治区矿产资源潜力评价"项目2006年启动,2013年结束,历时8年,由中国地质调查局和内蒙古自治区政府共同出资完成。为此,内蒙古自治区国土资源厅专门成立了以厅长为组长的项目领导小组和技术委员会,指导监督内蒙古自治区地质调查院、内蒙古自治区地质矿产勘查开发局、内蒙古自治区煤田地质局以及中化地质矿山总局内蒙古自治区地质勘查院等7家地勘单位的各项工作。我作为自治区聘请的国土资源顾问,全程参与了该项目的实施,亲历了内蒙古自治区新老地质工作者对内蒙古自治区地质工作的认真与执着。他们对内蒙古自治区地质的那种探索和不懈追求精神,给我留下了深刻的印象。

  为了完成"内蒙古自治区矿产资源潜力评价"项目,先后有270多名地质工作者参与了这项工作,这是继20世纪80年代完成的《内蒙古自治区地质志》《内蒙古自治区矿产总结》之后集区域地质背景、区域成矿规律研究,物探、化探、自然重砂、遥感综合信息研究以及全区矿产预测、数据库建设之大成的又一巨型重大成果。这是内蒙古自治区国土资源厅高度重视,完整的组织保障和坚实的资金支撑的结果,更是内蒙古自治区地质工作者八年辛勤汗水的结晶。

  "内蒙古自治区矿产资源潜力评价"项目共完成各类图件万余幅,建立成果数据库数千个,提交结题报告百余份。以板块构造和大陆动力学理论为指导,建立了内蒙古自治区大地构造构架。研究和探讨了内蒙古自治区大地构造演化及其特征,为全区成矿规律的总结和矿产预测奠定了坚实的地质基础。其中提出了"阿拉善地块"归属华北陆块,乌拉山岩群、集宁岩群的时代及其对孔兹岩系归属的认识、索伦山-西拉木伦河断裂厘定为华北板块与西伯利亚板块的界线等,体现了内蒙古自治区地质工作者对内蒙古自治区大地构造演化和地质背景的新认识。项目对内蒙古自治区煤、铁、铝土矿、铜、铅锌、金、钨、锑、稀土、钼、银、锰、镍、磷、硫、萤石、重晶石、菱镁矿等矿种,划分了矿产预测类型;结合全区重力、磁测、化探、遥感、自然重砂资料的研究应用,分别对其资源潜力进行了科学的潜力评价,预测的资源潜力可信度高。这些数据有力地说明了内蒙古自治区地质找矿潜力巨大，寻找国家急需矿产资源，内蒙古自治区大有可为，成为国家矿产资源的后备基地已具备了坚实的地质基础。同时，也极大地鼓舞了内蒙古自治区地质找矿的信心。

"内蒙古自治区矿产资源潜力评价"是内蒙古自治区第一次大规模对全区重要矿产资源现状及潜力进行摸底评价，不仅汇总整理了原1∶20万相关地质资料，还系统整理补充了近年来1∶5万区域地质调查资料和最新获得的矿产、物化探、遥感等资料。期待着"内蒙古自治区矿产资源潜力评价"项目形成的系统的成果资料在今后的基础地质研究、找矿预测研究、矿产勘查部署、农业土壤污染治理、地质环境治理等诸多方面得到广泛应用。

2017年3月

前　言

本书是依据"内蒙古自治区矿产资源潜力评价项目——内蒙古自治区物探、化探、遥感、自然重砂综合信息评价课题重力专题之重力资料应用汇总成果报告"(以下简称"重力成果报告")修编而成,包括文本1册,典型矿床地质地球物理系列图册1套(两册)(主要概述全区重要矿产典型矿床所在区域重磁场特征,以每个典型矿床对应一文一图的方式表达)。本书采用重力资料截止时间2010年,其他资料截止时间2008年。

为贯彻落实《国务院关于加强地质工作的决定》关于"积极开展矿产远景调查和综合研究,加大西部地区矿产资源调查评价力度,科学评估区域矿产资源潜力,为科学部署矿产资源勘查提供依据"的要求和精神,国土资源部部署了"全国矿产资源潜力评价"工作。"内蒙古自治区矿产资源潜力评价"属省级项目Ⅱ级课题,主要对内蒙古铁、铜、金、铅、锌、钨、锑、稀土、钼、银、铬、锰、镍、锡、铝土、萤石、磷、重晶石、硫、菱镁矿、煤矿21个预测矿种开展了资源潜力评价。

内蒙古自治区资源潜力评价项目由内蒙古自治区国土资源厅负责,内蒙古自治区地质调查院承担,参加单位有内蒙古自治区煤田地质局、内蒙古自治区地质矿产勘查院、内蒙古自治区第十地质矿产勘查开发院、内蒙古自治区国土资源勘查开发院、内蒙古自治区国土资源信息院、中化地质矿山总局、内蒙古自治区地质勘查院。工作起止年限2006—2013年,历时8年,最终按任务书要求全部完成,经中国地质调查局组织专家评审,主要成果多数获评优秀级。

"内蒙古自治区矿产资源潜力评价"项目以专业大类划分不同课题,重力专题属于"物探、化探、遥感、自然重砂综合信息评价课题"。重力专题由内蒙古自治区地质调查院承担并实施。在全面收集、整理内蒙古自治区重力资料的基础上,以地质成矿理论为基础,以重磁理论为指导,以重力资料推断解释为依据,充分研究全区及重要成矿区(带)、已知矿床的区域重力场特征,最大限度地分析重力异常与矿床及地质构造的关系;充分利用先进的数据处理和解释技术,对重力异常进行定性、半定量、定量解释,结合地质、磁法、化探、遥感及其他物探成果资料,进行综合研究。取得的主要研究成果如下:

(1)首先汇总了2010年底之前完成的1∶100万、1∶50万、1∶20万重力测量成果数据,在此基础上,系统地编制了全区布格重力异常图、剩余重力异常图,并完成了数据库的建设。

(2)首次对全区剩余重力异常进行了系统编号和解释推断,初步圈定了地层单元、中新生代盆地、侵入岩体、岩浆岩带的范围,在此基础上,编制了推断地质构造图,并建立了相关数据库。

(3)总结分析了全区重力场特征及其地质意义,划分了区域性深大断裂,为构造单元的划分提供了依据。对华北板块与西伯利亚板块界线的厘定等重大地质问题进行了探讨,认为西拉木伦河深大断裂带应是华北板块与西伯利亚板块的终级缝合带。

(4)首次研究了全区Ⅲ级成矿带重力场特征及其地质意义,首次建立了全区铁、铜、金等21个矿种,160个典型矿床的地球物理模型,总结了重力异常与矿产的关系,指出了找矿远景区。综合分析认为:

①全区绝大多数金属矿床(点)处在布格重力异常的边部梯级带处,剩余重力正负异常交替带上或正异常的边部。这是因为矿床赋存的部位,必然是地质环境发生了明显的物化条件的改变,这样才会形成成矿元素的富集。重力场的以上特征正是这种差异性的客观反映。事实上矿床的赋存部位一般会受断裂控制,或是位于地层与岩体的接触带等部位。这些地段因地质体密度差异明显,会形成布格重力异常梯级带或高低异常交替带等特征。可见区内矿床(点)所在区域的重力场特征,某种程度上反映了矿床的成矿地质环境。

②与中—酸性构造岩浆岩带有关的区域性的布格重力异常低值区,其等值线的扭曲部位、梯级带部位是绝大部分有色金属矿产和贵金属矿产的集中分布区,化探异常的分布也是如此,如内蒙古大兴安岭

中南段的白音诺尔铅锌矿、浩不高铅矿、拜仁达坝银铅矿、黄岗梁铁锌矿等。表明这些矿产形成过程中，中—酸性岩浆岩活动区（带）为其提供了充分的热源和热流。上述现象说明，应用重力资料推断的每一个岩浆岩活动区（带）实质上是一个成矿系统。在空间上，这些岩浆岩活动区（带）控制着内生矿床的分布，在成因上它们存在着内在的联系。利用重力异常圈定的岩浆岩活动区（带）是成矿最有利的地段。全区推断的8处中—酸性构造岩浆岩带应是重要的成矿远景区。

③沿索伦山—二连—贺根山一带为重力相对高值区，剩余重力异常多为正异常，并伴有较强的磁异常，推断为超基性岩带，是铜镍铬等矿床集中分布的区域。在这一区域已发现巴彦、阿尔善特、白音宝力道、温特敖包、巴彦哈尔、乌兰敖包、干宽岭和满来西、贺根山、索伦山、小坝梁等铜、金、钴、镍、铬、铂、钯等矿床和矿点，这些矿床的形成与基性—超基性岩及热液活动有关。区内已知的镍、铬铁矿均与基性—超基性岩有关。所以重力推断的基性—超基性岩体（带）亦是寻找上述矿床的有利地段。

④重力推断的太古宙—古元古代基底隆起区，其显著特点是区域重力高，伴有较强的磁异常，属华北陆块区太古宙—古元古代古陆核。该区域是沉积变质型铁矿及绿岩型金矿的集中分布区，最有代表性的区段：其一为沿乌拉山、大青山呈东西向展布的重力高值区，其二为赤峰市-哈拉沁旗高值区。所以重力推断的隐伏、半隐伏前古生代基底隆起区是寻找同类型隐伏矿产的重点靶区。

⑤由重力资料推断的北北东向深大断裂，对大兴安岭地区的岩浆岩、矿产的形成和分布起着一定的控制作用。近东西向深大断裂，控制着内蒙古中部深源侵入岩和矿产的形成及分布；近北西向深大断裂，控制着内蒙古西部侵入岩和矿产的分布规律。深大断裂构造是深源岩浆岩的通道，断裂产状变化或交会处是矿产形成和富集的有利部位。

总之，重力资料应用研究成果特别是深大断裂的划分，基底构造的研究，隐伏岩体、隐伏地层、沉积盆地的圈定等，为全区构造单元划分的基础地质问题研究、成矿规律研究、资源量预测研究等提供了重要的地球物理依据，为今后开展地质调查项目提供了丰富、系统的地球物理基础资料。

本书是基于"内蒙古自治区矿产资源潜力评价"项目——重力专题组完成的《重力资料汇总研究报告》修编而成。原汇总研究报告共8篇25章，本书由于篇幅限制，在原报告的基础上，主要采编了全区及Ⅲ级成矿区（带）、典型矿床的相关研究成果。本书编写人列入了最终汇总成果报告的主要参加人员，第一章第一节相关地质资料由吴之理、朱绅玉提供，第三章有关各成矿区带地质概况、区域成矿模式及成矿谱系部分主要由许立权、张彤完成，其余各章节均由苏美霞、赵文涛完成，最后由苏美霞统稿。"典型矿床地质地球物理系列图册"主要编写人员有苏美霞、常忠耀、阴曼宁、孙会玲、范亚丽、吴艳君、李红威、孟晓玲、贾瑞娟等。

在项目历时8年的工作中，先后参加的主要技术人员数十名，在项目中承担资料整理、综合研究的人员还有王志利、杨建军、薛书印、陈江均、贾大为、王鑫、张永旺、张永财等人。孙月军、贾和义、贺峰、张明、张玉清、张永清等人提供了典型矿床研究中的地质资料。

"内蒙古自治区矿产资源潜力评价"项目——内蒙古自治区物探、化探、遥感、自然重砂综合信息评价课题之重力专题在编图、建库、综合研究、报告编写等各项工作中多次得到张明华、雷受旻、乔计花、左群超、赵更新、邵积东、丁天才、滕菲等专家的悉心指导。

在此为在项目完成中付出努力的专家、技术人员表示真诚的谢意，是大家的共同努力才使本书最终得以出版！

著者

2016年12月

目 录

第一章 区域地质及地球物理特征 (1)
第一节 区域地质与构造 (1)
一、地层概况 (1)
二、侵入岩 (5)
三、内蒙古大地构造单元划分 (6)
第二节 岩石物性特征 (13)
一、区域地层、岩浆岩的磁性参数及密度参数 (13)
二、区域地层、岩浆岩的磁性、密度及其场的特征 (20)
第三节 区域重磁异常特征与区域构造格架 (21)
一、区域磁场的总体展布特征 (22)
二、区域重力场的总体展布特征 (25)
三、区域构造格架 (31)

第二章 内蒙古全区重力资料地质解释成果 (33)
第一节 重力异常特征分区及构造单元划分 (33)
一、重力异常分区 (33)
二、构造单元划分 (55)
第二节 断 裂 (56)
一、断裂划分依据及分类 (56)
二、典型断裂剖析 (57)
第三节 侵入岩体 (68)
一、酸性侵入体 (68)
二、超基性侵入岩体 (73)
第四节 沉积盆地 (81)
一、盆地信息识别及边界圈定 (81)
二、典型沉积盆地重力异常的综合解释 (82)
第五节 特殊地层解释 (83)
一、地层信息识别及空间形态确定 (83)
二、与前中生代地层有关的局部重力异常的综合解释 (83)

第三章 成矿区带重力场特征及其地质意义 (86)
第一节 新巴尔虎右旗-根河(拉张区)铜、钼、铅、锌、银、金、萤石、煤(铀)成矿带(Ⅲ-5) (88)
一、地质概况 (88)
二、区域成矿模式及成矿谱系 (91)
三、重力场特征及推断地质构造成果 (91)

第二节　东乌珠穆沁旗-嫩江(中强挤压区)铜、钼、铅、锌、金、钨、锡、铬成矿带(Ⅲ-6) ……… (97)
　　一、地质概况 ……… (97)
　　二、区域成矿模式 ……… (99)
　　三、重力场特征及推断地质构造成果 ……… (99)

第三节　白乃庙-锡林郭勒铁、铜、钼、铅、锌、锰、铬、金、锗、煤、天然碱、芒硝成矿带(Ⅲ-7) ……… (103)
　　一、地质概况 ……… (103)
　　二、区域成矿模式 ……… (105)
　　三、重力场特征及推断地质构造成果 ……… (105)

第四节　突泉-翁牛特铅、锌、银、铜、铁、锡、稀土成矿带(Ⅲ-8) ……… (109)
　　一、地质概况 ……… (109)
　　二、区域成矿模式 ……… (113)
　　三、重力场特征及推断地质构造成果 ……… (113)

第五节　华北地台北缘西段金、铁、铌、稀土、铜、铅、锌、银、镍、铂、钨、石墨、白云母成矿带(Ⅲ-11) ……… (117)
　　一、地质概况 ……… (117)
　　二、区域成矿模式 ……… (120)
　　三、重力场特征及推断地质构造成果 ……… (120)

第六节　阿拉善(隆起)铜、镍、铂、铁、稀土、磷、石墨、芒硝、盐类成矿带(Ⅲ-3) ……… (125)
　　一、地质概况 ……… (125)
　　二、区域成矿模式及成矿谱系 ……… (125)
　　三、重力场特征及地质构造推断解释 ……… (127)

第七节　华北陆块北缘东段铁、铜、钼、铅、锌、金、银、锰、铀、磷、煤、膨润土成矿带(Ⅲ-10) ……… (130)
　　一、地质概况 ……… (130)
　　二、区域成矿模式及成矿谱系 ……… (132)
　　三、重力场特征及地质构造解释推断成果 ……… (134)

第八节　鄂尔多斯西缘(陆缘坳褶带)铁、铅、锌、磷、石膏、芒硝成矿带(Ⅲ-12) ……… (138)
　　一、地质概况 ……… (138)
　　二、区域成矿模式及成矿谱系 ……… (139)
　　三、重力场特征及地质构造解释推断成果 ……… (139)

第九节　觉罗塔格-黑鹰山铜、镍、铁、金、银、钼、钨、石膏、硅、灰石、膨润土、煤成矿带(Ⅲ-1) ……… (140)
　　一、地质概况 ……… (140)
　　二、区域成矿模式及成矿谱系 ……… (145)
　　三、重力场特征及推断地质构造成果 ……… (146)

第十节　磁海-公婆泉铁、铜、金、铅、锌、钼、锰、钨、锡、铷、钒、铀、磷成矿带(Ⅲ-2) ……… (149)
　　一、地质概况 ……… (149)
　　二、区域成矿模式及成矿谱系 ……… (153)
　　三、重力场特征及地质构造解释推断 ……… (154)

第十一节　河西走廊铁、锰、萤石、盐类、凹凸棒石、石油成矿带(Ⅲ-4) ……… (158)
　　一、地质概况 ……… (158)
　　二、区域成矿模式 ……… (158)

三、重力场特征及推断地质构造成果 ································· (158)

第十二节 山西(断隆)铁、铝土矿、石膏、煤、煤层气成矿带(Ⅲ-14) ················ (160)

一、地质概况 ·· (160)

二、区域重力场特征 ·· (163)

第四章 重大地质找矿问题的重力资料综合研究 ····························· (165)

第一节 全区矿产资源概况 ··· (165)

第二节 区内已知矿床所在区域重力场特征 ······························· (165)

一、矿产与重力推断构造岩浆岩带的关系 ······························· (166)

二、矿产与重力推断的基性—超基性岩(区)带的关系 ························ (166)

三、矿产与重力推断的太古宙—古元古代隆起区的关系 ······················ (166)

四、矿产与重力推断断裂构造的关系 ································· (169)

第三节 重大基础地质问题研究 ······································ (169)

一、本区古板块汇集带的地球物理标志 ································ (172)

二、华北板块北缘晚古生代(晚石炭世—早二叠世)活动陆缘带 ·················· (172)

三、西伯利亚板块南缘晚古生代(石炭纪为主)活动陆缘带 ····················· (173)

四、华北板块与西伯利亚板块之间晚古生代(石炭纪—早二叠世)复合型缝合带 ········· (173)

第五章 重力资料研究方法及技术要求 ·································· (178)

第一节 重力资料研究方法 ··· (178)

一、重力工作程度 ·· (178)

二、数据处理方法 ·· (178)

三、剩余重力异常的筛选 ··· (179)

四、地质解释方法 ·· (179)

五、地质解释可靠性分级 ··· (180)

第二节 图件编制方法 ·· (180)

一、编制图件的统一说明 ··· (180)

二、重力工作程度图 ·· (181)

三、布格重力异常图 ·· (181)

四、剩余重力异常图编制 ··· (183)

五、全区重力推断地质构造图 ······································ (183)

六、典型矿床剖析图 ·· (183)

第六章 结 语 ··· (185)

主要参考文献 ·· (187)

附图集一 内蒙古自治区铁铝金铜钨锑铅锌稀土典型矿床地质-地球物理图集

附图集二 内蒙古自治区银锰锡镍铬磷萤石硫铁菱镁重晶石典型矿床地质-地球物理图集

大

第一章 区域地质及地球物理特征

第一节 区域地质与构造

一、地层概况

本区各时代地层发育较全,太古宇、元古宇、古生界、中生界和新生界皆有分布,但不同区域存在着很大的差异。依据1991年出版的《内蒙古自治区区域地质志》[以下简称《地质志》(1991年版)],区内前中生代地层分属于3个不同的地层区,即华北地层区、北部地层区和祁连地层区。现将各时代地层概述如下。

(一)太古宇

该类地层主要出露于华北地层区,西自阿拉善右旗,东至哲里木盟,断续分布长约2000km。区内以古太古界集宁群和新太古界乌拉山群为代表。

(1)古太古界集宁群:主要分布于集宁及其附近地区,分上、下两部分。下部为麻粒岩-辉石黑云斜长片麻岩建造,呈明显的暗色岩系,相当于《地质志》(1991年版)的下集宁群。上部为硅线榴石钾长片麻岩-石英岩-麻粒岩建造,呈显著的浅色岩系,相当于《地质志》(1991年版)的上集宁群。同位素年龄值(变质年龄)为(26~24)亿年[《地质志》(1991年版)],其原岩生成年龄应大于25亿年。它构成了全区内最古老的陆壳。

此外,古太古界还有迭布斯格群,分布于阿拉善左旗,以片麻岩为主。

(2)新太古界乌拉山岩群:主要分布于大青山、乌拉山地区。是一套变质程度以角闪岩相为主的深变质岩系,下部含麻粒岩,中上部夹碎屑岩及大理岩。同位素年龄值(变质年龄)为(25.21~24.61)亿年[《地质志》(1991年版)]。其中的角闪质岩,恢复原岩为一套以基性岩为主的火山岩建造(又称绿岩建造)。

相当于乌拉山岩群层位的,还有阿拉善群[《地质志》(1991年版)称为下阿拉善群],分布于阿拉善左旗及右旗,以片麻岩和斜长角闪岩为主。

建平群、千里山群及红旗营子群等,以片麻岩为主。其主要部分与乌拉山岩群层位相当,下部可能属古太古界。

(二)元古宇

区内元古宇较为发育,在华北地层区及北部地层区均有出露。

1. 华北地层区

古元古界以色尔腾山群及二道凹群为代表。中元古界以渣尔泰山群、白云鄂博群为代表。新元古界零星分布。

1)古元古界

(1)色尔腾山群:分布于色尔腾山北部和中部。岩性以绿色片岩为主,夹有角闪斜长片麻岩、变粒岩和磁铁石英岩等。

(2)二道凹群:主要分布于呼和浩特以北的大青山地区。由绿色片岩、二云片岩、大理岩及石英岩等组成。同位素年龄值(变质年龄)为(18.90~17.50)亿年[《地质志》(1991年版)]。

此外,古元古界尚有阿拉坦敖包群[《地质志》(1991年版)称为阿拉善群]和龙首山群等,以片岩为主。

2)中元古界

(1)渣尔泰山群:展布于狼山及渣尔泰山地区。岩性组合具类复理石建造特点,下部为石英碎屑岩,向上为碳酸盐岩类及泥质岩,不整合于乌拉山岩群之上。其沉积时限约在16亿年[据《地质志》(1991年版)]。

(2)白云鄂博群:主要分布于白云鄂博地区,向东可延伸到化德一带,具有类复理石建造特征,下部为石英碎屑岩,中部为碳酸盐岩,上部为泥质岩。据同位素年龄值资料,地层时代大致为(16.50~13.50)亿年[据《地质志》(1991年版)]。

渣尔泰山群和白云鄂博群,相当于长城系。

(3)什那干群:相当于蓟县系,出露于阴山中部大佘太一带,以碳酸盐岩建造为主。

此外,相当于长城系或蓟县系层位的,还有诺尔公群、巴音西别群、黄旗口群及王全口群等。

3)新元古界

该地层出露零星,有韩母山群、乌兰哈夏群及镇木关组等。

2. 北部地层区

(1)古元古界:包括兴华渡口群、宝音图群及北山群等,以片岩为主。

(2)中元古界:主要分布于额济纳旗北山地区,包括白湖群和平头山群。前者为碎屑岩建造,后者为碳酸盐岩建造,分别相当于长城系和蓟县系。

(3)中新元古界:分布于苏尼特右旗白乃庙地区。岩性以角闪斜长片岩、黑云斜长片岩为主(原称为奥陶系白乃庙群)。同位素年龄值为(17~11)亿年。

(4)新元古界:包括佳疙瘩组、艾里格庙群及大豁落山群等。①佳疙瘩组:出露于大兴安岭北部额尔古纳河流域,以片岩为主,恢复原岩为一套中基性火山岩建造,反映火山岛弧沉积环境。②艾里格庙群:出露于四子王旗艾里格庙一带,向西延入蒙古国境内,其岩性主要是片岩、大理岩及变质火山岩等。结晶灰岩中含微古植物:*Vermiculites* cf. *foruosus* 等,可以和蒙古国托托尚山一带相应地层对比。③大豁落山群:以碳酸盐岩建造为主。

(三) 下古生界

1. 寒武系

本区内寒武纪地层分布广泛，发育齐全。其沉积组合、生物群面貌因沉积环境的差异而形成南部、中部及北部地区截然不同的沉积建造类型。

南部华北地层区的寒武系，展布于清水河、桌子山、贺兰山及阴山北麓等地。岩性以碎屑岩建造、泥质岩建造及石灰岩建造为主，含丰富的三叶虫，属浅海相稳定型沉积，厚度一般不大。

祁连地层区的寒武系，出露于阿拉善左旗。中寒武统香山群主要由千枚状板岩、硅质岩及变质砂岩组成。各地厚度不一，变化较大。

北部地层区情况比较复杂。分布于苏尼特右旗等地的下寒武统温都尔庙群，以绿片岩化的拉斑玄武岩为主，夹云英片岩及含铁石英岩；硅质岩夹层中含微体化石，属深海相活动型沉积建造，厚达数千米。大兴安岭地区仅出露下寒武统额尔古纳河群及苏中组，由中浅变质的绿片岩、变质长石石英砂岩及大理岩、石灰岩等组成。额济纳旗北山地区分布有下寒武统双鹰山组、中寒武统月牙山组及上寒武统恩格尔乌苏组，均以碎屑岩建造、碳酸盐岩建造及硅泥质岩建造为主，含大量的三叶虫，属浅海相稳定型沉积建造。

2. 奥陶系

本区奥陶系相当发育，古生物亦丰富，但各地沉积类型差异较大。

南部华北地层区的奥陶系，分布于清水河、桌子山、贺兰山及阴山北麓一带。以碳酸盐岩建造、泥质岩建造为主，含头足类、腹足类及珊瑚等，属浅海相沉积，厚度一般不大，贺兰山地区最厚达 4000 多米。祁连地层区的奥陶系，由碳酸盐岩建造及碎屑岩建造组成。

北部地层区的奥陶系变化较大。分布于白云鄂博北侧的包尔汉图群，由中基性火山岩建造组成，含笔石，反映处于浅海及岛弧构造环境。大兴安岭地区分布有下奥陶统乌珠尔浑迪组、中奥陶统乌宾敖包组及汗乌拉组和上奥陶统治泥山组，均以碎屑岩建造、中酸性火山岩建造为主，含腕足类、珊瑚、笔石及三叶虫等，反映浅海及火山岛弧沉积环境。

额济纳旗北山地区出露有下奥陶统汗乌拉组及砂井组、中奥陶统咸水湖组、上奥陶统白云山组，主要为硅质泥岩建造、中性火山岩建造及碎屑岩建造，含丰富的古生物，推测处于深水及火山岛弧构造环境。

3. 志留系

本区内志留系主要分布于北部地层区，华北地层区和祁连地层区未见出露。

展布于白云鄂博北侧的上志留统巴特敖包组和西别河组，分别由碳酸盐岩建造和碎屑岩建造组成，富含腕足类和珊瑚，属于浅海相稳定型沉积。白乃庙一带，出露有中志留统，翁牛特旗分布有上志留统，均以浅海相碎屑岩建造为主，厚度一般不大。

自二连经东乌珠穆沁旗至大兴安岭地区，目前只发现上志留统巴润德勒组，主要由浅海相碎屑岩建造组成，含图瓦贝动物群。

额济纳旗北山地区出露有下志留统园包山组，中志留统公婆泉组及上志留统火山岩组、碎石山组，分别以碎屑岩建造、中基性火山岩建造为主，含笔石、珊瑚及腕足类，反映浅海及火山岛弧构造环境。

(四)上古生界

1. 泥盆系

本区泥盆系主要出露于北部地层区,祁连地层区零星分布,华北地层区未见出露。

北部地层区,下泥盆统包括查干合布组、巴润特花组、敖包亭浑迪组、乌努尔组及骆驼山组等。查干合布组分布于达茂联合旗北侧巴特敖包一带,其他各组均展布于二连—东乌珠穆沁旗以北至大兴安岭地区,以浅海相碳酸盐岩建造及碎屑岩建造为主,含珊瑚、腕足类及牙形刺等。中泥盆统包括温都尔敖包特组、塔尔巴格特组、北矿组、霍博山组、依克乌苏组及卧驼山组等。前4个组主要分布于东乌珠穆沁旗至大兴安岭地区,由碎屑岩建造及火山碎屑岩建造等组成,含珊瑚及腕足类,局部地段含中基性火山岩建造,反映浅海环境中存在着火山岛弧。贺根山一带,中泥盆世含大洋拉斑玄武岩,显示了古大洋的存在,后两个组展布于额济纳旗北山地区,以碎屑岩建造为主,上泥盆统包括才伦郭少组、安格尔音乌拉组、下大民山组和上大民山组、对孤山组及色日巴彦敖包组等。它们以海陆交互相(陆相)碎屑岩建造为主,中基性火山岩次之,前者含有动物和植物(陆相只含植物)化石。这些特征显示了以滨海或近海岸为主的陆缘沉积环境。

祁连地层区,零星分布有中泥盆统石峡沟组,上泥盆统沙流水组,由陆相碎屑岩建造组成,含植物化石。

2. 石炭系

内蒙古的石炭系非常发育,类型齐全,古生物十分丰富。

南部华北地层区,鄂尔多斯缺失下石炭统,上石炭统包括本溪组和太原组,以海陆交互相含煤建造为主,含蜓类、腕足类及古植物,阴山地区仅出露上石炭统,为陆相山间盆地沉积。贺兰山地区下石炭统和上石炭统皆有出露,以海陆交互相碎屑岩建造为主,含腕足类和古植物。

祁连地层区,石炭系零星分布,以海陆交互相碎屑岩建造为主。

北部地层区的石炭系变化较大。白云鄂博北侧至温都尔庙一带,缺失下石炭统。上石炭统包括海拉斯阿木组和阿木山组,分别以海陆交互相碎屑岩建造、碳酸盐岩建造为主,含蜓类和古植物,反映了滨海或近岸陆缘沉积的特点。赤峰地区下石炭统,包括朝吐沟组和白家店组,前者为中基性火山岩及火山碎屑岩建造,后者为灰岩建造。上石炭统包括家道沟组和酒局子组,以灰岩建造和泥质岩建造为主。下石炭统和上石炭统中均含有动、植物化石,显示海陆交互相陆缘沉积环境。

草原地区,下石炭统零星分布,主要为碎屑岩建造和火山碎屑岩建造。上石炭统广泛分布,包括本巴图组和阿木山组,分别以碎屑岩建造、泥质岩建造、灰岩建造和中性火山岩建造为主,含丰富的蜓类、珊瑚和腕足类。锡林浩特南东,上石炭统含大洋拉斑玄武岩残片,标志着晚石炭世时,该区有古洋盆存在。

东乌珠穆沁旗地区,仅分布上石炭统宝力格庙组,为陆相中性火山岩建造,含安格拉植物群,反映那时该区已经隆起成陆。

大兴安岭地区的石炭系出露较全。下石炭统包括红水泉组、莫尔根河组、谢尔塔拉组及角高山组,分别由海相中性或中酸性火山岩建造、海陆交互相碎屑岩建造及砂泥质岩建造组成,含动物或植物化石。上石炭统依根河组,为海陆交互相砂泥质岩建造,含动、植物化石。沉积特征显示了海水变浅,海盆趋于消失,海底逐步隆起成陆的征候。

额济纳旗北山地区,下石炭统包括绿条山组、白山组及红柳园组,分别由浅海相碎屑岩建造、中酸性火山岩建造等组成,含珊瑚等化石。上石炭统包括石板山组、芨芨台子组及干泉组,分别由海陆交互相中性、中酸性火山岩建造及碎屑岩建造等组成,含蜓类及古植物,表明了滨海或近岸陆缘沉积的环境。

3. 二叠系

本区内二叠系较为发育，分布亦广。

南部华北地层区的二叠系为陆相沉积，含华夏植物群。

祁连地层区的二叠系零星分布，属内陆盆地沉积，含古植物。

北部地层区的二叠系，情况比较复杂。镶黄旗—正兰旗一带，分布有下二叠统三面井组，为浅海相碎屑岩建造，含暖水型动物群；东乌珠穆沁旗地区出露的下二叠统格根敖包组，为海陆交互相火山岩及火山碎屑岩建造，含冷水型动物及安格拉植物群。沉积特征反映了三面井组和格根敖包组分别处于南、北两大古陆的边缘。

草原地区的下二叠统包括青凤山组、大石寨组、包特格组、哲斯组及西乌珠穆沁旗组等。其中的哲斯组，层位在三面井组和格根敖包组之上，浅海至滨海相碎屑岩建造和碳酸盐岩建造，含冷暖混生动物群。沉积特征显示了南、北两大古陆日益接近，海槽逐渐缩小的趋向。

大兴安岭地区的下二叠统包括高家窝棚组和四甲山组，以灰岩建造和碎屑岩建造为主。

额济纳旗北山地区的下二叠统包括双堡塘组、菊石滩组，由浅海相碎屑岩建造组成，含冷水型动物群。

上二叠统包括林西组和方山口组，均为陆相碎屑岩建造，含植物化石，反映海槽已经封闭，并且隆起成陆。

（五）中、新生界

本区内中、新生界以内陆盆地沉积为主，陆相火山岩次之。

二、侵入岩

本区侵入岩具有类型多、分布广、多期次活动等特点。

（一）太古宙—元古宙侵入岩

该岩类主要分布于阴山及阿拉善地区。以酸性岩为主，基性岩和中性岩次之。各类岩体均侵入于前寒武纪地层中，规模一般较小。

（二）加里东期侵入岩

该岩类主要分布于额尔古纳河流域、苏尼特左旗、苏尼特右旗，以及西拉木伦河、阴山、阿拉善等地。岩石类型有超基性—基性岩、中性岩及酸性岩等。同位素年龄值为(4.9~3.7)亿年[《地质志》(1991年版)]。

据前人研究，断续出露于温都尔庙—西拉木伦河一线以及额济纳旗北山地区的超基性—基性岩体，属于蛇绿岩建造的重要组成部分。

（三）海西期侵入岩

海西期是侵入活动频繁而剧烈的时期，该期侵入岩遍布全区。

1. 海西早期侵入岩

本期侵入岩中,超基性岩、基性岩具有重要的构造意义。按其分布规律,大致可分为两个带:伊列克得-阿里河岩带和二连-贺兰山岩带。

据前人研究,它们均属洋壳残片,是蛇绿岩套的重要组成部分。

本期中酸性岩一般规模较小,多呈岩株产出。同位素年龄值(3.8~3.4)亿年[《地质志》(1991年版)]。

2. 海西中晚期侵入岩

海西中晚期岩浆侵入活动十分强烈,本期侵入岩体规模大,分布广,几乎遍及全区。

超基性岩、基性岩主要分布于索伦山一带,属蛇绿岩建造的重要组成部分。

中酸性岩中,以花岗岩类最为发育。

(四)印支期、燕山期侵入岩

(1)印支期侵入岩,主要分布于阿拉善、阴山及大兴安岭地区。岩浆活动相对较弱,岩石类型单一,均为酸性岩类。

(2)燕山期侵入岩,主要分布于东部区,向中、西部逐渐减少。本期岩浆活动较频繁而强烈,是区内仅次于海西期的又一次重要的岩浆活动,以中酸性岩类为主。

三、内蒙古大地构造单元划分

内蒙古大地构造单元划分详见图1-1及表1-1。由表1-1可见全区共划分4个一级构造单元,13个二级构造单元,29个三级构造单元(《内蒙古自治区矿产资源潜力评价成矿地质背景研究成果报告》,2013)。可见,内蒙古地质构造是相当复杂的。在长期的地质演化过程中,形成了特征明显的构造格局和建造特点;发育不同时期规模巨大、性质不同的大型变质型构造,主要有二连-贺根山结合带、索伦山-西拉木伦结合带,三合明-石崩韧性剪切带、武川-大滩韧性剪切带、土城子-酒馆韧性剪切带、红壕-书记沟韧性剪切带、乌兰敖包-图林凯韧性剪切带等,乌拉山-集宁变质岩带、宁城变质岩带、阿拉善变质岩带、黑鹰山变质岩带、扎兰屯-加格达奇变质岩带等。其中,索伦山-西拉木伦河缝合带、二连-贺根山结合带、红柳河-洗肠井结合带等是全区最复杂的构造带。

(一)Ⅰ天山-兴蒙造山系

1. Ⅰ-1 大兴安岭弧盆系

1)Ⅰ-1-2 额尔古纳岛弧

额尔古纳岛弧是大兴安岭弧盆系最北部的三级构造单元。这是一个在兴凯运动发育成熟的岛弧。其最老的地层为新元古界佳疙瘩组,为一套片岩、千枚岩、大理岩夹酸性火山岩,系岛弧相碎屑岩夹火山岩沉积。下寒武统额尔古纳河群为一套浅变质的浅海陆棚相类复理石建造、碳酸盐岩建造。志留系为陆棚砂页岩建造。该单元断裂构造极发育,一般为北东向断裂,活动时间长,并造成强烈的构造破碎或糜棱岩化带,褶皱构造为北西向、北东东向的紧密线型和倒转褶皱,侵入岩浆活动以石炭纪后造山的大面积花岗岩岩基侵入为主。

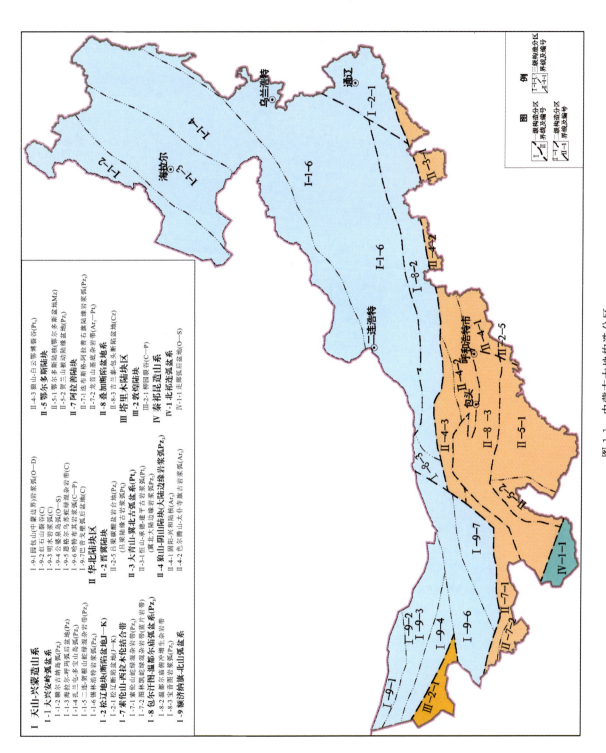

图 1-1 内蒙古大地构造分区

(《内蒙古自治区矿产资源潜力评价成矿地质背景研究成果报告》, 2013)

表 1-1 构造单元分区一览表

一级构造单元线	二级构造单元线	三级构造单元线
Ⅰ 天山-兴蒙造山系	Ⅰ-1 大兴安岭弧盆系	Ⅰ-1-2 额尔古纳岛弧(Pz$_1$)
		Ⅰ-1-3 海拉尔-呼玛弧后盆地(Pz)
		Ⅰ-1-4 扎兰屯-多宝山岛弧(Pz$_1$)
		Ⅰ-1-5 二连-贺根山蛇绿混杂岩带(Pz$_2$)
		Ⅰ-1-6 锡林浩特岩浆弧(Pz$_2$)
	Ⅰ-2 松辽地块(断陷盆地J—K)	Ⅰ-2-1 松辽断陷盆地(J—K)
	Ⅰ-7 索伦山-西拉木伦结合带	Ⅰ-7-1 索伦山蛇绿混杂岩带(Pz$_2$)
		Ⅰ-7-2 图林凯蛇绿混杂岩带(蓝片岩带)
	Ⅰ-8 包尔汉图-温都尔庙弧盆系(Pz$_2$)	Ⅰ-8-2 温都尔庙俯冲增生杂岩带
		Ⅰ-8-3 宝音图岩浆弧(Pz$_2$)
	Ⅰ-9 额济纳旗-北山弧盆系	Ⅰ-9-1 园包山(中蒙边界)岩浆弧(O—D)
		Ⅰ-9-2 红石山裂谷(C)
		Ⅰ-9-3 明水岩浆弧(C)
		Ⅰ-9-4 公婆泉岛弧(O—S)
		Ⅰ-9-5 恩格尔乌苏蛇绿混杂岩带(C)
		Ⅰ-9-6 哈特布其岩浆弧(C—P)
		Ⅰ-9-7 巴音戈壁弧后盆地(C)
Ⅱ 华北陆块区	Ⅱ-2 晋冀陆块	Ⅱ-2-5 吕梁碳酸盐岩台地(Pz$_1$) (吕梁陆缘古岩浆弧 Pt$_1$)
	Ⅱ-3 大青山-冀北古弧盆系(Pt$_1$)	Ⅱ-3-1 恒山-承德-建平古岩浆弧(Pt$_1$) (冀北大陆边缘岩浆弧 Pz$_2$)
	Ⅱ-4 狼山-阴山陆块(大陆边缘岩浆弧Pz$_2$)	Ⅱ-4-1 固阳-兴和陆核(Ar$_3$)
		Ⅱ-4-2 色尔腾山-太仆寺旗古岩浆弧(Ar$_3$)
		Ⅱ-4-3 狼山-白云鄂博裂谷(Pt$_2$)
	Ⅱ-5 鄂尔多斯陆块	Ⅱ-5-1 鄂尔多斯陆核(鄂尔多斯盆地 Mz)
		Ⅱ-5-2 贺兰山被动陆缘盆地(Pz$_1$)
	Ⅱ-7 阿拉善陆块	Ⅱ-7-1 迭布斯格-阿拉善右旗陆缘岩浆弧(Pz$_2$)
		Ⅱ-7-2 龙首山基底杂岩带(Ar$_3$—Pt$_1$)
	Ⅱ-8 叠加断陷盆地系	Ⅱ-8-3 吉兰泰-包头断陷盆地(Cz)
Ⅲ 塔里木陆块区	Ⅲ-2 敦煌陆块	Ⅲ-2-1 柳园裂谷(C—P)
Ⅳ 秦祁昆造山系	Ⅳ-1 北祁连弧盆系	Ⅳ-1-1 走廊弧后盆地(O—S)

注:资料来源于《内蒙古自治区矿产资源潜力评价成矿地质背景研究成果报告》(2013)。

2)Ⅰ-1-3 海拉尔-呼玛弧后盆地

额尔古纳岛弧之南为海拉尔-呼玛弧后盆地,这是一个在晚古生代经弧后拉张作用形成的盆地。盆地内泥盆系由陆棚碳酸盐岩建造、类复理石建造过渡为陆缘斜坡相的火山岩建造、含放射虫硅质岩建造,向上又逐渐过渡为海陆交互相的碎屑岩建造。早石炭世又经历了一次拉张作用,沉积了巨厚的滨浅海-深海相的类复理石建造、火山岩建造和含放射虫硅质岩建造,并形成蛇绿岩套。晚石炭世,弧后盆地结束了发展历史,上部沉积了稳定的海陆交互相的陆源碎屑岩建造。

弧后盆地内以蛇绿岩套的构造侵位和石炭纪侵入活动为主。泥盆纪侵入岩浆活动主要是花岗岩和石英闪长岩,石炭纪侵入岩分布于乌努尔以北,花岗岩、花岗闪长岩呈北东向带状分布。

3) Ⅰ-1-4 扎兰屯-多宝山岛弧

该岛弧位于海拉尔-呼玛弧后盆地之南和二连-贺根山结合带以北,岛弧的东部零星出露元古宙变质岩系——兴华渡口群,具低角闪岩相和低绿片岩相变质;寒武系为浅海陆棚碎屑岩和碳酸盐岩建造;奥陶系为岛弧型火山岩建造和周缘盆地类复理石建造;志留系和泥盆系分布较广,各处建造和古生物面貌一致,为被动大陆边缘浅海相类复理石建造,局部时段沉积火山碎屑岩,向上过渡为陆相沉积。

晚石炭世至早二叠世,本区又经历了一次伸展裂谷时期,在奥陶纪岛弧上又沉积了晚石炭世—早二叠世的陆缘弧相安山质火山岩、火山碎屑岩建造。本区岩浆侵入活动发生在二叠纪和侏罗纪,前者为俯冲型,后者为后造山型。

4) Ⅰ-1-5 二连-贺根山蛇绿混杂岩带

该混杂岩带分布于二连浩特、阿巴嘎旗、贺根山一带,具有代表性的蛇绿岩套剖面见于贺根山、朝根山一带,蛇绿岩组合由下而上为变质橄榄岩、堆积杂岩、基性熔岩。结合带内尚见有高压变质矿物,在纳长角闪片岩中,含有大量的富钠角闪石。其形成温度和压力大约为400℃和6.28GPa。该带西部二连附近,一般以孤立的超基性岩、辉长岩、基性熔岩等岩块侵位于含有蛇绿岩碎片的浊积岩亚相。

5) Ⅰ-1-6 锡林浩特岩浆弧

这是一个具有边缘性质的岩浆弧,变质基底岩系,是古元古界宝音图群中浅—中深变质岩,通常认为是从华北陆块上裂离出来的陆块。中新元古代,由于南部洋壳向北部陆缘方向的俯冲作用,形成苏尼特右旗一带岛弧性质的温都尔庙群火山岩、火山碎屑岩和弧前盆地性质的浊积岩建造。

志留纪—泥盆纪形成前陆盆地的碎屑岩沉积,并有少量俯冲型侵入岩浆活动。石炭纪形成陆棚碎屑岩沉积建造。早、中二叠世,由于南部洋壳向北俯冲作用加强,从西部满都拉至东部乌兰浩特一带,发生大石寨组以安山岩为主的海相中酸性、中基性火山喷发活动。晚侏罗世—早白垩世,锡林浩特市以东地区,陆缘弧之上叠加了大面积的陆相中酸性火山岩和火山碎屑岩,侵入活动为后造山型的花岗岩、二长花岗岩。新生代发生了陆内裂谷,产生碱性系列的玄武岩。

2. Ⅰ-2 松辽地块

Ⅰ-2-1 松辽断陷盆地:在内蒙古被称为松辽盆地的是一个中、新生代断陷与坳陷盆地。侏罗纪为断陷期,发育了一套义县组火山岩,厚2000m以上,白垩纪以坳陷为主,沉积了含煤、含油碎屑岩建造及红色建造,其厚度与松辽盆地内缘相比显著变薄。中、新生代沉积总厚度不超过500m,一般为2000～3000m。由于不均衡的升降活动,在开鲁至舍伯吐一线构成两坳夹一隆(北东向小型隆起和两侧同方向坳陷)的构造格局。新生代为区域性上升隆起,第三系(古近系+新近系)、第四系不发育。

3. Ⅰ-7 索伦山-西拉木伦结合带

该带由索伦山蛇绿岩和西拉木伦蛇绿岩组成,中间被大面积的中、新生代盆地松散沉积物掩盖。索伦山蛇绿岩单元可分为地幔岩(变质橄榄岩)、堆晶杂岩、基性岩墙群、枕状熔岩和远洋沉积硅质岩、硅质泥岩、碧玉岩。前4个单元以包体形式赋存在基质远洋沉积物中,时代为二叠纪。

西拉木伦蛇绿岩单元为超基性岩、镁铁质堆积杂岩、辉绿岩席状岩墙、枕状玄武岩。蛇绿岩无连续的构造组合剖面,均以孤立的岩块侵入于地层中,时代为二叠纪。

4. Ⅰ-8 包尔汉图-温都尔庙弧盆系

1）Ⅰ-8-2 温都尔庙俯冲增生杂岩带

该岩带是指华北陆块北部再生洋壳经历了中、新元古代及早古生代和晚古生代离散、汇聚、俯冲、造山等多个旋回后，拼贴于华北陆块北缘的陆缘增生带。中、新元古代离散拉张作用形成以温都尔庙群为代表的蛇绿岩套构造组合，蛇绿岩在温都尔庙、图林凯一带出露最全。早古生代的洋壳俯冲作用形成奥陶纪包尔汉图群岛弧型火山岩建造和弧后盆地碎屑岩、碳酸盐岩建造。志留纪、泥盆纪和石炭纪为相对稳定的浅海陆棚相碎屑岩与碳酸盐岩建造。二叠纪洋壳再次向南的俯冲作用导致早二叠世额里图组陆缘弧型火山岩喷发，并伴有三面井组弧间盆地的碎屑岩和碳酸盐岩沉积，伴有俯冲型花岗岩、花岗闪长岩、石英闪长岩等岩石构造组合。中生代有大面积的陆相中酸性火山岩喷发和后造山型花岗岩、二长花岗岩、花岗闪长岩、石英闪长岩侵入。

2）Ⅰ-8-3 宝音图岩浆弧

该岩浆弧是一个北东向的由古元古代宝音图群中浅变质基底岩石构造成的隆起带，其上无更新的沉积地层，中元古代有裂谷型岩浆侵入，新元古代发育俯冲型花岗岩、闪长岩岩石构造组合。石炭纪、二叠纪、三叠纪为后碰撞型的花岗闪长岩、石英闪长岩、二长花岗岩侵入活动。岩浆弧以北巴音查干一带为中新元古代、古生代陆壳增生弧。

5. Ⅰ-9 额济纳旗-北山弧盆系

1）Ⅰ-9-1 园包山（中蒙边界）岩浆弧

该岩弧是一个以陆壳为基底的火山弧，岩浆弧的东部出露有中、新太古代片麻岩变质建造和古元古代北山岩群片岩、斜长角闪岩类变质建造。奥陶纪为以安山岩为主的安山岩-流纹岩等钙碱性火山岩、火山碎屑岩。火山弧两侧则为浅-次深海相陆缘斜坡性质的细砂岩-粉砂岩-硅质岩建造、笔石页岩建造。志留纪早期为滨-浅海相的陆棚相砂岩-粉砂岩-泥页岩建造。中晚期则为以安山岩为主的安山岩、英安岩、流纹岩等。陆缘火山弧的喷溢活动，伴有弧后盆地粉砂岩-粉砂质泥岩-硅质岩建造。泥盆纪继承了志留纪的火山活动特点，但火山-沉积的范围较志留纪大为缩小。石炭纪受南部红石山裂谷山影响，本区仍有石炭纪裂谷型中酸性的火山岩、火山碎屑岩沉积。

奥陶纪—泥盆纪侵入岩不发育。可能受南部红石裂谷盆地俯冲消亡的影响，本区广泛出露有晚石炭世—二叠纪的俯冲型岩浆杂岩。

2）Ⅰ-9-2 红石山裂谷

该裂谷是一个发育在早古生代岛弧之上的石炭纪弧间型谷盆地。盆地底部沉积了含铁长石石英砂岩-砂砾岩建造，中上部沉积浅海相酸性—中酸性火山岩、火山碎屑岩建造和海相长石石英砂岩建造、粉砂岩建造、粉砂质泥岩-泥岩-硅质岩建造。

裂谷内发育以晚石炭世"双峰式"侵入为主的辉长岩、花岗闪长岩、石英闪长岩、英云闪长岩、二长花岗岩等，二叠纪主要是裂谷消亡时期弧内沉积，为浅-滨海相的杂砂岩-粉砂岩-泥岩建造。晚期有少量中酸性火山岩。

3）Ⅰ-9-3 明水岩浆弧

该岩浆弧是建立在古老变质基底岩系之上的岩浆弧。基底岩系为中、新太古代黑云斜长变粒岩，石英岩，斜长角闪混合岩，黑云斜长片麻岩等变质建造，以及古元古代北山岩群黑云石英片岩、绢云石英片岩、石英岩、大理岩等变质建造。其上沉积了石炭纪被动陆缘相的浅海陆棚石英砂岩-长石石英砂岩-粉砂质泥岩建造，夹少量灰岩、砂砾岩和流纹岩。侵入岩主要为晚石炭世大量俯冲型花岗闪长岩、英云闪长岩、石英闪长岩、闪长岩、二长花岗岩等岩石构造组合。二叠纪发育俯冲型过铝质碱性系列花岗闪长岩、花岗岩岩石构造组合。

4）Ⅰ-9-4 公婆泉岛弧

该岛弧是一个发育于中新元古代—早寒武世稳定大陆边缘之上的岛弧。中元古界长城系古硐井群为一套陆棚相浅海-陆坡半深海相砂岩、粉砂质泥岩-硅质泥岩建造，局部夹石英砂岩。中、新元古界蓟县系—青白口系圆藻山群为陆棚相浅海开阔碳酸盐岩台地相的碳酸盐岩建造，局部为碧玉岩和泥岩。

下寒武统双鹰山组为浅海碳酸盐岩台地相的砾质灰岩建造、硅质泥岩建造、硅质灰岩建造、磷质岩建造。中晚奥陶世—志留纪，开始了本区的岛弧型火山喷发活动，形成以安山岩为主的安山岩-英安岩-流纹岩岩石构造组合的岛弧型火山岩-火山碎屑岩。由于岛弧的进一步伸展，形成深海相的SSZ型奥陶纪蛇绿岩套。石炭纪—二叠纪，本区发育俯冲型岩浆杂岩的岩石构造组合。

5）Ⅰ-9-5 恩格尔乌苏蛇绿混杂岩带

该岩带展布于珠斯楞至恩格尔乌苏一带，为塔里木板块与华北板块的缝合碰撞带。混杂岩带的基质为晚石炭世本巴图组陆源碎屑浊积岩建造。其中有以构造包体形式混杂的超基性岩、辉长岩、玄武岩和硅质岩等蛇绿岩碎片。

6）Ⅰ-9-6 哈特布其岩浆弧

该岩浆弧位于恩格尔乌苏蛇绿混杂岩带之南。岩浆弧是一个在古老变质基底之上的火山弧，志留纪有后碰撞型岩浆杂岩出露，预示本区曾有陆陆碰撞的历史。石炭纪本区发育了岛弧型以安山岩为主的安山岩、英安岩、流纹岩岩石构造组合的火山岩和火山碎屑岩建造，石炭纪—二叠纪为俯冲型岩浆杂岩大面积侵入，石炭纪则表现为"双峰式"侵入岩。

7）Ⅰ-9-7 巴音戈壁弧后盆地

该盆地是哈特布其岩浆弧之南的弧后盆地，出露有弧后盆地中酸性火山碎屑岩和陆源碎屑浊积岩建造，局部有碳酸盐岩建造。由于盆地的持续拉张伸展，还形成了SSZ型蛇绿岩建造，主要有超基性岩、辉长岩、玄武岩、铁碧玉岩和硅质岩等。

弧后盆地之上又叠加了中、新生代断陷盆地，其上沉积了下白垩统巴音戈壁组和第四纪松散堆积物。

（二）华北陆块区

1. Ⅱ-2 晋冀陆块

Ⅱ-2-5 吕梁碳酸盐岩台地：出露陆表海盆地相寒武系和奥陶系的碳酸盐岩建造，砂页岩建造和海陆交互相的硅泥铁铝质、碳质、黏土质页岩建造，含煤碎屑岩建造；二叠系则可含砾粗砂岩建造，杂砾岩-泥岩建造；三叠系、侏罗系和白垩系为地陷盆地相的砾屑岩建造。

2. Ⅱ-3 大青山-冀北古弧盆系

Ⅱ-3-1 恒山-承德-建平古岩浆弧：该岩浆弧位于内蒙古境内赤峰—敖汉旗一带，该带出露中太古代陆核集宁群麻粒岩和矽线榴石片麻岩变质建造，出露少量中元古代辉长岩、闪长岩和花岗岩等俯冲型岩石构造组合，其余大都被晚侏罗世火山岩、白垩纪断陷盆地掩盖或被侏罗纪后造山花岗岩体所占据。

3. Ⅱ-4 狼山-阴山陆块

1）Ⅱ-4-1 固阳-兴和陆核

该陆核包括固阳、乌拉山、大青山、集宁、兴和一带出露的中太古界乌拉山岩群、集宁岩群和古太古界兴和岩群，其组成岩系为麻粒岩、硅线榴石斜长岩、（钾长）片麻岩、黑云角闪斜长片麻岩、大理岩、磁铁石英岩和变质深成体（TTG岩系），其中还包括很大一部分再造杂岩。

新太古代发生代表陆核裂解事件的过碱性辉石正长岩侵入；古元古代为俯冲型英云闪长岩、石英闪长岩和二长花岗岩岩石构造组合，中元古代钾玄系列和钾质碱性系列岩浆侵入，以及代表大陆再一次裂解事件的基性岩群大量入侵；二叠纪有大量的俯冲型岩石构造组合的侵入岩侵入。

2) Ⅱ-4-2 色尔腾山-太仆寺旗古岩浆弧

该岩浆弧出露少量变质基底岩系乌拉山岩群哈达门沟组长英质片麻岩、角砾斜长片麻岩、砾铁石英岩等变质建造，新太古代发育色尔腾山群中基性火山岩-火山碎屑岩、绿泥片岩、石英片岩和碳酸盐岩，是一套较典型的绿岩建造。早期为岛弧相火山岩，晚期为弧内碎屑岩-碳酸盐岩建造。同期侵入岩为俯冲型英云闪长岩，闪长岩和角闪石岩。古元古代为俯冲型英云闪长岩、花岗闪长岩、花岗岩、二长花岗岩。

古岩浆弧边缘叠加了中元古代狼山-白云鄂博裂谷型沉积建造。古生代陆表海沉积也曾到达本区。二叠纪发育有俯冲型花岗岩、花岗闪长岩、二长花岗岩、石英二长岩、闪长岩等岩石构造组合。三叠纪发育同碰撞和后碰撞侵入岩。

3) Ⅱ-4-3 狼山-白云鄂博裂谷

该裂谷为西起阿贵庙诺尔公地区，向东经炭窑口、东升庙、渣尔泰山、白云鄂博一直到化德一带的东西向裂谷。

带内沉积了中、新元古代渣尔泰山群和白云鄂博群，曾被认为是华北陆块区的第一套相对稳定的盖层沉积。著名的白云鄂博铁、稀土矿床及铜、铅、锌多金属矿产即产在此带内。褶皱构造和断裂构造均较发育，褶皱为紧密线型或倒转褶皱，断裂构造主要为走向断裂，规模大，延伸长，多数为北倾逆断层。

同期岩浆侵入活动为"双峰式"低钾拉斑系列岩石构造组合（超基性岩、辉长岩、辉绿玢岩、白云岩、斜长角闪岩）和过铝质低碱性系列岩石构造组合（花岗岩、黑云母花岗岩）。晚古生代发育俯冲型英云闪长岩、花岗闪长岩、闪长岩，三叠纪为后碰撞型岩石构造组合（花岗岩、二长花岗岩、花岗闪长岩等）。

4. Ⅱ-5 鄂尔多斯陆块

1) Ⅱ-5-1 鄂尔多斯陆核（鄂尔多斯盆地）

该陆核是华北陆块区最稳定的地质构造单元，现代地貌为海拔800～2000m的高原地带。从古老变质岩系来看，其基底是由中太古界兴和岩群、集宁岩群、千里山岩群和同期变化深成体组成，构成古老的陆核。其上沉积了古生代陆表海砂岩碳酸盐岩建造。进入中生代，本区受中国东部滨太平洋活动陆缘影响，发生了强烈塌陷，沉积了巨厚的河湖相砾屑岩建造，并有丰富的煤炭资源形成。本区古生代侵入岩不发育。

2) Ⅱ-5-2 贺兰山被动陆缘盆地

该盆地是一个位于鄂尔多斯陆块西缘的坳陷盆地，是鄂尔多斯陆块古生代强烈沉降的地区。盆地基底由中太古代变质岩系构成，其上沉积中、新元古代浅海陆棚砾屑岩建造、泥页岩建造、白云质碳酸盐岩建造、冰碛砾岩建造。下古生界寒武系为浅海相砂页岩建造、生物屑碳酸盐岩建造；中下奥陶统为滨-浅海相长石砂岩建造、粉砂岩建造、泥岩建造、碳酸盐岩建造。晚古生代以来，本区进入了与鄂尔多斯陆核同步发展阶段，即晚古生代为陆表海盆地沉积和中新生代地陷盆地沉积。

5. Ⅱ-7 阿拉善陆块

1) Ⅱ-7-1 迭布斯格-阿拉善右旗陆缘岩浆弧

该岩浆弧位于狼山-白云鄂博裂谷西段之南，变质基底岩系由中太古界雅布赖山岩群和新太古界阿拉善岩群高角闪岩相、高绿片岩相-低绿片岩相变质建造组成，原岩为一套中基性火山岩、中酸性火山岩和正常砾屑岩、富镁碳酸盐岩建造，构造环境属于活动陆缘性质。

古生代岩浆活动主要是中元古代裂谷型"双峰式"侵入岩和花岗闪长岩、石英闪长岩、二长花岗岩等钙碱性岩石构造组合，三叠纪为钾质碱性系列的花岗岩、二长花岗岩等造山岩石构造组合。火山岩为酸性英安质、流纹质砾屑岩和超浅成岩。

2）Ⅱ-7-2 龙首山基底杂岩带

该带出露最古老基底岩系为太古宇阿拉善岩群含蓝晶石、十字石、石榴二云母石英片岩,斜长浅粒岩,石英岩,大理岩等变质建造,中元古界墩沟子组为浅海陆棚相长石石英砂岩-砾岩建造、硅质条带状灰岩建造,属于基底岩系的盖层。震旦系为冰碛砾岩、泥页岩和碳酸盐岩,石炭系出露极少,为陆棚相砾屑岩建造。寒武纪基性—超基性侵入岩和脉岩,为具裂解性质岩墙群。古生代侵入岩石发育。

6. Ⅱ-8 叠加断陷盆地系

Ⅱ-8-3 吉兰泰-包头断陷盆地：盆地基底在潮水和吉兰泰一带为太古宙和古元古代地层。在临河—包头一带未见变质基底。断陷盆地的北界为狼山-乌拉山-大青山山前深大断裂。南界由于深大断裂对盆地南缘的垂向拉张,使盆地南缘产生一系列呈阶梯状下降的断层,形成了北深南浅的箕状盆地。盆地形成于白垩纪,新生代下降幅度最大,最大沉降幅度可达3000m。吉兰泰一带新生界就达2000～3000m。在临河一带,下降幅度可达万米。

（三）Ⅲ 塔里木陆块区

该陆块区在内蒙古自治区境内的二级构造单元和三级构造单元分别为Ⅲ-2 敦煌陆块、Ⅲ-2-1 柳园裂谷。

柳园裂谷在内蒙古自治区境内仅占其一隅。裂谷是在稳定陆壳基底上缘伸展裂离而成,基底岩系由中、新元古界的古硐井群、圆藻山群组成,为稳定盖层性质的砂岩-粉砂岩-粉砂质泥岩建造和碳酸盐岩建造。裂谷内发育石炭系白山组,为玄武岩和流纹岩的"双峰式"火山岩建造,同期绿条山组为陆源碎屑沉积建造夹火山岩等,属弧背沉积。二叠纪为双堡塘组长石砂岩-粉砂岩建造、生物碎屑岩建造,火山岩不发育。侵入岩为少量石炭纪花岗闪长岩和大量二叠纪"双峰式"辉长岩和花岗岩、二长花岗岩等岩石构造组合。

（四）Ⅳ 秦祁昆造山系

该造山系在内蒙古自治区境内的二级构造单元和三级构造单元分别为Ⅳ-1 北祁连弧盆系、Ⅳ-1-1 走廊弧后盆地。

弧后盆地最早沉积始于中寒武世,沉积的晋山组为一套巨厚的滨海相长石砂岩建造、泥云岩建造、碳酸盐岩建造,其上沉积了中下奥陶统米钵山组,为滨海相的长石石英砂岩建造、泥岩建造类灰岩建造。奥陶纪之后弧后盆地闭合,其上沉积了泥盆纪山麓相-河湖相的砂砾岩建造、石英砂岩建造、粉砂岩建造。此后,进入与华北陆块区大致同步发展的地质历史阶段。

第二节　岩石物性特征

一、区域地层、岩浆岩的磁性参数及密度参数

区域地层、岩浆岩物性参数,详见表1-2、表1-3。

表 1-2 内蒙古区域地层物性参数汇总表

界	系(群)	代号	岩性	块数(个)	$\kappa(10^{-6}\cdot 4\pi SI)$ 统(组)均值	κ 范围	κ 均值	$J_r(10^{-3}A/m)$ 统(组)均值	J_r 范围	J_r 均值	$\sigma(g/cm^3)$ 统(组)均值	σ 范围	σ 均值	备注
新生界	第四系	Q		135							1.56		1.56	
	第三系		玄武岩	30	600	170~3390	51	1600	220~12 500	111	2.61		2.61	
			砂岩、砂砾岩、泥灰岩	445										
							51			111			2.13	新生代地层物性均值
中生界	白垩系	K_2	砂泥岩、泥岩、砂岩	36	1	0~10	90	1	0~10	190	1.90	1.22~2.66	2.28	*大兴安岭南段区域重力报告
		K_1	碎屑岩	304	187	0~1510		383	110~2560		2.34	1.48~2.89		
	侏罗系	J_3	火山岩、火山熔岩、火山碎屑岩	128	1150*/640	1~940	207	2740*/1950	1~30 900	866	2.50	1.45~2.70	2.50	
		J_2	碎屑岩夹灰岩	101	30	0~568		1	0~10		2.42	1.43~2.69		
		J_1	砂岩、砾岩、页岩	173	10	0~196		4	0~163		2.51			
	三叠系	T_3	砂岩、泥岩	47	600	6~24 090	173	50	0~1780	14	2.31	1.49~2.94	2.27	
		T_2	砂岩、泥岩	62	2	0~10		2	0~59		1.85	1.44~2.58		
		T_1	砂岩、砾岩	67	4	0~20		1	0~10		2.28	1.48~2.73		
							157			357			2.41	中生代地质物性均值

续表1-2

界	系(群)	代号	岩性	块数(个)	$\kappa(10^{-6}\cdot 4\pi SI)$ 统(组)均值	$\kappa(10^{-6}\cdot 4\pi SI)$ 范围	$\kappa(10^{-6}\cdot 4\pi SI)$ 均值	$J_r(10^{-3} A/m)$ 统(组)均值	$J_r(10^{-3} A/m)$ 范围	$J_r(10^{-3} A/m)$ 均值	$\sigma(g/cm^3)$ 统(组)均值	$\sigma(g/cm^3)$ 范围	$\sigma(g/cm^3)$ 均值	备注
古生界	二叠系	P_2	火山碎屑岩、碎屑岩	187	480 ***/310	0~15 500	174	2380 ***/710	0~11 700	444	2.53	1.46~2.90	2.57	*** 色尔敖包组
		P_1	碎屑岩、火山碎屑岩、灰岩	386	500 */40	0~8850		2400 */180	0~51 200		2.62	2.04~2.78		* 格根敖包组
	石炭系	C_2	中性火山岩、碎屑岩、火山碎屑岩、灰岩	226	820 ***/260	0~7730	92	3090 ***/825	0~53 000	279	2.61	2.11~2.90	2.62	*** 宝力高庙组
		C_1	碎屑岩、千枚岩、灰岩	32	3	0~30		10	1~74		2.61	2.72~2.95		
	泥盆系	D_3	火山碎屑岩、板岩、角岩	128	20	1~64		30	1~963		2.66	2.34~2.87	2.65	* 温都尔包特组
		D_2	碎屑岩、火山碎屑岩、灰岩	96	640 */90	0~4380	50	970 */250	0~11 300	99	2.60	2.22~2.84		
		D_1	碎屑岩、火山碎屑岩	126	30	0~1050		20	0~2650		2.68	2.55~2.82		
	志留系	S_3	砂板岩、灰岩、碎屑岩	399	80	0~6140	10.3	110	0~15 000	665	2.65	2.31~3.10	2.63	
		S_{1-2}	板岩、砂岩	16	130	0~1160		1220	0~11 390		2.61	2.50~2.68		
	奥陶系	O_3	碳酸盐岩	65	2	0~10		2	0~10		2.78	2.58~2.84		
		O_2	碎屑岩、火山碎屑岩、砂岩、灰岩	124	1290 **/260	0~7230	94	630 **/130	0~22 700	45	2.65	2.54~2.87	2.73	** 汗乌拉组
		O_1	火山碎屑岩	159	20	0~722		10	0~102		2.84*/2.74	2.52~3.27		* 包尔汉图组
	寒武系	ϵ_3	灰岩	137	3	0~24		2	0~24	3	2.72	2.33~2.85	2.64	
		ϵ_2	碳酸盐岩	117	2	0~23		2	0~14		2.67	2.30~2.81		
		ϵ_1	页岩、砂岩、灰岩	103	3	0~10		5	0~33		2.55	1.82~2.86		
	温都尔庙群		基性火山岩、绿片岩	134	250	1~4300		110	0~5980		2.71	2.36~3.77		
							67			238			2.67	古生代地层物性均值

续表 1-2

界	系（群）	代号	岩性	块数（个）	$\kappa(10^{-6} \cdot 4\pi SI)$ 统（组）均值	$\kappa(10^{-6} \cdot 4\pi SI)$ 范围	$\kappa(10^{-6} \cdot 4\pi SI)$ 均值	$J_r(10^{-3} A/m)$ 统（组）均值	$J_r(10^{-3} A/m)$ 范围	$J_r(10^{-3} A/m)$ 均值	$\sigma(10^3 g/cm^3)$ 统（组）均值	$\sigma(10^3 g/cm^3)$ 范围	$\sigma(10^3 g/cm^3)$ 均值	备注
元古宇	艾里格庙群	Pt_3	石英片岩、板岩、灰岩、凝灰岩	68	1	0~10		2	0~10		2.61	2.38~2.71		
	佳疙瘩组	Pt_3	碎屑岩、中性火山岩											
	什那干群	Pt_2	砂岩、石英岩、硅质灰岩	64	140	0~3660		20	0~500		2.69	2.56~2.86	2.66	
	白云鄂博群	Pt_2		943	70	0~10 840		100	0~49 010		2.66	2.10~3.12		
	渣尔泰山群	Pt_2		447	70	0~14 700		20	0~2490		2.69	2.07~3.12		
	阿拉坦敖包群	Pt_1		402	44	0~5092		300	0~106 937		2.70	1.91~3.04		
	兴华渡口群	Pt_1	碎屑岩、碳酸盐岩、绿片岩			0~270			0~70		2.70			
	锡林浩特杂岩	Pt_1	片麻岩、浅粒岩、石英片岩	32	20	1~70		3	1~40		2.65	2.84~2.97		二道凹／三合明(Fe)
	宝音图群	Pt_1	石英岩、片岩、片麻岩		110	0~3170		10	0~350		2.66	2.45~3.29		
	色尔腾山群	Pt_1	绿片岩、变粒岩、磁铁石英岩	285	296/2590	0~129 000		653/2680	0~1 900 000		2.74/2.81		2.67~2.69	元古宙地层物性均值
太古宇	建平群	Ar_3	麻粒岩、片麻岩、混合花岗岩		220*/2510**	500~2000		300*/4810**	200~600		2.74			*内蒙古自治区中部地区参数物性汇总表 ***内蒙古自治区中部区域物性调查研究报告附表16 ****葛胡窑组
	阿拉善群	Ar_3	混合岩、片麻岩、变粒岩、碳酸盐岩			0~3890			0~220 606		2.67	2.54~3.17		
	千里山群	Ar_2	片麻岩、变粒岩、混合岩、磁铁石英岩	128	2800	0~582 000		33 260	0~9 630 000		2.71	2.32~3.12		
	乌拉山岩群	Ar_2	片麻岩、角闪岩、变粒岩、混合岩、大理岩	511	1280	0~120 000		1590	0~674 000		2.74	2.48~3.29		
	集宁群	Ar_1	大理岩、片麻岩、混合岩、麻粒岩、石英岩	157	380***/90	1~3620		330***/70	0~4190		2.73	2.44~2.91	2.73	太古宙地层物性均值

注：资料来源于《内蒙古自治区中部区域物性调查研究工作报告》，1985。

表 1-3 内蒙古区域岩浆岩物性参数汇总表

时代	种类	采集地	代号	岩性	块数(个)	$\kappa(10^{-6}\cdot 4\pi SI)$ 类均值	范围	均值	$J_r(10^{-3} A/m)$ 类均值	范围	均值	$\sigma(10^3 g/cm^3)$ 类均值	范围	均值	备注
喜马拉雅期	基性			安山玄武岩、玄武岩、辉绿玢岩	122	910	1~16280		2600	1~69400		2.68	2.48~2.97		采集地栏中 II_2 为物性标本采集剖面号。见《内蒙古自治区中部区域物性调查研究报告》实际材料图
燕山期	晚 酸性		γ_5^3	花岗岩	32	2	1~10		3	1~20		2.55	2.53~2.58		
	早 中性			花岗正长岩、钾长花岗岩	135	20	0~1700		10	0~340		2.56	2.41~2.67		
	早 中性			花岗正长岩、石英闪长岩	64	950	0~5610	456	500	0~29000	213	2.64	2.52~2.84	2.61	
	基性			辉绿岩、石英辉长岩	64	350	20~3490		410	1~4210		2.81	2.66~2.98		
	超基性			黑绿色单斜辉橄岩	32	930	660~6410		420	170~62700		2.66	2.52~2.71		
印支期	酸性			钾长花岗岩、黑云母花岗岩、二长花岗岩、白云母花岗岩	69	40	0~740	40	10	0~250	10	2.59	2.48~2.67	2.59	
		VIII_{10}	γ_4^3	似片麻状细粒黑云母花岗岩	31	34	1~190		16	1~90		2.59	2.57~2.64		
		VIII_{14}	γ_4^3	中粒黑云母花岗岩、似斑状花岗岩	32	25	1~500		130	1~1910		2.57	2.53~2.62		
		II_2	γ_4^3	中粒似斑状黑云母花岗岩	30	260	0~3590		42	0~331		2.61	2.52~2.85		
	S型花岗岩	III_8	γ_4	中粗粒似斑状黑云母花岗岩	14	4	0~9	40	1	0~3	56	2.59	2.49~2.64	2.58	
海西期 晚—中		IV_{14}	γ_4	花岗岩	10	1	0~10		1	0~10		2.60	2.57~2.63		
		X_{10}	$\gamma\delta_4^3$	似斑状花岗闪长岩	34	10	0~680		240	0~4230		2.55	2.50~2.60		
		V_2	δo_4^3	石英闪长岩	16	24	10~30		1	0~2		2.82	2.57~2.91		
		IV_{17}	γ_4^3	黑云母花岗岩	22	6	0~15		1	0~10		2.61	2.58~2.68		
		XI_{31}	γ_4^{2+3}	花岗岩	34	26	0~280		70	0~1800		2.58	2.56~2.69		
		IX_{14}	$\gamma\delta_4^2$	花岗闪长岩	35	4	0~20		2	0~40		2.61	2.58~2.64		
		巴音诺尔公社		花岗岩、花岗闪长岩、闪长岩	36	0	<50		0						

续表 1-3

时代	种类	采集地	代号	岩性	块数(个)	$\kappa(10^{-6} \cdot 4\pi SI)$ 类均值	$\kappa(10^{-6} \cdot 4\pi SI)$ 范围	$\kappa(10^{-6} \cdot 4\pi SI)$ 均值	$J_r(10^{-3} A/m)$ 类均值	$J_r(10^{-3} A/m)$ 范围	$J_r(10^{-3} A/m)$ 均值	$\sigma(10^3 g/cm^3)$ 类均值	$\sigma(10^3 g/cm^3)$ 范围	$\sigma(10^3 g/cm^3)$ 均值	备注
晚—中海西期	I型花岗岩	西拉木伦河南	δ_4	闪长岩	14	2000~5000	1000~8800		400~1000	400~85 000					航磁图与地质图对比,选取异常带中局部异常带带带高磁化强度花岗岩者(γ₄)引起,利用系$\Delta_2=2\pi J$(经高度改正)估算花岗岩的磁化强度结果计$J_r=(500\sim1500)\times10^{-8}$ A/m,表中所列数据是收集到的确有时代标志的采集地点花岗类岩石的磁性、密度资料可参考
			γ_4	花岗岩	14	2380	230~4010		930	0~600					
				角闪云母花岗岩	20	3060	50~900		240	90~1700					
		乌力吉	δ_4	闪长岩	45	260			330			2.63	2.55~2.69		
			δ_4^3	闪长岩	25										
			$\gamma\delta_4^3$	花岗闪长岩	49			1720			467	2.64	2.50~2.82	2.62	
			γ_4	花岗岩	20							2.58	2.48~2.60		
		额济纳旗	δ_4	闪长岩	43	2100	150~6630		550	140~8490					
			$\gamma\delta_4$	花岗闪长岩	6	96	0~3600		40	0~2450					
			γ_4	斜长花岗岩	2	757	580~990		150	130~170					
			γ_4	黑云斜长花岗岩	2	86	0~2220		42	0~370					
	蛇绿岩	二连—锡林浩特		纯橄榄岩	605	2430	100~7000		1960	230~9000					
				橄榄岩	274	2200	170~9000		1500	130~8400					
				蛇纹岩	16	1590			140					2.91	
				矽化橄榄岩	64	1150			830						
				辉石橄榄岩	2697	1910	100~8600		2440	100~60 000					
				辉石岩	35	1100	10~35 000		320	1~11 000					
				辉石橄榄岩	32	52	30~270		90	20~750					
				斜辉二辉橄榄岩	32	850	80~15 000		11 540	2~75 000					

续表 1-3

时代	种类	采集地	代号	岩性	块数(个)	$\kappa(10^{-6}\cdot 4\pi SI)$ 类均值	范围	均值	$J_r(10^{-3} A/m)$ 类均值	范围	均值	$\sigma(10^3 g/cm^3)$ 类均值	范围	均值	备注
海西期	基性岩	二连—锡林浩特		辉绿岩	430	1670	200~2900		1400	1400~3200					
				辉长岩		3400			4380						
				辉绿玢岩		4000	1000~6000	2044	700	0~1400	2058			2.83	
				橄榄玄武岩	322	700	200~6000		3400	400~70 000					
				辉绿玢岩	32	450	60~1700		410	180~910					
加里东期	酸性		γo_3^3	片麻状钾长花岗岩,片麻状闪长花岗岩	69	590	0~3210		100	0~1410		2.68	2.63~2.85	2.74	
	中酸性		δ_3^3 γo_3^3	片麻状闪长岩,花岗状闪长岩闪长岩	115	240	0~4340	442	90	0~133 880	118	2.74	2.46~3.05		
	基性			斜长角闪岩,安山玢岩	69	850	20~5680		240	0~230 000		2.77	2.64~2.95		
早	超基性		Σ_3^3	滑石蛇纹岩	35	6	0~270		7	0~2080		2.76	2.71~2.95		
元古宙	酸性			片麻状花岗岩,钾长花岗岩,矽线榴石花岗岩	110	70	0~1780	417	110	0~8190	238	2.58	2.47~2.98	2.66	
	中性			闪长岩,片麻状石英闪长岩	70	870	0~7710		80	0~3310		2.74	2.57~2.99		
	基性			次闪石化辉长岩	18	780	30~5490		1630	10~22 870		2.84	2.78~2.97		
太古宙	酸性		γo_1^2 γ_1	石榴黑云斜长花岗岩,花岗片麻状黑云母花岗岩,混合岩化花岗岩,片麻状紫苏辉石斜长花岗岩	135	304	0~9600	978	250	0~10 400	260	2.66	2.14~3.01	2.71	
	基性			苏长岩,辉长岩	64	2400	20~19 800		280	10~52 100		2.81	2.65~3.24		

注:资料来源于《内蒙古自治区中部区域物性调查研究工作报告》,1985。

表中各时代地层及不同时代和不同类型岩浆岩的磁性参数与密度参数是以《内蒙古自治区中部区域物性调查研究工作报告》之附表为基础,并收集了中部区以外部分地区的物性资料,经归纳整理而成。

二、区域地层、岩浆岩的磁性、密度及其场的特征

由表1-2、表1-3及区域地质背景的讨论可知:

(1)古太古界集宁群(Ar_1)为一套深变质的麻粒岩-片麻岩类,主要分布于兴和—集宁—凉城一带,磁性较弱,密度较高,在区域重磁场中一般显示为相对重力高和磁力低。

新太古界乌拉山群、千里山群、阿拉善群及建平群等,为一套深—中深变质的片麻岩、混合岩等杂岩系,沿华北太古宙古陆核北缘,西自龙首山,向东经千里山、乌拉山、大青山至努鲁儿虎山一线均有广泛分布,与北侧相邻地层(自西向东为阿拉坦敖包群、渣尔泰山群及白云鄂博群等)相比较,具有磁性强(磁化率高于邻层10~100倍)、密度大(大于邻层密度值0.1g/cm³)之特点,故重磁异常图上常显示为磁力高和相对重力高。乌拉山群及其相应层位,分布区域广,影响范围大,是形成区域性磁力高、重力高的主要场源。

(2)古元古界色尔腾山群(Pt_1)以绿片岩为主,分布于色尔腾山北、中部,具有较强磁性、较高密度,但分布范围局限,重磁异常图上常显示为局部重力高、磁力高异常。

中新元古界各群为一套无—弱磁性的中—低级变质岩系,其平均密度值较太古宇低约0.1g/cm³,且略低于古生界平均密度,主要沿华北太古宙陆核北缘分布,通常形成区域性的平静负磁异常和低重力异常。

(3)古生界沉积岩系,一般为无—弱磁性浅变质岩系,密度值变化范围较大(2.57~2.73g/cm³),有随地层时代变新、密度值降低的规律,航磁异常图上显示为平静的负磁异常,当被中—新生界覆盖时,布格重力异常图上,常表现为反映基底隆坳起伏的波状异常。

古生代地层中常有范围和规模不等的中酸—中基性火山岩沉积夹层。这些火山岩层一般都具有中等强度磁性,密度略高于古生界平均密度值,常形成大面积不规则片状低缓正磁异常和宽缓的相对重力高异常。

(4)中生界主要磁性岩层是侏罗纪(J_3)火山岩,为一套巨厚的陆相火山-沉积岩层,以中酸性火山岩-中基性火山岩、火山碎屑岩为主,分布于大兴安岭地区及赤峰和锡林郭勒盟北部地区。具有强—中等强度磁性,且磁性极不均匀,密度偏低(平均2.56~2.58g/cm³),常形成正负频繁交替、剧烈变化的杂乱异常,强度一般为1000~1200nT。由于火山岩多呈大面积岩被覆盖,无明显的重力异常,只有当中新生代坳陷中沉积有一定厚度的火山岩时,才能见有明显的局部重力异常。

(5)新生界除第三纪和第四纪玄武岩具有较强磁性,常形成正负频繁交替、幅值变化剧烈的杂乱磁异常外,均属无磁性盖层。若其直接覆盖于古老变质系或古生代岩层之上,因其密度较低(1.67~2.38g/cm³),当老地层下陷较深,中—新生界具有一定厚度时,将形成明显的重力低,若老地层隆起,中—新生界较薄时,将形成明显局部重力高。

(6)花岗岩类的磁性、密度及其场的特征。区内岩浆活动十分强烈,侵入和喷发活动持续不断,从太古宙到中新生代,各期岩浆岩均有分布,其中以海西中—晚期和燕山期花岗岩、花岗闪长岩类规模最大,分布最广,与古板块构造活动关系密切。

太古宙花岗岩类,主要分布于集宁、察哈尔右翼前旗、凉城及和林等地,岩性主要为片麻状花岗岩、混合花岗岩等,磁性较弱,密度略低于太古宙深变质岩,常形成低弱正磁异常(100~200nT)和相对重力低异常。

元古宙花岗岩类,主要分布于乌拉特中旗—固阳一线,以片麻状钾长花岗岩、斜长花岗岩为主,具有弱—中等强度磁性,其平均密度值与中新元古界相近,而其中的中—中基性岩密度高于中新元古界。

加里东期花岗岩类,零星分布于阿拉善左旗、额济纳旗,以花岗岩和闪长岩为主,中东部区少见。

海西期花岗岩类,分布范围极广,常以巨大岩基、岩株产出,多沿古板块活动陆缘带呈巨型带状分布,岩性主要为花岗岩、花岗闪长岩、闪长岩等。

按其磁性特征,可分为磁性花岗岩类和无磁性花岗岩类。一般偏中性者(如闪长岩)具有弱—中等强度磁性,航磁图上常形成200~400nT低缓正磁异常条带,其密度值略高,但低于(或接近)地壳平均密度值(2.67g/cm³)。偏酸性者(如花岗岩)无磁性或具弱磁性,密度值低于地壳平均密度。石原舜三称前者为磁铁矿系列花岗岩,后者为钛铁矿系列花岗岩。

由前述讨论可知,磁性花岗岩类或磁铁矿系列花岗岩与Ⅰ型花岗岩类相当,具有一定强度的磁性;无磁性花岗岩类或钛铁矿系列花岗岩相当于S型花岗岩类,一般不具有磁性。

上述两种类型花岗岩的密度值均低于地壳平均密度值,布格重力异常图上,通常显示为相对重力低。两者比较起来,Ⅰ型花岗岩类的密度值略高于S型花岗岩类的密度值,因此,Ⅰ型花岗岩类在重磁异常图中通常显示为低缓正磁异常和背景值略高的相对重力低异常(接近正常重力场),而S型花岗岩类,通常不形成磁异常,而只形成背景值较低的相对重力低异常(低于正常重力场)。

(7)蛇绿岩的磁性、密度及其场的特征。蛇绿岩来自上地幔,是洋底扩张的产物,主要成分是超基性岩,通常具有较强磁性和较高的密度值(表1-3),当其具有一定规模时,可引起明显的局部正磁异常和局部高重力异常。

综上所述,引起区域性重磁异常的主要因素有:

(1)乌拉山岩群及其相当层位,具有强磁性($\kappa \approx 1300 \times 10^{-6} \times 4\pi SI, J_r \approx 1600 \times 10^{-3} A/m$),高密度($\sigma = 2.74g/cm^3$),是引起区域性强磁异常和高重力异常的主要因素。

(2)侏罗纪(J_3)火山岩亦具有较强磁性[$\kappa = (650 \sim 1200) \times 10^{-6} \times 4\pi SI, J_r = (2000 \sim 3000) \times 10^{-3} A/m$],但磁性极不均匀,是引起杂乱磁异常的主要因素;火山岩具有密度低($\sigma = 2.51g/cm^3$)之特点,但多以大面积岩被产出。一般不形成局部重力异常。

上述两种因素,是引起区域性强磁异常的主要场源,前者与太古宇分布区相对应,它是古生代板块活动之前既已形成的古陆,对古生代板块构造的划分不起作用;后者与侏罗纪火山岩分布区相吻合,是古生代板块活动结束之后的产物,对中—新生代板块构造的研究具有重要意义,但对古生代板块构造的划分不起作用。

(3)海西中—晚期Ⅰ型花岗岩类,具有一定强度磁性[$J_r = (500 \sim 1500) \times 10^{-3} A/m$],常沿活动大陆边缘形成长度较大(几百至千余千米)、宽度较大(几十至百余千米)的低缓正磁异常(200~400nT)条带,是古生代时期曾发生过强烈的岩浆-火山岩活动的有力证据,对古板块构造的划分具有重要意义。

(4)海西中—晚期S型花岗岩类,一般为无—弱磁性岩类,常与负磁异常区(带)相对应。

上述两种成因类型的花岗岩类,密度值均较低($\sigma = 2.56 \sim 2.60g/cm^3$),常形成明显的重力低值带,沿活动大陆边缘分布,是识别和划分古板块的重要标志。

(5)蛇绿岩具有磁性强($\kappa = 2000 \times 10^{-6} \times 4\pi SI, J_r \approx 2300 \times 10^{-3} A/m$)、密度大($\sigma = 2.90 \sim 3.30g/cm^3$)之特点,常形成强度大、范围小的局部正磁异常和局部重力高异常,沿板块俯冲带或汇聚带断续分布,对古板块构造的划分具有重要意义。

第三节　区域重磁异常特征与区域构造格架

区域重磁异常的总体展布特征,概括起来为南北方向上具有明显的分区分带特征和东西方向上的分段特征。

重磁异常图比较起来,航磁异常的分区分带特征较明显,重力异常的分段特征较突出。

由本章第一节可知,内蒙古全区共划分4个一级构造单元,13个二级构造单元,29个三级构造单元

(详见表1-1及图1-1)。

全区布格重力异常特征是对地球从地幔到地壳密度变化的综合反映,而地质构造单元划分则以上地壳不同的区域地质特征为主要依据,所以布格重力异常尽管在不同的地质构造单元表现出不同的重力场特征,但宏观上同时也受地幔深度变化的影响,所以布格重力异常的宏观特征变化并不完全与大的构造单元划分相一致。

一、区域磁场的总体展布特征

区域磁场的总体展布特征是:具有明显的分区分带特征(图1-2)。大致以阿拉善右旗—临河—赤峰一线和得尔布干断裂带为界,将全区划分为南、中、北3个区(带)。

(一)南区(带)

南区(带)大致位于阿拉善右旗—临河—赤峰一线以南地区。

本异常区(带),宏观上为一强磁异常区(带),在开阔的正磁背景场上分布有不规则块状或带状强磁异常与宽缓的负磁异常相间排列,总体呈近东西向展布,强度一般400～600nT,最高达1000nT,高值间的负值带,强度一般—200～—100nT。根据地质资料,异常区(带)与华北板块太古宙原始陆块北缘相对应,该工作区主要为新太古界乌拉山岩群(或与乌拉山岩群相当层位)分布区(古太古界集宁群分布范围较小,且磁性较弱)。原始陆块总体呈近东西向展布,根据陆块内部磁场特征及区域磁性特征,乌拉山岩群及其相当层位(千里山群、阿拉善群、建平群等)为一套深变质的片麻岩类,具有强磁性,其中乌拉山岩群 $\kappa=1280\times10^{-6}\times4\pi SI$,$J_r=1590\times10^{-3}A/m$,异常区内强度大、梯度陡的尖峰异常均与乌拉山岩群出露区相对应,异常宽度和走向与乌拉山岩群出露宽度及延伸方向一致,推断剧烈变化的高值正异常主要由乌拉山岩群所引起。

原始陆块,原来可能为一整体,由于后期构造运动,特别是海西期和燕山运动,将陆块切割得七零八碎,形成了许多大小不等、形状不一的断块,其中一部分上升隆起(如阴山山体),一部分断陷下沉(如鄂尔多斯盆地)。隆起部分在磁场中表现为剧烈变化的强磁异常(如乌拉山、大青山等),断陷部分显示宽缓、开阔的平稳磁异常(如鄂尔多斯盆地等)。强磁异常与低缓磁异常相间排列,呈近东西向展布,清晰地反映了原始陆块这一强磁性的古老结晶地块对磁场的控制作用。

区(带)内,不同区段的磁场特征亦有较大的差异,乌拉山-大青山、阿拉善-鄂尔多斯、凉城-集宁及河套盆地等区,磁场特征明显不同,清晰地反映了古老基底岩系的磁性变化特征和隆坳变化特征。

(二)北区(带)

二连-东乌珠穆沁旗、得尔布干断裂带北西地区,整体磁场强度较高。二连-东乌珠穆沁旗北西地区航磁异常呈北西向带状展布,场值一般为100～600nT。其中宽缓稳定的磁异常多与古生代石炭纪、二叠纪侵入岩对应,幅值变化较大、形态不规则的磁异常多与石炭纪—二叠纪火山岩对应。不同地质体对应不同的磁场面貌,也即磁异常特征客观地反映了不同地质体的磁性特征。得尔布干断裂南段西侧的局部磁异常呈狭长带状,相间排列,场值一般为100～400nT,负值—200～—100nT,总体呈北东向,紧密线状排列。表明其基底岩系的形成过程中,曾受到北西-南东方向的强烈挤压作用,形成北东向线性紧密褶皱。沿得尔布干断裂带分布的线性强磁异常(一般场值200～500nT),推断为沿构造带侵入的基性—超基性岩引起,得尔布干北段西侧磁异常形态不规则,幅值变化大,异常区普遍出露大面积的侏罗系满克头鄂博组、玛尼吐组火山岩,显然二者具有成因联系。

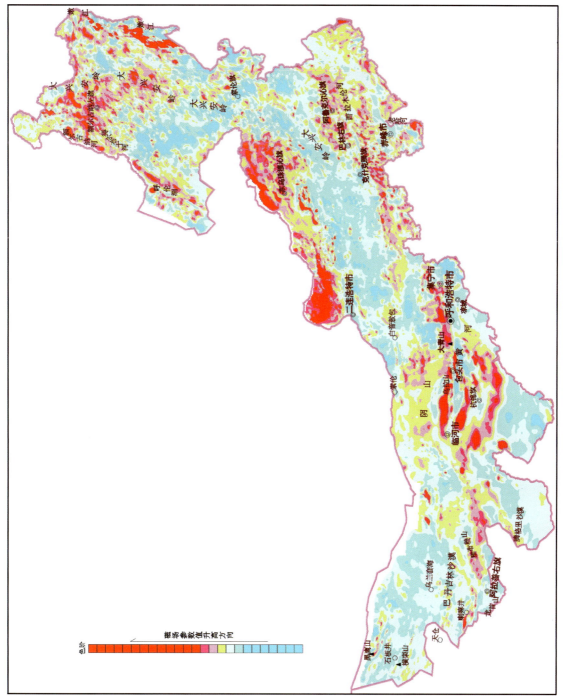

图 1-2 内蒙古自治区航磁 ΔT 化极等值线平面图

(三)中区(带)

中区(带)位于阿拉善右旗—临河—赤峰一线以北,二连-东乌珠穆沁旗及得尔布干断裂以南的广大地区,以平静的负磁异常为其主要特色。在平静的负磁背景场上,分布有数条断续延伸、长数百千米到千余千米的低缓正磁异常带,将平静的负背景场分割为正负相间、平行排列的异常条带。平静的负磁背景场是时代较新、磁性较弱的浅变质岩系的反映。那些不同形态、不同走向和不同强度的磁异常条带,是不同地质历史时期的产物,主要为古生代时期板块活动留存下来的遗迹——蛇绿岩、陆缘火山岩和不同类型的花岗岩类在磁场中的反映。区(带)内大致以天仓—索伦山—巴林右旗一线为界,两侧磁异常的走向特征明显不同。北侧自西向东异常走向由北西西向转变为东西向,再转变为北东东—北东向,呈一明显的向南凸出的弧形;南侧异常走向与华北板块太古宙原始陆核北缘的延伸方向一致,呈近东西向。区(带)内,不同区段,异常走向亦有明显变化。天仓—好比如山一线北西侧,异常走向呈北西西向;南东侧呈北东向,两侧异常走向呈明显的"V"字形斜交,表明两侧场源分属不同的构造单元。天仓—好比如山一线北西侧,大致以石板井—乌兰套海一线为界,北侧异常多呈狭窄带状,局部异常的强度和梯度变化均较大,走向呈北西西向或近东西向,而南侧则以平静的负磁场为主,局部异常较少且宽缓开阔,走向呈北西向,两侧异常特征明显不同,表明两侧地质构造特征具有一定的差异。以上两条磁场分界线亦是构造单元划分的重要标志。

索伦山—巴林右旗一线南侧,磁异常走向呈近东西向;北侧由西向东,异常走向由近东西向逐渐转变为北东东—北东向。克什克腾旗—巴林右旗—阿鲁科尔沁旗一线两侧,异常走向呈明显的"人"字形斜交(图1-3),表明两侧磁性基底的延伸方向或磁性基底的性质有明显差异。

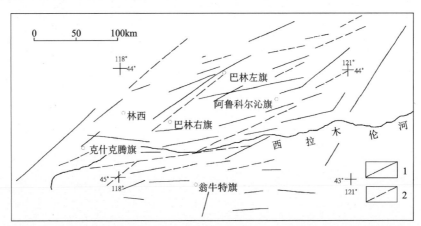

图1-3 克什克腾旗—巴林右旗—阿鲁科尔沁旗一线两侧磁异常轴向分布特征
(据内蒙古自治区地质勘查局第一物探队,1991)
1.正异常轴向及长度;2.负异常轴向及长度

从亚洲地质图可见,西伯利亚古陆为一巨大的环形陆块,因此,不同地质历史时期,陆块的增生与迁移,必将以这个陆块为核心,环绕着这个陆块而演化。据相关资料,早古生代早期,西伯利亚古陆南缘陆缘活动带已迁移至得尔布干-中蒙古-额尔齐斯断裂带。该断裂带呈一巨大的向南凸出的弧形构造带(图1-4),北山地区及索伦山—巴林右旗一线以北地区,航磁异常走向特征的变化与得尔布干-中蒙古-额尔齐斯断裂带平行排列,反映了该地区是环绕着西伯利亚古陆自北向南逐渐增生演化的。

华北板块太古宙原始陆块北缘,为一近东西向展布的结晶基底隆起带,华北板块的增生与演化必然受这个古老结晶陆块所控制。

索伦山—巴林右旗以南地区,航磁异常的走向特征与原始陆块北缘的延伸方向一致,表明这一地区的增生迁移是在这一古老结晶陆块的控制下形成和发展起来的。

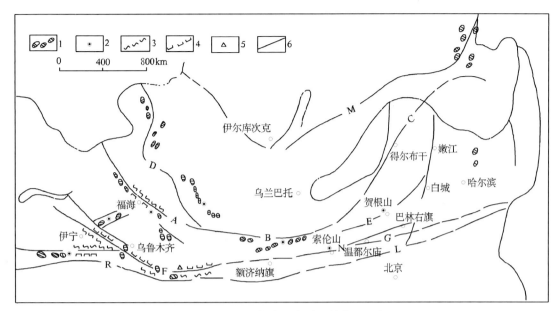

图1-4 亚洲北部主要断裂及其伴生现象

(据内蒙古自治区地质勘查局第一物探队,1991)

1.基性—超基性岩;2.蛇绿岩;3.低压高温变质带;4.高压低温变质带;5.混杂堆积;6.深断裂。

A.额尔齐斯深断裂;B.中蒙古深断裂;C.得尔布干深断裂;D.察干西贝图深断裂;E.二连-东乌珠穆沁旗深断裂;F.中天山北缘深断裂;G.西拉木伦河深断裂;R.塔里木古北缘深断裂;L.华北古陆北缘深断裂;M.西伯利亚古陆南缘深断裂

索伦山—巴林右旗一线两侧,航磁异常的走向特征的差异,清晰地反映了两大古陆的碰撞缝合,缝合带必然位于两种增生体之间。

额尔古纳左旗—阿尔山—林西一线以东地区,称大兴安岭磁场区,为一高磁背景上出现的强磁异常区,以剧烈变化的杂乱磁异常为其主要特色,正负异常狭窄而陡立,无规律地跳跃变化,幅值高,梯度陡,总体呈北北东向展布,异常强度自北向南逐渐减弱(图1-2)。异常区与大兴安岭火山岩分区基本一致,区内大面积广泛出露侏罗纪(J_3)酸—中性—中基性火山岩,磁性强而不稳定,是引起剧烈变化的杂乱磁异常的主要因素,是统一的欧亚大陆形成之后的产物,对于研究古板块活动形成强大的干扰。

二、区域重力场的总体展布特征

纵观内蒙古全区布格重力异常平面图,其总的重力场展布特征,明显地显示出东西方向上的多块特征,南北方向上的分带特征。

全区布格重力异常值从东到西逐渐下降。从嫩江一线的 $5×10^{-5}m/s^2$ 到阿拉善盟南部龙首山一带降至 $-240×10^{-5}m/s^2$,下降幅度超过 $250×10^{-5}m/s^2$。由地震和大地电磁测深资料可知,东部松辽盆地地壳厚度约35km;西部龙首山一带为56km,地壳厚度变化约20km(图1-5、图1-6)。由此可见,重力场的区域变化特征反映了现今地壳自东向西逐渐增厚的变化趋势。这是中—新生代以来壳幔均衡补偿的结果。

区内有两条巨大的北东向重力梯度带,第一条是纵贯全国东部地区的大兴安岭-太行山-武陵山北北东向巨型重力梯度带,其北段大兴安岭梯级带位于内蒙古自治区境内东部区。布格重力异常值从嫩江西岸的 $5×10^{-5}m/s^2$,到大兴安岭西坡骤降到 $-70×10^{-5}m/s^2$,布格重力异常值下降幅度达 $80×10^{-5}m/s^2$,下降梯度为 $(0.7～1)×10^{-5}m·s^{-2}/km$。它是内蒙古自治区东部地区一条巨型深部构造变异带——莫霍面陡倾带。由航磁图可知,不管航磁区域背景是正还是负,在大兴安岭重力梯度带上分布

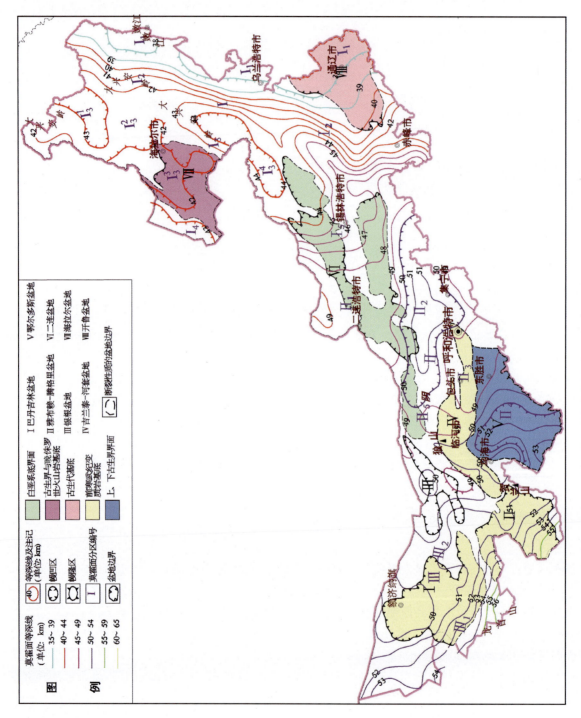

图 1-5 内蒙古自治区莫霍面等深度图（据内蒙古自治区地质勘查局第一物探队，1991）

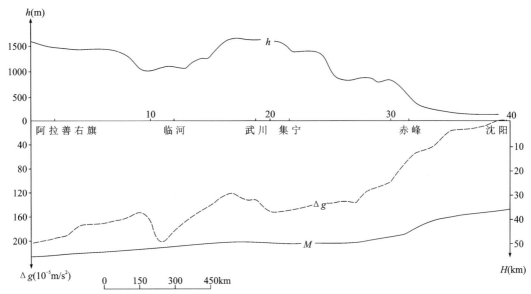

图 1-6　沈阳-阿拉善右旗布格重力异常、高程、莫霍面深度对应关系(据内蒙古自治区地质勘查局第一物探队,1991)

着跳跃型磁场。推断大兴安岭巨型宽条带重力梯度带同时也是一条超地壳深大断裂带的反映。该深大断裂带是环太平洋构造运动的结果。沿深大断裂带侵入了大量的中新生代中酸性岩浆岩,并喷发、喷溢了大量的中新生代火山岩。

第二条位于内蒙古自治区西部狼山-贺兰山西缘,呈北东向展布,东、西两侧下降幅度达 $100\times 10^{-5}\mathrm{m/s^2}$,下降梯度 $(0.7\sim0.8)\times10^{-5}\mathrm{m\cdot s^{-2}}/\mathrm{km}$。它是内蒙古自治区中西部地区一条巨大的上地幔异常带。这两条巨型梯级带是内蒙古自治区中—新生代以来最主要的两条构造活动带,对该区重力场的变化起着决定性的控制作用,从地表到地幔均有其影响的痕迹。两条北东向的重力梯度带将区域重力场分为 3 段。两条重力梯级带之间及其东、西两侧区域重力场特征和趋势明显不同。

第一段:位于狼山-贺兰山西缘梯度带以西地区。
第二段:位于狼山-贺兰山与大兴安岭两条重力梯度带之间。
第三段:位于大兴安岭重力梯度带东侧地区。

(一)贺兰山以西阿拉善山形异常区

即第一段:位于狼山-贺兰山西缘梯度带以西地区(图 1-7)。

这一地区区域重力异常总体走向自西向东为北西西向转为近东西向,区域重力异常值自北向南呈波浪式下降,额济纳旗一带布格重力值为 $-140\times10^{-5}\mathrm{m/s^2}$,至龙首山一带为 $-240\times10^{-5}\mathrm{m/s^2}$。地震测深和大地电磁测深表明(图 1-5),额济纳旗一带地壳厚度约 50km,而龙首山一带地壳厚度约 56km。从北向南地壳厚度变化 6km。区域重力场自北向南梯减,正是反映了地壳厚度自北向南逐渐增厚的变化特征。另外,莫霍面相差 6km 不足以引起 $-100\times10^{-5}\mathrm{m/s^2}$ 的重力差。说明额济纳旗一带的区域重力高除莫霍面相对高的因素外,有高密度的基底存在并呈隆起状也是主要原因。

贺兰山以西地区为山形异常区,重力异常呈北西向展布。从额济纳旗—珠斯楞—乌兰呼海,布格重力异常值为 $(-150\sim-140)\times10^{-5}\mathrm{m/s^2}$,为重力高值带;从石板井—湖西新村—巴音诺尔公,布格重力异常值为 $(-190\sim-180)\times10^{-5}\mathrm{m/s^2}$,为重力低值带;从红柳大泉—阿拉善右旗—温都尔图,布格重力异常值为 $(-240\sim-190)\times10^{-5}\mathrm{m/s^2}$,亦为重力低值带。而从地形高程来看,比较而言,布格重力异常较高地段地形高程较高,布格重力异常较低地段,地形高程较低。即山区重力高,平原区重力低,即所谓的山形异常区。如贺兰山区布格重力异常值为 $-150\times10^{-5}\mathrm{m/s^2}$,银川平原区为 $-190\times10^{-5}\mathrm{m/s^2}$,龙首山区为 $-200\times10^{-5}\mathrm{m/s^2}$,阿拉善右旗平原为 $-270\times10^{-5}\mathrm{m/s^2}$。

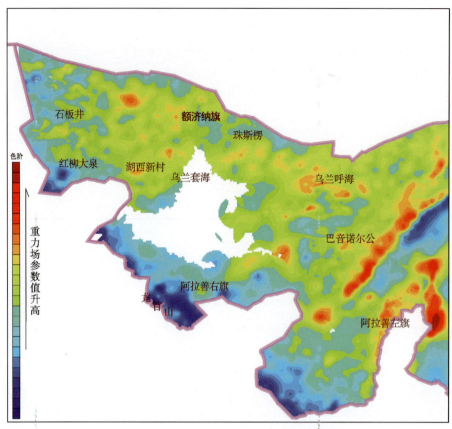

图 1-7　内蒙古西部区域重力异常图①

综上所述,认为该区域重力场的变化趋势是地幔深度变化和地壳的起伏综合作用的结果。

(二)狼山-贺兰山至大兴安岭内蒙古中部山形异常区

即第二段:位于狼山-贺兰山与大兴安岭两条重力梯度带之间(图1-8)。

该区重力异常总体呈近东西向展布,与航磁异常的方向一致。重力场以近东西向展布的西拉木伦河断裂带为界,重力异常场值南、北两侧向中间呈波浪式下降。南北向分带的特征较明显:对照布格重力异常图与点位高程图,布格重力异常值随地形海拔高度的增加而增加,即布格重力异常值的变化与地形起伏呈正相关关系,如图1-9所示,即为山形异常区。

进一步细分有如下规律:大致以苏尼特右旗——那日图一线为界,其北区域重力反映重力高异常带,布格重力异常值$(-120\sim-100)\times10^{-5}\,\mathrm{m/s^2}$;从乌拉特后旗——达茂旗——镶黄旗——多伦为重力低值带,布格重力异常值$(-160\sim-150)\times10^{-5}\,\mathrm{m/s^2}$;从巴彦乌拉山——狼山——色尔腾山——乌拉山——大青山为重力高值带,布格重力异常值$(-120\sim-110)\times10^{-5}\,\mathrm{m/s^2}$;从吉兰泰——杭锦后旗——呼和浩特市为重力低值带,布格重力异常值$(-220\sim-170)\times10^{-5}\,\mathrm{m/s^2}$;从东胜——清水河——丰镇为重力高值带,布格重力异常值$(-120\sim-110)\times10^{-5}\,\mathrm{m/s^2}$;从鄂托克旗——乌审旗为重力低值带,布格重力异常值$(-180\sim-150)\times10^{-5}\,\mathrm{m/s^2}$。从北向南布格重力异常值呈波浪式高、低、高、低带状变化趋势,异常呈东西向展布。而对应的地形高程变化趋势与布格重力异常的高低变化一致,即布格重力值高的区域,地形高程也相对高;布格重力异常值低的区域,地形高程也相对低。即重力场总体特征为山区重力高、平原区重力低的山形异常区。

注:因涉密问题,本书中有一定面积的布格重力异常图用经过处理的区域异常图代替,区域重力异常图所展示的重力异常总体特征、高低变化趋势与布格重力异常图基本保持一致。

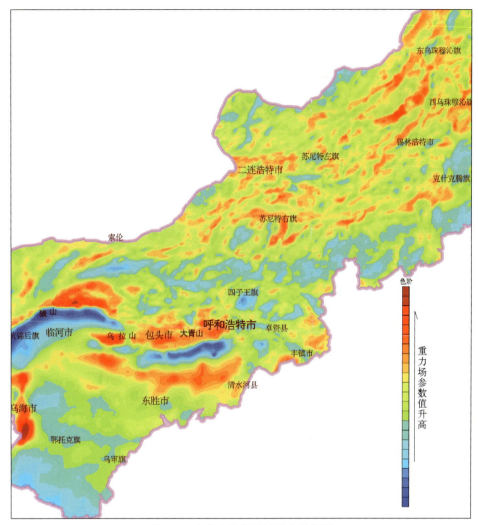

图 1-8 内蒙古中部区域重力异常图

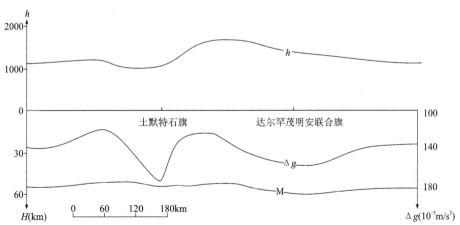

图 1-9 清水河-达尔罕茂明安联合旗布格重力异常、高程、莫霍面深度对应关系

(据内蒙古自治区地质勘查局第一物探队,1991)

图 1-9 中,土默特右旗重力低与呼-包盆地相对应,系由巨厚的中新生代沉积($\sigma=2.54\mathrm{g/cm}^3$)所引起,达尔罕茂明安联合旗重力低对应白云鄂博群分布区,系由晚古生代巨型花岗岩带引起。上述两重力低之间的重力高,与大青山相对应,系由高密度的太古宙隆起所致。

该区域以西拉木伦河断裂带为界,两侧重力场特征不同:

北部重力高低异常相间分布,异常总体走向由西到东、由近东西向转为北东向,形成向南凸出的弧形异常带,与前述中带磁异常呈弧形分布特征类似,亦反映了该地区是环绕着西伯利亚古陆自北向南逐渐增生演化的特征。这一地区,中部存在由近东西(大约与44°纬度相对应)转为北东的重力场高值带,重力值强度与西拉木伦河南侧重力高相当,地表零星出露前寒武纪地层,故推断该重力高值带为基底隆起区。在其两侧重力低异常带,依据电法及地表地质推断,系由花岗岩带和中新生代的二连盆地群引起。

南部区域重力异常总体呈近东西向展布,分布有呈近东西向带状展布的重力低值区和不规则局部重力高值区。带状低值区紧邻西拉木伦河断裂分布,布格重力异常值为$(-182\sim-156)\times10^{-5}\mathrm{m/s^2}$,伴有呈带状或串珠状展布的正磁异常,是全区最醒目的重磁异常带,纵贯内蒙古中东部地区,东西延长约900km。该带与华北陆块北部近东西向展布的巨大陆缘俯冲-碰撞造山带相对应,地表成片成带分布有侏罗纪、二叠纪酸性—中酸性侵入岩及中生代火山岩,为陆块俯冲形成的巨型构造岩浆岩带。该重磁异常带以南为华北原始陆块区,由于后期构造运动作用,陆块形成了许多大小不等、形状不一的断块,其中一部分上升隆起,如阴山山体,对应形成醒目的高磁高重不规则局部异常区,布格重力异常值为$(-142\sim-118)\times10^{-5}\mathrm{m/s^2}$,正磁异常值$100\sim1000\mathrm{nT}$;一部分断陷下沉,如鄂尔多斯盆地,为稳定陆块区,对应缓变的布格重力异常相对低值区,场值变化由北向南呈现逐渐降低的趋势,重力值为$(-202\sim-172)\times10^{-5}\mathrm{m/s^2}$,这一方面反映盆地基底的变化趋势,同时也与莫霍面逐渐变深有关(对应区域从北向南莫霍面埋深由51km增加到53km)。盆地北部盆缘对应开阔稳定的带状正磁异常区,场值$100\sim400\mathrm{nT}$,南部为稳定的背景场区。

整个内蒙古中部区,均为山区重力高、平原区重力低的山形异常区,与河北、山西、陕西相似。该区域莫霍面的深度变化不大,所以区域上地幔密度的影响较小。布格重力异常的变化主要是由壳内物质不均匀引起的,与大兴安岭和松辽盆地镜像异常区不同。

综上所述,两梯级带之间重力场的展布特征,不仅反映了中—新生代以来壳幔均衡补偿作用对本区的影响,也较清晰地显示出了古构造——东西向构造和弧形构造的痕迹,而两梯级带东、西两侧则主要反映了现代构造的影响。

(三)大兴安岭以东地区

即第三段:位于大兴安岭重力梯度带东侧地区(图1-10)。

与内蒙古全区相比,这一区域总体反映为相对重力高。该区域布格重力异常总体展布方向为北东向,而且沿大兴安岭一线存在一明显的北东向展布的巨型梯级带。

从东到西重力场呈逐渐降低的趋势。大兴安岭梯级带及其以东地区——松辽盆地以轴向多变的正异常为主,场值由盆地中央向东、西两侧逐渐降低。盆地中央布格重力异常值为$(5\sim15)\times10^{-5}\mathrm{m/s^2}$,为重力相对高值区;松辽盆地东侧长白山系(张广才岭、老爷岭、吉林哈达岭、龙岗山、千山等,在内蒙古境外以东地区)布格重力异常值为$(-100\sim-60)\times10^{-5}\mathrm{m/s^2}$,为重力相对低值区;松辽盆地向西布格重力异常值总体呈波浪式下降:在大兴安岭东缘,布格重力异常值一般为$(-20\sim-10)\times10^{-5}\mathrm{m/s^2}$,为重力相对高值区,大兴安岭岭脊部位布格重力异常值$(-140\sim-80)\times10^{-5}\mathrm{m/s^2}$,为重力相对低值区;大兴安岭西侧海拉尔盆地所在区域布格重力异常值$(-60\sim-40)\times10^{-5}\mathrm{m/s^2}$,为重力相对高值区,额尔古纳布格重力异常值$(-115\sim-80)\times10^{-5}\mathrm{m/s^2}$,为重力相对低值区。总体趋势:长白山重力低—松辽盆地重力高—大兴安岭重力低—海拉尔盆地区重力高—额尔古纳重力低,而地形则出现相反的情况,海拔高度变化为:长白山系(高)—松辽盆地(低)—大兴安岭(高)—海拉尔盆地(低)—额尔古纳地区(高),即相邻地区地形低布格重力值则高,而地形高布格重力值则低。也就是山体重力低,平原区重力高,布格重力异常为镜像异常区。莫霍面等深度图上(图1-5),松辽盆地为一地幔隆起区,地壳厚度自盆地中央(34~35km)向东、西两侧逐渐加深(长白山区地壳厚度38~40km,大兴安岭西坡41~42km),可见盆地的相对重力高,是密度较大的地幔隆起所致,布格重力异常的总体变化趋势受制于地幔深度的变化。

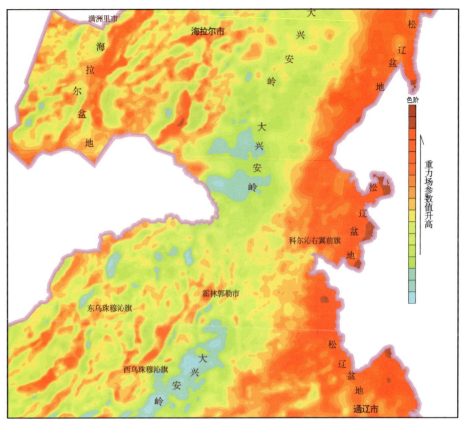

图 1-10 内蒙古东部区域重力异常图

该区域松辽盆地区、海拉尔盆地区有巨厚的中新生代沉积物。在大兴安岭岭脊部位和额尔古纳一带是酸性花岗岩的分布区。酸性花岗岩的密度值一般低于古生界、元古宇、太古宇等的密度值，与中生代地层的密度值接近，高于新生代地层的密度值。海拉尔盆地区的局部重力高与老基底隆起有关。所以认为这一地区的布格重力异常区域上东高西低的变化趋势和镜像异常的特征与地幔深度的逐渐变深有关，局部重力异常的高低变化与地壳内物质密度的不均匀有关。

三、区域构造格架

全区构造单元划分见本章第一节（表1-1，图1-2），划分构造单元的构造格架，均与重磁推断的深大断裂相吻合（图1-11）。

4个一级构造单元线与重磁推断的超壳断裂相吻合。

以近东西向展布的超壳断裂喇嘛井-雅布赖断裂[F蒙-02027-(27)]，向东为临河-集宁断裂[F蒙-02027-(11)]为界划分出全区境内的两个主要构造单元：Ⅰ天山-兴蒙造山系和Ⅱ华北陆块区。

Ⅰ天山-兴蒙造山系划分了5个二级构造单元，17个三级构造单元。

Ⅱ华北陆块区划分了6个二级构造单元，10个三级构造单元。

内蒙古西部阿拉善境内以北西向展布的横蛮山-乌兰套海断裂（F蒙-02025-⑧）和北东东向展布的阿拉善断裂（F蒙-02026-⑥）为界划分出Ⅲ塔里木陆块区。该区块在全区境内只分布有一个三级构造单元：Ⅲ-2-1柳园裂谷。

内蒙古南部，华北陆块区西南端，以腾格里断裂（F蒙-02038-⑦）为界，划分出Ⅳ秦祁昆造山系。该区块在全区境内也仅分布有一个三级构造单元：Ⅳ-1-1走廊弧后盆地。其他构造单元线与重磁推断断裂的对应关系见图1-11。

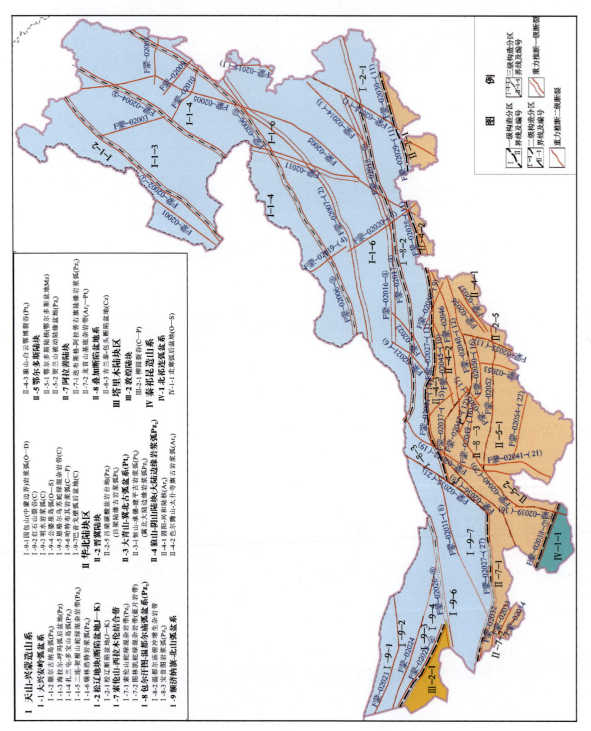

图 1-11 内蒙古自治区大地构造分区与区域深大断裂分布图

第二章　内蒙古全区重力资料地质解释成果

第一节　重力异常特征分区及构造单元划分

一、重力异常分区

由前述知（第一章第三节），内蒙古自治区区域重力异常的总体展布，区域上具备南北方向上明显的分区分带特征和东西方向上的分段特征。依据重力异常两条巨型北东向重力梯度带，即东部区的大兴安岭梯级带，西部区狼山-贺兰山西缘梯级带，全区划分为东部、中部、西部3个区段。不同区段重力异常的形态、强度、走向及局部异常的排列组合特征又有明显差异，结合航磁异常特征进一步划分下述区（带）（图2-1、图2-2）：

$G_1—T_1$　索伦山-锡林浩特-额尔古纳重磁场区
　　$G_{1-1}—T_{1-1}$　额尔古纳重磁异常区
　　$G_{1-2}—T_{1-2}$　海拉尔-牙克石重磁异常区
　　$G_{1-3}—T_{1-3}$　查干敖包-东乌珠穆沁旗-阿尔山重磁异常带
　　$G_{1-4}—T_{1-4}$　二连-贺根山-乌拉盖重磁异常带
　　$G_{1-5}—T_{1-5}$　艾里格庙-锡林浩特-乌兰浩特重磁异常带
　　$G_{1-6}—T_{1-6}$　苏尼特右旗-林西-科尔沁右翼中旗重磁异常带
$G_2—T_2$　华北古陆太古宙陆核北缘重磁场区
　　$G_{2-1}—T_{2-1}$　巴音-白乃庙-翁牛特旗重力低、磁力高值带
　　$G_{2-2}—T_{2-2}$　乌拉特中旗-商都重磁异常带
　　$G_{2-3}—T_{2-3}$　乌拉山-大青山磁力高、重力高值带
　　$G_{2-4}—T_{2-4}$　河套盆地重磁异常区
　　$G_{2-5}—T_{2-5}$　凉城-兴和重磁异常区
　　$G_{2-6}—T_{2-6}$　鄂尔多斯平稳重磁异常区
$G_3—T_3$　大兴安岭重磁场区
　　$G_{3-1}—T_{3-1}$　兴安里-黄岗梁重力低值带
　　$G_{3-2}—T_{3-2}$　大兴安岭重力梯级带
　　$G_{3-3}—T_{3-3}$　嫩江-龙江、白城-开鲁重磁异常带
$G_4—T_4$　开鲁重磁场区
$G_5—T_5$　宝音图-苏海图重磁场区

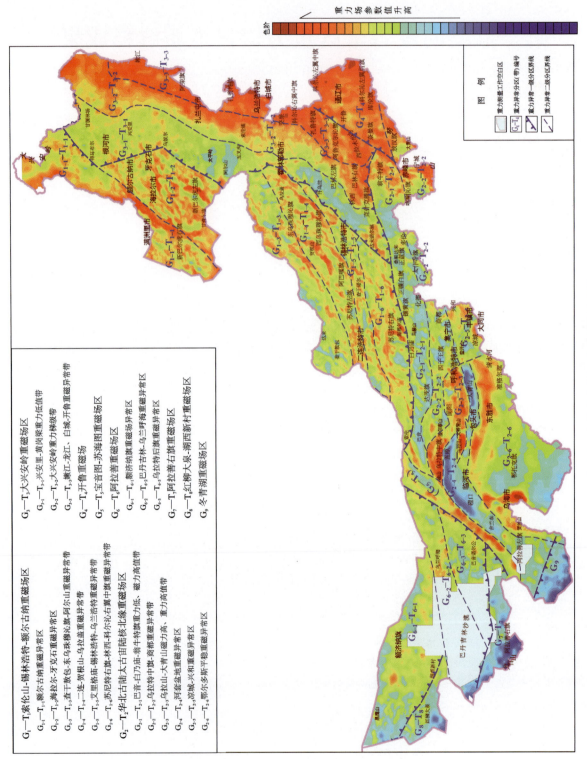

图 2-1 内蒙古自治区重力异常分区图

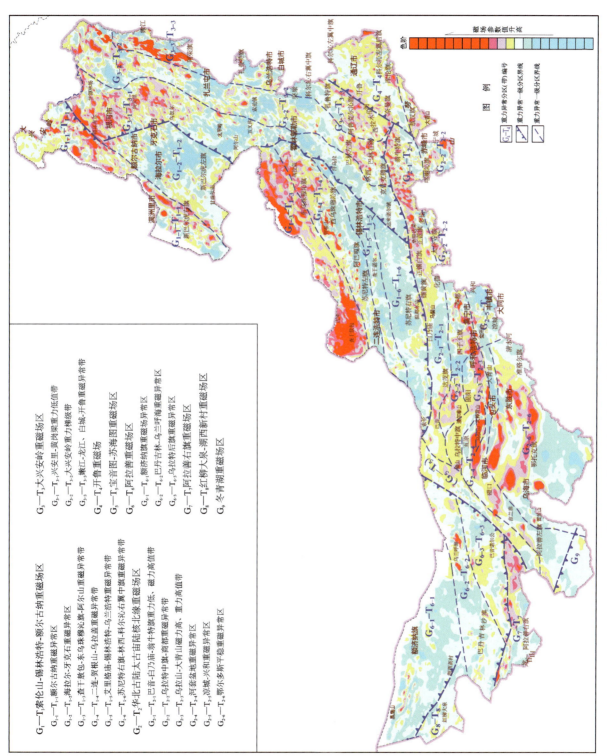

图 2-2 内蒙古自治区重力分区及航磁 △T 化极等值线平面图

G_6—T_6　阿拉善重磁场区
　　G_{6-1}—T_{6-1}　额济纳旗重磁场异常区
　　G_{6-2}—T_{6-2}　巴丹吉林-乌兰呼海重磁异常区
　　G_{6-3}—T_{6-3}　乌拉特后旗重磁异常区
G_7—T_7　阿拉善右旗重磁场区
G_8—T_8　红柳大泉—湖西新村重磁场区
G_9　冬青湖重力场区

(一)华北古陆太古宙陆核北缘重磁场区(G_2—T_2)

该磁场区大致位于临河—巴音—正蓝旗一线以南地区(图2-1、图2-2及图1-11)。北界为索伦山-巴林右旗西段断裂(F蒙-02017-④西段)及温都尔庙-西拉木伦河超壳断裂(F蒙-02018-⑤),西界为区内中西部区的北东向狼山-贺兰山巨型梯级带,即宝音图断裂(也称迭布斯格断裂)[F蒙-02035-(23)]。

区域重力异常图上,在区域性相对重力高的背景上,分布有乌拉山-大青山、鄂尔多斯市(原东胜市)-兴和乌海等局部重力高及达茂旗-正蓝旗、银川、吉兰泰-临河、包头-呼和浩特、鄂尔多斯市南部等重力低,由北到南重力低、重力高相间分布(图2-1)。

该场区宏观上为一强磁异常区和区域重力高值区。航磁异常图上,在大范围分布的低缓正磁异常背景上,分布有不同走向的带状或不规则块状高磁异常与宽缓的负磁异常呈相间排列。乌拉山、大青山、鄂尔多斯、阿拉善地区显示磁力高,而白云鄂博裂陷、河套盆地、集宁块体等显示磁力低(图2-2)。上延10km、20km磁场图上,反映为一孤立的磁性块体,与周缘地区磁场特征截然不同(图2-3)(内蒙古自治区第一物探队,1991)。

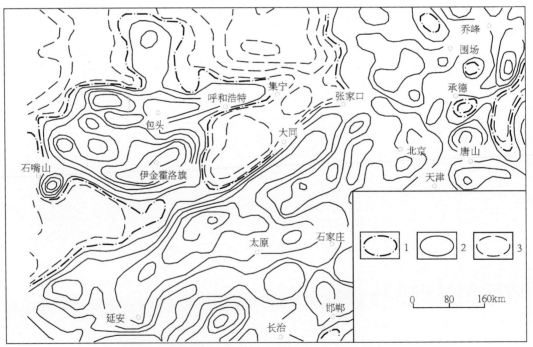

图2-3　航磁异常上延20km等值线图(等值线间距50nT)
1.零等值线;2.正异常等值线;3.负异常等值线

场区内,不同区段重磁异常的形态、强度、走向及局部异常的排列组合特征有明显差异,可进一步划分下述区(带)。

1. 巴音-白乃庙-翁牛特旗重力低、磁力高值带（$G_{2-1}—T_{2-1}$）

本异常带沿华北古陆太古宙陆核北缘呈近东西向横贯内蒙古中东部地区（图2-1、图2-2）。航磁异常图上为一平缓开阔的巨型低缓正磁异常带，呈近东西向断续或连续分布，长900km，宽50～100km，强度100～400nT（图2-3）。

区域重力异常图上为近东西向展布的巨型重力低值带，场值$(-190～-150)×10^{-5}m/s^2$。其位置、分布范围和走向与磁异常带基本一致（图2-1、图2-2）。按异常带的走向、强度及形态等特征可分为两段。

1) 巴音—镶黄旗段

该段为一近东西向延伸的重力低值带，北侧局部重力高与重力低呈北东向相间排列，异常带北侧为一明显的断续延伸的梯级带，场值由北向南降低（图2-1）。

航磁异常图上为一低缓开阔的正磁异常带，呈近东西向延伸，强度100～200nT，北侧伴有微弱负值，异常带被北东向狭窄带状异常分割为菱形块状（图2-2）。

异常带南缘广泛出露弱磁性、较高密度（2.66g/cm³）的白云鄂博群（Pt_2），北缘出露白云鄂博群，达茂旗北出露一套早古生代地层（O_2、S_3），C—C'剖面称之为移置地体（内蒙古自治区第一物探队，1991），亦为弱磁性，但密度略高（2.68g/cm³）。白乃庙地区的晒勿苏组（S_2）（原白乃庙群）为一套弱磁性的浅海相碎屑岩，密度略高（2.63g/cm³）。除上述岩层外，带内广泛出露海西中—晚期花岗岩、花岗闪长岩、闪长岩及燕山期中酸性侵入岩。岩带出露的宽度和延伸方向与异常带的宽度和走向方向一致，局部磁异常与花岗岩露头相吻合。

根据磁性、密度资料（表1-2、表1-3），岩带广泛出露的花岗岩具有一定强度的磁性，密度较低（低于白云鄂博群），是引起正磁异常的主要原因，也是引起低重力异常的重要因素。带内南缘分布的白云鄂博群为无—弱磁性、较高密度岩层，可能因该区域强烈的岩浆活动，地层分布零星，厚度较薄，对区域重力异常的影响较小。带内北缘出露密度较高的古生代地层（O_2、S_3）是引起该区域局部重力高的主要因素之一。

综上所述，根据异常带与岩带的对应关系及重磁异常的形态、强度等特征，推断花岗岩是引起本带重磁异常的主要场源，其中海西中—晚期花岗岩出露范围和延伸较大，多以巨大岩基产出，呈东西向展布，而燕山期花岗岩规模较小，多呈北东向延伸。因此，磁力高、重力低值带主要由该区域海西期花岗岩类引起。

2) 正镶白旗—翁牛特旗段

该段大致沿西拉木伦河南岸呈东西向展布，其特点是以低缓开阔的正磁异常为背景（100～200nT），其上分布有形态和轴向各异的局部次级异常，强度200～400nT，个别达600nT，呈无规律的杂乱分布。

区域重力异常图上，为前述巴音-镶黄旗重力低值带的东延部分，其特点与前述相同。

根据地质资料，异常段内广泛分布燕山期侵入岩及侏罗纪火山岩。燕山期侵入岩以浅成偏碱性的$\gamma\pi_5^2$、$\lambda\pi_5^2$、$\zeta\pi_5^2$为主，呈大片出露，γ_5^3、δ_5^3零星分布。异常带的东、西两端（镶黄旗和敖汉旗一带）有规模较大的海西中—晚期花岗岩出露。根据物性资料，侏罗纪火山岩具有较强磁性，且磁性不均匀、不稳定，是引起次级杂乱磁异常的主要原因。浅成碱性侵入岩一般磁性很弱。

根据上述事实，如果不考虑次级局部异常，则该异常段与巴音-镶黄旗异常段的异常特征相似，强度相近，延伸方向一致，且连续分布。根据异常带内出露的海西中—晚期花岗岩具有一定强度磁性、密度较低的特点，推断本异常段低缓开阔的磁场背景值及其对应的重力低值带，是由隐伏的海西中—晚期I型花岗岩引起。中部正镶白旗—翁牛特旗，浅部无海西期花岗岩出露，可能被燕山期侵入岩肢解和吞噬或被侏罗纪火山岩所覆盖。根据磁场的连续性，推断深部海西期花岗岩是连续的。

综上所述，巴音-白乃庙-翁牛特旗异常带，是一条沿华北古陆太古宙陆核北缘呈近东西向横贯中东部地区的巨型低缓正磁异常带和重力低值带（G_{2-1}—T_{2-1}），与其相对应的是沿华北古陆北缘断续分布的古生代晚期（C—P）陆缘火山岩（东段少见，可能剥蚀殆尽）和海西中—晚期花岗岩类。根据其岩石化学特征及国内外地质学家对花岗岩的分类，这条花岗岩带应属活动大陆边缘上相对张性环境下形成的钙碱系列（I型）花岗岩类（内蒙古自治区第一物探队，1991）。巨型低缓正磁异常带及其对应的重力低值带，系为这条巨型花岗岩带所引起。

2. 乌拉特中旗-商都重磁异常带（G_{2-2}—T_{2-2}）

本异常带位于巴音-白乃庙-翁牛特旗重磁异常带（G_{2-1}—T_{2-1}）的南侧（图2-4），大约以乌拉特后旗—白云鄂博—化德一线为界与 G_{2-1}—T_{2-1} 异常带平行排列。G_{2-1}—T_{2-1} 带为一低缓开阔的正磁异常带，强度 100～200nT，对应背景值略高的重力低值带；而本带以平静的负磁异常背景为其主要特色，磁异常一正一负截然不同，形成明显的对照（图2-5）。区域重力异常图上，总体为一明显的重力低值带，局部重力异常形态各异，高低相间分布。

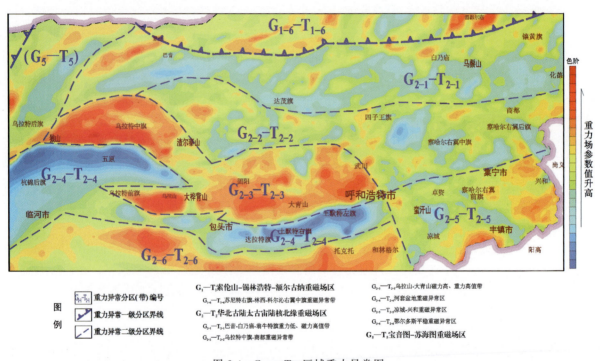

图 2-4 G_{2-2}—T_{2-2} 区域重力异常图

异常带内的渣尔泰山群和白云鄂博群，根据密度资料，两群的平均密度值相对乌拉山岩群密度约低 $0.1g/m^3$，是引起区域性负磁异常和相对重力低背景的主要原因。

异常带内岩浆活动广泛而强烈，特别是海西中—晚期花岗岩、花岗闪长岩大面积分布，呈巨大岩基产出，形成宽百余千米的巨型花岗岩带。强烈的岩浆活动，大规模的花岗岩侵入，使渣尔泰山群、白云鄂博群的平均密度值更趋偏低，是形成巨型重力低值带的重要原因。

沿乌拉特中旗—四子王旗一线分布的不规则正磁异常带，对应局部重力高，大致与局部出露的太古宙（Ar）深变质岩系、中—新元古代侵入岩（γ_2、$\gamma\delta_2$、δ_2、…）和基性—超基性岩（γ_2、Σ_2）相对应。推断该异常带为裂陷槽活动时期侵入的中—中酸性侵入岩及基性—超基性岩和局部出露的太古宙深变质杂岩（残块）等综合引起。

综上所述，异常带通过部位，自西向东分布有渣尔泰山群、白云鄂博群等。虽然岩性组合不同，但重磁异常带相对应，而且是连续分布的。因此，重力低磁力低值带 G_{2-2}—T_{2-2} 主要由海西中—晚期无—弱磁性、低密度的 S 型花岗岩类所引起。

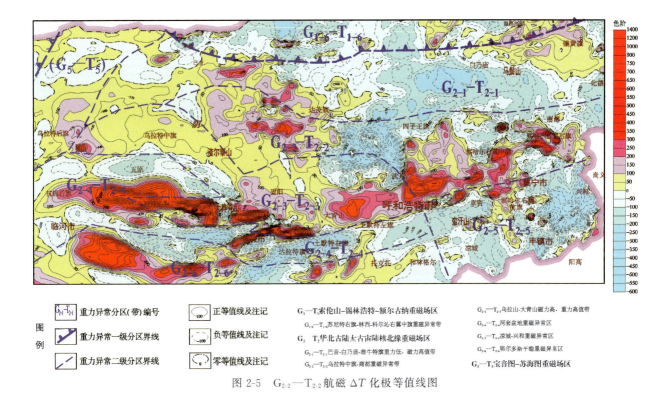

图 2-5 G_{2-2}—T_{2-2} 航磁 ΔT 化极等值线图

图 2-6 为垂直花岗岩带（S 型、I 型）所切的布格重力异常剖面。根据曲线变化趋势进行区域校正后，认为剩余异常由花岗岩体所引起。利用密度界面反演法进行计算，结果显示，S 型花岗岩向下延伸 5~6km，I 型花岗岩下延 2~3km。

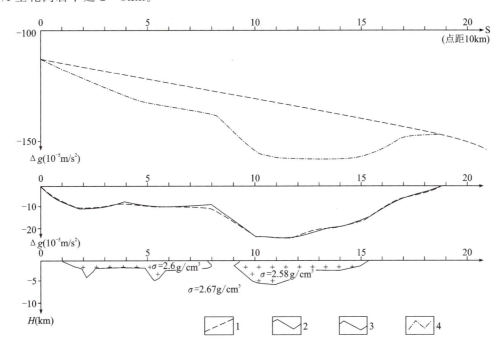

图 2-6 布格重力异常定量反演剖面图

（据内蒙古自治区地质勘查局第一物探队，1991）

1.区域场；2.布格重力异常；3.剩余重力异常；4.拟合曲线

3. 乌拉山-大青山磁力高、重力高值带（G_{2-3}—T_{2-3}）

沿乌拉山、大青山呈东西向展布，向东可一直延伸到努鲁儿虎山一带（见图2-4）。区域重力异常图上，为一与山形正相关的重力高值区，主体由乌拉山、大青山局部重力高组成。局部异常呈椭圆形或长椭圆形，总体呈近东西向延伸，场值（$-135\sim-120$）$\times 10^{-5}$ m/s^2，南侧等值线密集，呈微向南凸出的弧形梯级带，梯度较陡（8×10^{-5} m·s^{-2}/km），北侧梯度不明显，表现为扭曲转折的等值线过渡带。

航磁异常图上（图2-5），亦呈一明显的与山形正相关的高磁异常带，由数条多峰紧密线性排列的正、负异常带组成，单个异常呈椭圆形、长条形及各种不规则形状的正、负块状异常，呈东西向相间排列，强度大，梯度陡，场值一般为400~600nT、$-200\sim-100$nT，最高达1000~1200nT、$-400\sim-200$nT，为一变化剧烈的强磁异常带。

异常区为新太古界乌拉山群分布区。乌拉山群为一套深变质的片麻岩、混合岩类，具有较高的密度值（$\sigma=2.74$）[①]和较强的磁性（$\kappa=1280$，$J_r=1590$）[①]。区内强度大、梯度陡的尖峰状磁异常，均与乌拉山群出露区相对应，系由乌拉山群引起无疑。

重磁异常位置基本对应，但磁异常极值偏南10~15km，经化极处理后，重磁异常极值与山体（场源）位置基本吻合（图2-7），故磁异常位置南移，主要为磁性体斜磁化所致。

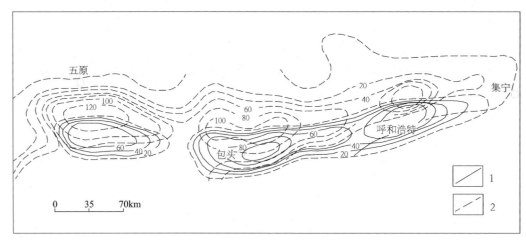

图2-7　航磁异常上延20km等值线图（单位：nT）

1. 上延异常等值线；2. 化极上延异常等值线

如上所述，乌拉山—大青山区，重力高、磁力高与地形高呈正相关关系。

根据古地磁资料，二叠纪初期，华北板块大致位于北纬低纬度区（8.8°—17.6°），而西伯利亚板块则位于中—高纬度区（53.19°），早二叠世末期两大板块碰撞对接于中—高纬度地带，表明两大板块的碰撞缝合是以华北板块快速向北推移和西伯利亚板块相对稳定，缓慢向南增生为其主要特色。两大板块的陆缘碰撞对接之后，相对运动并未终止。随华北板块快速向北推移的惯性较大，质量较大的乌拉山、大青山向北逆冲推覆，前方受阻，后方翘起，形成北缓南陡的高山，造成壳层局部质量过剩。而山体之下，上地幔仍处于平缓状态（图1-5），质量没有亏损，即山体的质量剩余与山体之下上地幔的质量亏损未达到均衡补偿，因而出现了重力异常与山形呈正相关关系。

正是由于乌拉山、大青山向北推覆，前端形成挤压环境，后部形成拉张机制，才形成了呼和浩特-包头断陷盆地。

注：① 括号内只列出了σ、κ、J_r的量值，其单位σ为g/cm^3，κ为$10^{-6}\cdot 4\pi$SI，J_r为10^{-3}A/m，下同。

4. 河套盆地重磁异常区（G_{2-4}—T_{2-4}）

河套盆地泛指临河盆地（含吉兰泰盆地）、呼和浩特-包头盆地（含白彦花盆地）。

临河盆地区为一明显的重力低值区，总体呈北东向展布、向北西方向凸出的弧形异常区（图2-1）。布格重力异常值，分别从狼山东南缘的$-150×10^{-5}$ m/s^{2}和色尔腾山南缘的$-125×10^{-5}$ m/s^2，以紧密线性排列的梯级带形式，快速下降至$-200×10^{-5}$ m/s^2，下降梯度为$(5～8)×10^{-5}$ m·s^{-2}/km，然后，均匀缓慢上升，至五原—磴口一线（黄河古道）上升至$-175×10^{-5}$ m/s^2。

呼-包盆地区，亦为一明显的重力低值区，总体呈近东西向展布，略呈向南凸出的弧形。布格重力异常值，自乌拉山-大青山南缘的$-125×10^{-5}$ m/s^2，以明显的梯级带形式快速下降至$-180×10^{-5}$ m/s^2，下降梯度约$5×10^{-5}$ m·s^{-2}/km，然后均匀缓慢上升，至乌兰格尔北缘上升至$-130×10^{-5}$ m/s^2。

盆地区的航磁异常特征与布格重力异常特征基本一致。重磁异常的基本特征，不仅显示出狼山-色尔腾山山前断裂和乌拉山-大青山山前断裂为南倾的正性断层，浅部倾角较陡，深部倾角平缓，可能具有铲形断裂性质，而且明显地反映出两盆地的基底均为北（北西）深、南（南东）浅，两端缓慢翘起的箕形盆地。

航磁异常在河套盆地呈正负伴生，北负南正，正异常强度100～700nT，近东西向展布，其范围与该区域的剩余重力正异常基本吻合。根据盆地周缘出露地层及钻孔资料，推断河套盆地的基底为乌拉山群古老变质岩系。正异常与乌拉山群变质岩系有关。

5. 凉城-兴和重磁异常区（G_{2-5}—T_{2-5}）

该异常区大致位于大青山山前断裂以南、和林—清水河一线以东，总体为一局部重力高、磁力低值区（图2-4、图2-5）。

航磁异常图上，为一较规整的四边形异常区，以负磁异常为其主要特色。沿和林—凉城—黄旗海一线，有一不规则断续分布的低缓正磁异常带，强度100～200nT，将异常区划分为北东向延伸的正负相间平行排列的异常带。

中带（正磁异常带）与混合花岗岩出露带相吻合。混合花岗岩具有中等强度磁性，可见正异常带由混合花岗岩引起。推测正异常带为一古老的断裂带，是花岗岩（γ_1）的通道。根据沿带分布有岱海、黄旗海及中—新生代玄武岩，推测该断裂在中—新生代时期仍有活动。

南侧负磁异常带中，丰镇—兴和一带分布有一些形态多变、走向不定的局部异常，强度$±200～±300$nT，推测负磁背景场为集宁群的反映，其上分布的不规则局部异常为玄武岩的反映。

区域重力异常图上，为一相对重力高值区，由丰镇、大同、兴和局部重力高和凉城-集宁重力低组成。异常区可大致以岱海—黄旗海一线为界划分成南、北两区：北区呈相对重力低，即凉城-集宁重力低，异常平缓开阔，场值$(-140～-125)×10^{-5}$ m/s^2，北东向延伸；南区呈相对重力高，即丰镇、大同、兴和重力高，异常亦平缓开阔，场值$(-115～-110)×10^{-5}$ m/s^2。

北部低值区与集宁群花岗岩出露区相对应，磁异常图上表现为正负异常相间排列，呈北东向带状延伸，正异常与花岗岩（γ_1）出露区相吻合，负异常与集宁群出露区相对应。推断花岗岩延深较大，集宁群可能被花岗岩分割和吞噬，呈残块状产出，对重力场影响不大。南部重力高值区与集宁群出露相对应，磁场图上表现为负磁背景场上分布有不规则块状局部异常，强度$±200$nT。

根据物性资料，集宁群具有密度大、磁性弱（葛胡窑组除外）之特点（表1-2），推测南部区重力高，磁力低为集宁群的反映。

6. 鄂尔多斯平稳重磁异常区（G_{2-6}—T_{2-6}）

该异常区位于鄂尔多斯盆地北部。总体为一平缓、开阔而稳定的重磁异常区（图2-1、图2-2）。

区域重力异常图上，亦为一平静开阔的稳定场区。

鄂尔多斯西缘乌海一带,南北向延伸的贺兰山裂谷将异常区分为东、西两部分,以西为吉兰泰盆地低值区,以东为鄂尔多斯盆地低值区。该区域为重力异常相对高值区,场值$(-168\sim-116)\times10^{-5}\mathrm{m/s^2}$。磁异常以宽缓平稳负异常为特点,为太古宙—古生代基底隆起区。

鄂尔多斯盆地北缘,形成一近东西向的弧形高值带,场值$(-150\sim-120)\times10^{-5}\mathrm{m/s^2}$,向南缓慢下降,至杭锦旗南降至$-180\times10^{-5}\mathrm{m/s^2}$。

磁场自鄂尔多斯盆地北缘向南逐渐升高至$200\sim600\mathrm{nT}$,向南缓慢下降,再缓慢上升,至东胜—磴口一线升高至$200\sim500\mathrm{nT}$,呈隆坳相间、中部向南凸出的宽缓波状异常,至鄂托克前旗以南,磁场在零值上下波动,形态变得更加宽缓,与剩余重力异常高低变化趋势一致。

以上重磁异常特征,反映出鄂尔多斯盆北缘基底呈宽缓波状起伏,向南更加平稳,总体上是一个比较稳定的构造单元,其内部构造变动和岩浆活动不发育。

根据重磁场特征和石油钻孔资料,鄂尔多斯盆地的磁性基底为乌拉山岩群(或相当于乌拉山岩群层位)深质岩系。

(二)索伦山-锡林浩特-额尔古纳重磁场区(G_1—T_1)

该重磁场区位于华北陆块太古宙陆核北缘重磁场区(G_2—T_2)以北,大兴安岭重磁场区(G_3—T_3)以西,宝音图-苏海图重磁场区(G_5—T_5)以东的广大地区(图2-1、图2-2)。区域重力异常图上,由中部向北东,重力异常由近东西转为北东向,场值中部低、北东部高。中部区场值由南、北两侧向中间地带呈波浪式降低,波峰和波谷形成数条近东西向或北东向延伸的局部重力高值带和重力低值带,分别与航磁图上正或负磁异常带相对应。这些重磁异常带均与古生代板块活动时期所遗留下来的强烈的岩浆-火山活动带密切相关,是由不同时期不同类型的陆缘火山岩、花岗岩或超基性—基性岩带所引起,对于古板块构造的研究和划分具有重要意义。

航磁异常图上,为一平静的负磁场区,其上分布有数条呈近东西向或北东向延伸的强度和形态各异的正(或负)磁异常带,断续延伸,长千余千米,宽几十千米至百余千米。

根据重磁异常的强度、形态、走向及局部异常的排列组合特征,可划分为下述异常带。

1. 额尔古纳重磁异常区(G_{1-1}—T_{1-1})

该重磁异常区位于得尔布干断裂带北西地区(图2-8、图2-9)。

该区内布格重力异常总体展布方向受区域构造控制,呈北东向。北段异常形态较疏缓,局部重力异常形态不规则,场值$(-105\sim-58)\times10^{-5}\mathrm{m/s^2}$;南段异常等值线密集,梯度较陡,重力高与重力低多呈窄条状相间分布,场值$(-115\sim-32)\times10^{-5}\mathrm{m/s^2}$,在剩余重力异常图上表现为北东向正负异常相间分布的特点。

航磁异常图上,北西国境线附近为磁测空白区,东部为一负磁背景场区,局部正负磁异常多呈狭长带状或串珠状相间排列,场值一般为$100\sim400\mathrm{nT}$,负值为$-200\sim-100\mathrm{nT}$,呈北东向延伸。

异常区见有南华系佳疙瘩组(Nhj),寒武系额尔古纳河群(ϵ_1)、奥陶系(O_{1-2})、志留系(S_3)等出露,海西期花岗岩和侏罗纪(J_3)火山岩广泛分布。

重磁异常多呈狭窄带状,紧密线性排列,北东向延伸,表明该区基底岩系在其形成过程中,曾受到北西-南东方向的强烈挤压作用,形成北东向紧密线性褶皱。

根据得尔布干断裂带的讨论可知,沿该断裂两端延伸方向(蒙古国和俄罗斯境内)见有规模巨大的蛇绿岩(Σ_3)带分布,表明早古生代时期,沿得尔布干-中蒙古深断裂带曾发生过洋壳向陆壳之下的俯冲消减作用。沿额尔古纳河—克鲁伦河沿岸广泛分布新元古代地层(Pt_3)和大规模的加里东期花岗岩类(γ_3、$\gamma\delta_3$、…)(《亚洲地质图》),表明早古生代时期,这里曾是一个活动的大陆边缘——西伯利亚板块早古生代陆缘活动带。

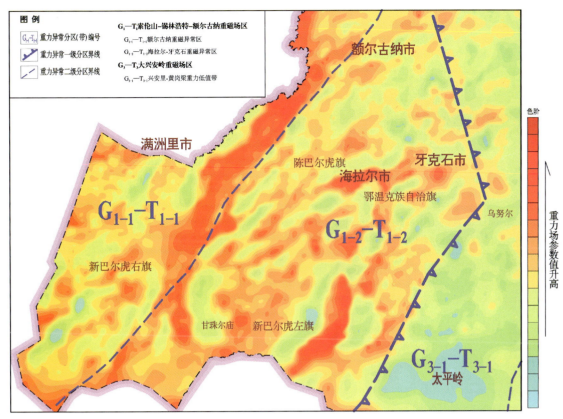

图 2-8 额尔古纳重磁异常区域重力异常图

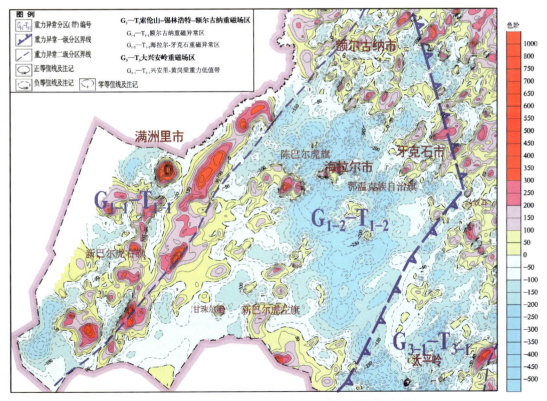

图 2-9 额尔古纳重磁异常区航磁 ΔT 化极等值线平面图

2. 海拉尔-牙克石重磁异常区（G_{1-2}—T_{1-2}）

该异常区北西界为得尔布干断裂，南东界为伊尔施-鄂伦春断裂（见图2-8、图2-9）。

按异常形态、强度和梯度特征，可分为两个亚区。

1）牙克石区

该区大致位于乌努尔—沙尔乌苏一线以北。

区域重力异常图上，为宽缓开阔局部重力高区，幅度和梯度变化均较小，局部异常多呈椭圆形或似椭圆形，轴向以北东向和北北东向居多。

航磁图上，在负背景场上以分布有杂乱磁异常为其主要特征，总体走向呈北北东向，局部异常的强度、幅度和梯度均比邻区（北部和东部）低得多。

该区内古生界发育齐全，以奥陶系、泥盆系和石炭系为主。奥陶系（O_2）以板岩、砂岩和碎屑岩为主，局部地段夹有中性、中酸性火山岩。泥盆系（D）以海相碎屑岩-灰岩建造为主，夹火山岩（局部见细碧角斑岩、硅质岩）。石炭系以砂岩、灰岩、页岩为主，部分层位以海底喷发的中性、中酸性火山岩为主。异常区内海西期花岗岩和侏罗纪火山岩亦有广泛分布。

区域重力异常图上，局部重力高，分布范围和延伸方向与古生界出露范围和延伸方向基本一致，推断局部重力高系由古生界局部隆起所致。

航磁异常上延10km、20km等值线图上，为一平静的负磁场区，表明火山岩盖层之下的基底岩系是以无—弱磁性古生界为主的浅变质岩系。

2）海拉尔区

该区大致与海拉尔盆地范围相当。

区域重力异常图上，呈一相对重力高区，隆起幅度为$(10\sim15)\times10^{-5}\,\text{m/s}^2$，局部重力高与局部重力低多为狭长带状，呈北北东向紧密线性排列。

航磁图上，以平静的负磁异常为其主要特色。在负磁背景场上分布有北北东向延伸的狭长带状异常，强度100~200nT，局部达400nT。呼伦湖两岸异常呈强烈变化的紧密线性排列，强度和梯度变化较大，沿湖两岸呈北东向雁行排列。

根据盆地周缘地区广泛出露古生代（以泥盆纪、石炭纪为主）碎屑岩、碳酸盐岩及盆地内磁场以平静的负磁异常为主，重力场呈局部隆起等特征，推断盆地内火山岩（J_3）规模不是很大，火山岩层之下的基底岩系为无磁—弱磁性的古生代浅变质岩系。呼伦湖两岸紧密线性排列异常及盆地内北东向延伸的狭长带状异常，系由沿基底断裂侵入或喷溢的基性岩或基性熔岩所引起。

海拉尔区和牙克石区区域重磁异常特征相近，均为平静的负磁场和宽缓开阔的相对重力高，表明两区的基底岩系具有相近的发展历史，即古生代乃至侏罗纪晚期两区可能是连为一体的，是在相同的环境中发展起来的相对稳定的构造单元。

根据莫霍面等深度图（图1-5），海拉尔盆地区上地幔隆起的2km，按横截面为等腰三角形的水平二度体重力场，假定三角形的顶部埋深40km，底部埋深42km，底角为3°或5°，上地幔密度取$3.2\,\text{g/cm}^3$，壳层平均密度取$2.67\,\text{kg/m}^3$，计算结果，底角为3°时，$\Delta g\approx17\times10^{-5}\,\text{m/s}^2$；底角为5°时，$\Delta g\approx18\times10^{-5}\,\text{m/s}^2$。与盆地区重力场的幅值变化相吻合，因此海拉尔区局部重力高系由上地幔局部隆起所致（内蒙古自治区第一物探队，1991）。

3. 查干敖包-东乌珠穆沁旗-阿尔山重磁异常带（G_{1-3}—T_{1-3}）

该异常带西起查干敖包，向东经东乌珠穆沁旗、朝不楞至阿尔山一带，向北东还可能延伸到多宝山一带，向西和北延入蒙古国境内。南以二连-东乌珠穆沁旗断裂为界，与二连-贺根山-乌拉盖重磁异常带相邻（图2-10、图2-11）。

区域重力异常图上，总体特征为一幅值较低，呈北东向延伸的重力异常过渡带，场值由南向北逐渐

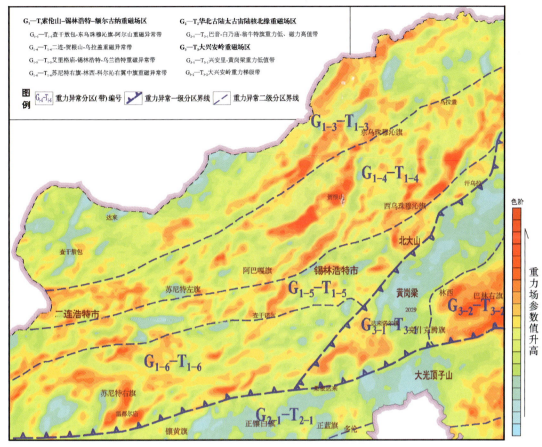

图 2-10 查干敖包-东乌珠穆沁旗-阿尔山重磁异常带区域重力异常图

降低,场值变化于$(-152\sim-134)\times10^{-5}\,\mathrm{m/s^2}$之间;由西向东呈增高趋势,最高值由西向东$(-128\sim-96)\times10^{-5}\,\mathrm{m/s^2}$。异常带南缘以断续延伸的梯级带与二连-贺根山-乌拉盖重力高值区相邻;带内局部重力高与局部重力低多呈长条形或长椭圆形。

区域磁场以负磁异常为背景,其上分布有不规则块状或带状局部正异常,总体显示为一北东向延伸的低缓开阔正磁异常带,强度和梯度变化较小,场值 $100\sim200\,\mathrm{nT}$,局部达 $400\,\mathrm{nT}$,正负异常相间排列,呈北东向带状延伸,区内长约 650km,宽 $50\sim100\,\mathrm{km}$。轴向以北东向和北北东向居多,总体呈北东向相间排列。

根据地质资料,达来—东乌珠穆沁旗—多宝山一带广泛发育奥陶系、志留系、泥盆系及石炭系。

中奥陶统乌宾敖包组,局部地段夹有中—中酸性火山岩;汗乌拉组主要成分为中性、中酸性火山岩(安山岩、安山玢岩等),具有一定强度的磁性,密度略高(表 1-2、表 1-3)。

志留系零星出露,以碎屑岩为主。

泥盆系分布较广,主要为碎屑岩和火山碎屑岩。

石炭系—二叠系宝力格庙组,以陆相中性火山岩为主夹碎屑岩,具有较强的磁性,密度略高(表 1-2)。

沿带广泛出露海西中—晚期和燕山期花岗岩、花岗闪长岩,多以巨型岩基、岩株产出,总体呈北东向延伸。

磁异常与地质图对比结果,异常带内除二连北部出露的黑云母花岗岩具有一定磁性,能引起磁异常外,其余绝大多数岩体与磁异常不相对应,表明这些岩体是无—弱磁性岩体(表 1-3)。

根据上述分析,推断低缓磁异常带主要为奥陶纪、泥盆纪陆缘火山岩和石炭纪—二叠纪宝力格庙组陆相火山岩及黑云花岗岩所引起。

沿异常带分布的海西中—晚期花岗岩类,以无—弱磁性者为主。

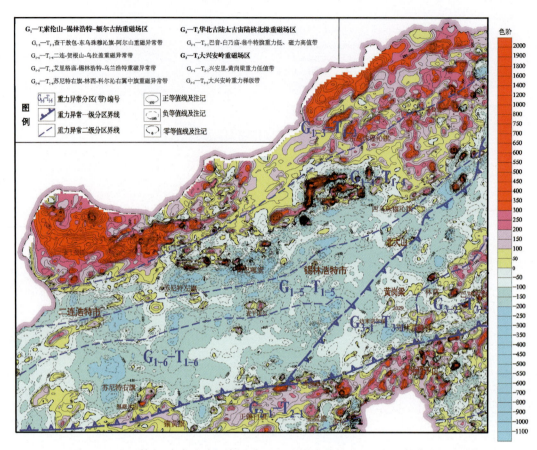

图 2-11　查干敖包-东乌珠穆沁旗-阿尔山重磁异常带航磁 ΔT 化极等值线平面图

4. 二连-贺根山-乌拉盖重磁异常带（G_{1-4}—T_{1-4}）

该异常带西起二连北,向东经贺根山、农乃庙至霍林河一带,被北北东向异常带（G_{3-1}—T_{3-1}）所截。北界二连-东乌珠穆沁旗断裂;南界二连-锡林浩特-西乌珠穆沁旗断裂（图 2-10、图 2-11）。

本异常带是全区最著名的蛇绿岩(或洋壳残片)分布带。

区域重力异常图上,总体为一东西向转北东向延伸的区域重力高值带,场值由南向北和由北向南递增,于贺根山、乌拉盖一带形成两个明显的不规则块状隆起,背景值较高,由多个局部重力高组成,边缘多为陡变的等值线密集带,变化幅度为 $(15\sim20)\times10^{-5}\,\mathrm{m/s^2}$。

局部异常以群体为主,形态和轴向多变,边缘梯度较大。局部重力高与局部重力低组成的群体异常,多呈扭曲转折明显的狭长带状异常组合,呈北东向和北东东向相间排列。

航磁异常图上,为一东西向或北东向延伸的局部磁力高值带,以负磁异常为背景。局部磁异常多呈长条形、椭圆形或不规则块状,呈东西向或北东向断续分布,群体呈北东向雁行排列。剖面曲线较规则、圆滑,南缓北陡,北侧伴有负值,强度一般为 400~600nT,最高达 1500nT,负值一般为 $-400\sim-200\mathrm{nT}$（图 2-11、图 2-12）。

根据以往物探工作和地质资料,二连—贺根山一线广泛分布晚古生代(泥盆纪)基性—超基性岩,板块学家称之为蛇绿岩套,是古洋壳板块向陆壳之下俯冲或仰冲(整体俯冲局部仰冲),一部分洋壳物质逆冲到陆壳之中而形成的,它是古板块活动时期残留于活动大陆边缘并保存至今的古洋壳残片,是确定古板块汇聚带的重要标志之一。

贺根山超基性岩,呈一明显的局部磁力高和局部重力高,是由数个大小不等的局部异常组成的群体,呈北东向雁行排列,边缘等值线较密集,重力高与磁力高相对应,是已被公认的蛇绿岩套。

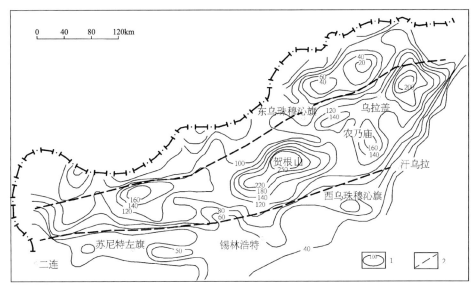

图 2-12　贺根山-东乌珠穆沁旗航磁异常化极上延 10km 等值线图

1.异常等值线（单位：nT）；2.断裂

乌拉盖局部磁力高对应局部重力高，位于贺根山东侧，与已知超基性岩引起的重磁异常所处构造部位相同，异常形态相似，强度相近。根据物性资料（表 1-2），本区内密度大、磁性强的岩石只有基性—超基性岩，据此推断乌拉盖重磁力高异常系由与贺根山同期、同性质的基性—超基性岩引起。

图 2-13（a）是穿过贺根山岩体的布格重力异常剖面。假如局部重力高为超基性岩（密度取 $2.9g/cm^3$）所引起，取围岩密度为 $2.7g/cm^3$。利用密度界面反演法，计算结果如图 2-13（b）所示，超基性岩延深 $2\sim3km$（内蒙古自治区第一物探队，1991）（图 2-13）。

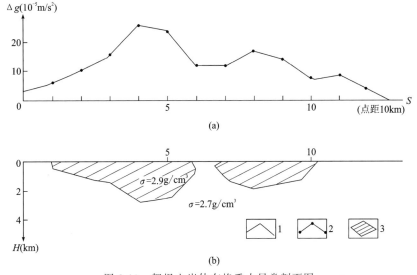

图 2-13　贺根山岩体布格重力异常剖面图

1.实测曲线；2.拟合曲线；3.蛇绿岩

5. 艾里格庙-锡林浩特-乌兰浩特重磁异常带（$G_{1-5}—T_{1-5}$）

该异常带北以二连-锡林浩特-西乌珠穆沁旗断裂为界，与二连-贺根山-乌拉盖重磁异常带相邻，南以艾里格庙—查干诺尔—达里诺尔一线为界，与苏尼特右旗-林西-科尔沁右翼中旗异常区相邻（图 2-10、图 2-11）。

区域重力异常图上，为一相对重力低值带，带内局部重力高与局部重力低呈近东西向或北东向相间排列，场值$(-120\sim-110)\times10^{-5}\mathrm{m/s^2}$，汗乌拉以东被大兴安岭梯级带所截，场的特征不清。

磁场特征：在平静的负磁背景场上，镶嵌着不规则块状正磁异常，整体呈东西向转北东向断续延伸，单个异常呈不规则的宽缓片状，长轴方向呈东西向或北东东向拉伸，强度一般为100～200nT，个别达400nT，负值一般为-100～0nT。西乌珠穆沁旗以东局部异常规模较小，多呈北北东向狭长带状或串珠状排列，强度100～200nT。

异常带内自西向东断续分布艾里格庙群(Pt_3)、温都尔庙群($\in_1$)，锡林浩特杂岩(Pt_1)，石炭系本巴图组、阿木山组，下二叠统大石寨组、西乌珠穆沁旗组等。其中除温都尔庙群具有一定磁性、密度略高和大石寨组中之中酸性火山岩具有磁性外，其余均为无磁—弱磁性岩层，密度偏低（表1-2、表1-3）。

沿艾里格庙—锡林浩特一带，广泛出露海西中—晚期花岗岩类(γ_4^{2-3}、$\gamma\delta_4^{2-3}$、δ_4^{2-3}、⋯)及燕山期花岗岩(γ_5^2)，部分海西期深成花岗岩具有一定磁性，其出露范围和延伸方向与低缓磁异常带和重力低值带基本一致，部分岩体露头与局部重磁异常无对应关系。重磁异常对比结果，局部磁力高与局部重力高相对应者，与出露的温都尔庙群相吻合；局部磁力高与重力低相对应者，与少数海西期偏基性岩类(具磁性)相吻合(图2-14)。多数花岗岩体与磁异常无对应关系，而显示局部重力低者，主要与S型花岗岩体有关，故异常带内低缓正磁异常主要为温都尔庙群（锡林浩特以西）和少数海西中—晚期磁性花岗岩体所引起。上述结论表明，沿异常带分布的大多数海西中—晚期花岗岩类，以无—弱磁性的S型花岗岩类为主，可能与两大板块的碰撞挤压有直接关系。

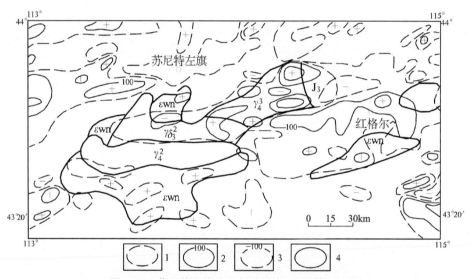

图2-14 苏尼特左旗地区航磁异常、地质体对比图

1.零等值线；2.正异常等值线(单位：nT)；3.负异常等值线(单位：nT)；4.地质体或岩体

锡林浩特杂岩(Pt_1)虽具有较高密度2.69g/m³，但在区域重力异常图上无显示，表明杂岩多为分布范围和延深有限的残块。

锡林浩特以东，磁场变得相当平静，以北东或北北东向延伸的负磁异常为其主要特色，表明沿异常带分布的海西中—晚期花岗岩类和燕山期花岗岩是无—弱磁性花岗岩。

根据花岗岩类的岩石化学特征，以相对挤压环境中形成的S型花岗岩类为主(表1-3)。

西乌珠穆沁旗—乌兰浩特一带，燕山期岩浆活动十分强烈，以酸性侵入岩为主，多以北东向或北北东向延伸的巨大岩基或岩株产出与沿艾里格庙—锡林浩特一线分布的海西期岩带斜交，并将海西期岩带拦腰截断。根据乌兰哈达—乌兰浩特一带断续出露海西晚期花岗岩(γ_4^3)，推断沿艾里格庙—锡林浩特一线分布的海西岩带，向北东方向沿乌兰哈达—乌兰浩特一线仍有延伸，至扎赉特旗一带，被嫩江-龙江、白城-开鲁岩带所截，亦有可能沿嫩江西岸一直延入黑龙江省境内(见G_{3-3}—T_{3-3}异常带所述)。

6. 苏尼特右旗-林西-科尔沁右翼中旗重磁异常带（G_{1-6}—T_{1-6}）

该异常带西起索伦山，向东经苏尼特右旗、达里诺尔、科尔沁右翼中旗延入松辽盆地。北界大约位于艾里格庙—锡林浩特—乌兰浩特一线，南界位于温都尔庙-西拉木伦河断裂带，呈一东西向转北东向、向东开口的喇叭形异常区（图2-10，图2-11）。

区域重力异常图上，虽大部分为沙漠覆盖的中—新生代坳陷，但仍显示为一局部重力高值带，沿沙漠分布带出现一剩余值$(2\sim4)\times10^{-5}$m/s^{2}的重力高值带，局部达6×10^{-5}m/s^2。

航磁图上以平静的负磁异常为其主要特色，场值$-100\sim0$nT，局部达-200nT，在平静的负背景场上，分布有轴向东西向、北东向，形态多变，范围不等的低弱局部异常，强度一般$100\sim200$nT。

异常带南缘零星出露石炭系及二叠系，除大石寨组夹有中性—中基性火山岩层外，均为无磁性沉积岩系。

根据人工地震测深剖面资料，西拉木伦河北岸以北，古生界沉积厚度约20km（盖层之下为$5\sim25$km，地震波速为一常数：$V_P=6.2$km/s）（内蒙古自治区第一物探队，1991）。

中新生界覆盖之下巨厚的古生界无磁性沉积岩系，是形成平静负磁异常的主要原因。

异常带内索伦山—白音敖包一带，在平静的负磁场中分布有较规则的块状局部正磁异常，与局部重力高相对应，轴向呈东西向，强度$200\sim400$nT，北侧伴有微弱负值。根据索伦山一带大量地面物化探工作及钻探和工程验证结果，局部重磁力高异常系由晚古生代（D—C）基性—超基性岩引起，属洋壳残片，表明晚古生代时期洋壳消失部位大致在索伦山—白音敖包一线。

苏尼特右旗一带，平静的负磁场中分布有北东向狭窄带状异常，将背景场分割成菱形块状，区域重力异常图上对应出现局部重力低，呈北东向相间排列，地表见有规模较大的海西期花岗岩（γ_4^3）与异常相对应，推断局部重磁异常由海西期花岗岩引起[见G_{2-1}—T_{2-1}异常带所述]，表明晚古生代时期华北板块北缘陆缘带已延伸至苏尼特右旗一线。

二道井以南一带见有规模不大的晚古生代（C）超基性岩，与索伦山洋壳残片位于同一构造部位，亦属洋壳残片，表明晚古生代时期洋壳消失部位大致位于二道井以南一带。

剩余重力异常图上，对应异常带（沙漠分布带）出现一剩余值$(2\sim4)\times10^{-5}$m/s^{2}的剩余异常，这是由于沙漠分布带的两侧均为巨型花岗岩带（南侧为G_{2-1}—T_{2-1}岩带，北侧为G_{1-5}—T_{1-5}岩带）。由于巨厚的花岗岩的影响远大于薄层沙漠的影响，而形成局部重力高。

（三）大兴安岭重磁场区（G_3—T_3）

该重磁场区大致位于额尔古纳左旗—阿尔山—林西一线以东，嫩江—白城—开鲁一线以西地区。

区域重力异常图上，最醒目的特点是大兴安岭梯级带纵贯南北，其影响波及整个大兴安岭地区，从地表到深部均有其影响的痕迹。

航磁异常图上，以强磁背景场上出现的剧烈变化的杂乱磁异常为其主要特色，正异常为主，正负峰值无规律地跳跃变化，频繁交替，场值一般为$500\sim800$nT，$-400\sim-200$nT，最高达$1000\sim2000$nT，$-1000\sim-800$nT，总体呈北北东向展布，场值由北向南、由东向西逐渐降低（图2-2）。

异常区与大兴安岭火山岩（J_3）分布区基本一致。区内大面积广泛分布侏罗纪（J_3）火山岩和大片海西期花岗岩（γ_4^{2-3}），前寒武纪兴华渡口群（Pt_1）、佳疙瘩组（Nhj）零星出露。根据磁参数特征（表1-2），侏罗纪火山岩具有较强磁性，其变化范围大，磁性极不稳定是引起杂乱磁异常的主要因素，海西期花岗岩也具有一定磁性，但其变化相对火山岩具有低而稳定的特点。除此之外，中奥陶世、中泥盆世、晚石炭世和晚二叠世等的地层中均夹有具较强磁性的中酸—中基性火山岩夹层。根据磁性特征，区内相对较平稳开阔的背景场主要与海西期花岗岩和沉积岩层中之火山岩夹层有关。

据上所述，重磁异常特征主要反映的是中—新生代以来的构造运动对本区的影响，古板块活动留下的痕迹完全"淹没"在火山岩异常和重力梯级带的影响之中,古板块活动痕迹已被改造得面目全非。笔者试图通过数据处理消除火山岩的影响,恢复古构造的本来面目,但未达到目的。

下面仅就重磁场中表现出来的几个重要问题作一简单讨论。

1. 大兴安岭重力梯级带（G_{3-2}—T_{3-2}）

该带位于大兴安岭东坡,北自鄂伦春北起,向南经索伦镇、甘珠尔庙、林西、翁牛特旗至赤峰延入河北省境内,是著名的纵贯我国东部地区的大兴安岭-太行山-武陵山巨型重力梯级带的北段,总体呈北北东向展布,区内长1200km,场值由东向西呈紧密线性递减,幅值达$(-100\sim 80)\times 10^{-5} \mathrm{m/s^2}$,平均下降梯度$0.8\times 10^{-5}\mathrm{m\cdot s^{-2}}/\mathrm{km}$。梯级带南段（区内部分）自甘珠尔庙转向南西至林西、折向南东至翁牛特旗,再急转向南西西,沿河北省北部的丰宁、赤城一线延伸,呈一明显的"S"形弯曲(图2-1)。

航磁异常图上,在重力梯级带的位置上未显示出明显的磁异常梯级带,只在梯级带位置的两侧显示出磁异常的走向和形态特征略有不同,而在莫霍面等深度图上表现为等值线平行排列的密集带,深度由东向西逐渐加深(东部松辽盆地莫霍面深度34～35km,向西至温库图—林西一线降至41～42km),反映为一明显的莫霍面陡倾带。

图2-15为横穿大兴安岭地区的布格重力异常剖面和根据莫霍面等深度图绘制的大兴安岭重力梯级带深部结构示意图,取地壳平均密度$\sigma=2.67\mathrm{g/cm^3}$,上地幔密度$\sigma=3.28\mathrm{g/cm^3}$,选用二维多层密度界面反演法进行,结果表明,松辽盆地区重力高和大兴安岭区重力低主要由高密度的上地幔隆起和坳陷所致。大兴安岭梯级带正处在上地幔由隆起向坳陷的过渡带上,即大兴安岭重力梯级带主要由莫霍面斜坡(上地幔变异常)所引起。

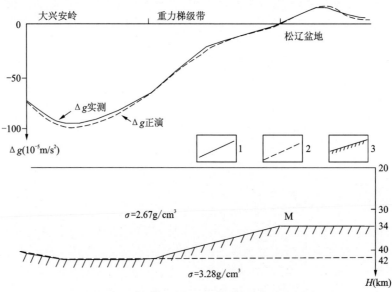

图2-15 大兴安岭重力梯级带深部结构示意图
1.布格重力异常实测曲线;2.拟合曲线;3.莫霍面

2. 兴安里-黄岗梁重力低值带（G_{3-1}—T_{3-1}）

沿大兴安岭主脊分布,北起甘源林场,向南经兴安里、五岔沟、汗乌拉、黄岗梁至西拉木伦河北岸,呈北北东向延伸,长1100km,宽50～150km(图2-1、图2-2)。

异常总体展布方向由南向北呈北东向转北北东向,与西拉木伦河呈45°斜交,斜切华北板块太古宙陆核北缘,异常带东缘为紧密线性排列的大兴安岭重力梯级带,西侧为断续延伸且走向多变的梯级带,两梯级带之间异常等值线舒缓开阔,局部重力低多呈长条形或椭圆形,轴向以北东向和北北东向居多,区域重力值由北向南递减。

航磁异常图上,北段对应背景值比较开阔稳定的(与邻区相比)杂乱异常区,场值由北向南逐渐降低,至汗乌拉一带背景场呈平静的负值。

带内大部分地区被侏罗纪(J_3)火山岩覆盖,火山岩具有强磁性、密度低之特点(表1-2、表1-3)。

汗乌拉以北,异常带内及其两侧大面积出露海西期和燕山期花岗岩类,尤以海西期花岗岩(γ_4^{2-3})分布广泛。汗乌拉以南以燕山期花岗岩(γ_5^2)为主。

伊尔施—博格图一带,古生界出露较齐全,奥陶系(O_2)与泥盆系(D)中局部夹有中基性—中酸性火山岩夹层,具有一定磁性,密度略高($2.65g/cm^3$)。汗乌拉—黄岗梁一带,二叠系广泛分布,以P_1^{1-2}为主(密度为$2.64g/cm^3$)。

综上所述,重力低值带的北段(汗乌拉以北)由海西期花岗岩和侏罗纪(J_3)火山岩共同引起。

区域重力异常图与点位高程图对比结果,发现重力低值带的范围和延伸与大兴安岭主脊的宽度和延伸方向一致,布格重力异常值的升、降成镜像对应(表2-1),因此,重力低值带除与密度值较低的花岗岩($\sigma=2.58g/cm^3$)和火山岩($\sigma=2.56\sim2.58g/cm^3$)有关外,还可能与外部校正不完善有关,即主要与地形改正和中间层改正所选用的密度参数($2.67g/cm^3$)大于大兴安岭地区实际密度值有关。

表2-1 乌兰浩特-新巴尔虎右旗布格重力异常值与高程对应关系

$h(m)$	200	250	300	350	400	450	500	550	600	650	700	750
$\Delta g_布(10^{-5}m/s^2)$	8	5	−3	−6	−12	−18	−25	−30	−45	−65	−70	−76
$h(m)$	800	850	900	950	1000	1050	1100					
$\Delta g_布(10^{-5}m/s^2)$	−80	−85	−86	−87	−88	−88	−89					

异常带南段(汗乌拉以南),带内广泛分布燕山期花岗岩(γ_5^2),其出露宽度、走向与异常带的宽度和延伸方向一致。假如花岗岩带宽70~100km,向下延伸10~13km,选用花岗岩密度为$\sigma=2.58g/cm^3$,取围岩密度值$\sigma=2.67g/cm^3$,采用迭代法进行正演计算,其结果如图2-16所示,推断该区域重力低主要与花岗岩有关。

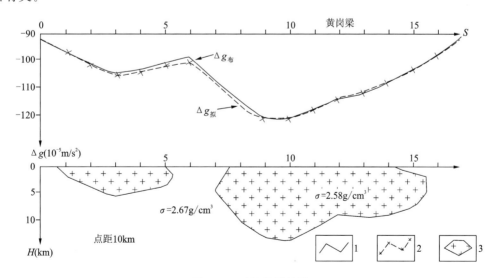

图2-16 正演计算结果
1.布格重力异常实测曲线;2.拟合曲线;3.岩体

3. 嫩江-龙江、白城-开鲁异常带（G_{3-3}—T_{3-3}）

该异常带大致沿内蒙古自治区与吉林、黑龙江两省交界处分布（图2-1、图2-2），总体为一重力高值区。磁异常北部呈北东向正负磁异常带相间分布，南部负磁异常背景零星叠加等轴状局部正磁异常。重磁异常总体呈北东向延伸，沿带见有海西期和燕山期花岗岩出露。莫霍面等深度图上，地壳厚度 38～40km，重力高主要与该区域地幔上隆有关。北部条带状磁异常沿断裂分布，推测有隐伏基性岩，可能为松辽地块与西伯利亚板块晚古生代陆缘带之间挤压作用的产物。

（四）开鲁重磁场区（G_4—T_4）

该磁场区范围大体与开鲁盆地相当，位于保康断裂与白城-八里罕断裂之间，南界大致位于库伦旗—康平一线，是松辽盆地西南边缘的一部分（图2-1、图2-2）。

松辽盆地区域重力场的总体特征是一稳定的重力高值区，以平静开阔的正异常为主，局部异常形态和轴向多变，幅值较低，一般为$(-20\sim 0)\times 10^{-5}\mathrm{m/s^2}$，连续性较差。

开鲁盆地区的重力异常规模较松辽盆地区狭小多变，局部异常多呈不规则椭圆形或长椭圆形，轴向以南北向和北东向为主，幅值一般为$(-20\sim 0)\times 10^{-5}\mathrm{m/s^2}$。

航磁异常图上，松辽盆地区在负磁背景场上分布有南北向、北东向及北西向延伸较稳定的局部异常。正异常宽缓开阔，幅值较低，梯度较缓，沿走向方向延伸较大，强度200～400nT。负异常多呈短轴状，强度和规模均较正异常小。

上述重磁异常特征，反映出松辽盆地区的基底可能由许多大小不等、性质不同的断块所组成。

开鲁盆地为一平静的负磁异常区，西部边缘白城—阿鲁科尔沁旗之间，有一低缓开阔的正磁异常带，呈北东向拉伸的"S"形，强度100～200nT，对应不连续的重力低。根据松辽盆地基底构造图及钻孔资料推断，该磁异常带可能由花岗岩类（γ_4）所引起，开鲁盆地东缘沿科尔沁左翼中旗—康平一线有一宽缓开阔的局部正磁异常，称长岭磁力高，呈南北向带状延伸，长300km，宽50～60km，强度200～400nT，向南一直延伸到沈阳北部一带的变质杂岩系中，向北断续延伸至安达以北。区域重力异常图上，对应一明显的重力高，场值$(10\sim 30)\times 10^{-5}\mathrm{m/s^2}$，向南与康平-锦州重力高相连，一直伸入到辽西北部变质杂岩系中，向北呈串珠状排列，一直延伸到松辽盆地内部。根据松辽盆地基底构造图及钻孔资料，长岭磁力高系由前寒武纪古老变质岩系所引起，可见松辽盆地的基底内有古老变质岩系存在。

开鲁盆地区，重磁异常特征均较松辽区狭小多变，显得零乱，局部异常多呈紧密线性排列，可能为基底埋藏较浅的反映。根据开鲁盆地区在航磁图上显示为平静的负磁异常特征及钻孔资料（保6$\frac{960}{\mathrm{C-P}}$）推测其基底为晚古生代浅变质岩系。

莫霍面等深度图上，松辽盆地内部地壳厚度34～35km，向东、西两侧逐渐加深至40～42km，盆地内部上地幔隆起为5～7km，这是形成松辽地区区域重力高的主要原因。

（五）宝音图-苏海图重磁场区（G_5—T_5）

该区域属内蒙古自治区西部北北东向狼山-贺兰山巨型梯级带，为内蒙古中西部重力场分区的分界，以东地区重力异常呈近东西向展布，以西地区重力异常呈北西西向展布（图2-1、图2-2）。

该梯级带以中部重力高，向东、西两侧重力值降低并形成明显的梯级带为特征，降幅$22\times 10^{-5}\mathrm{m/s^2}$。东部南段梯级带等值线密集，主要与狼山南缘-吉兰泰断裂[F蒙-02036-(18)]有关，西部梯级带与宝音图断裂[F蒙-02035-(23)]对应。中部局部重力高异常呈串珠状展布，最高值$148\times 10^{-5}\mathrm{m/s^2}$。该区域出露太古宇乌拉山群、元古宇宝音图群及长城系、蓟县系等，重力高异常带应是前古生代基底隆起的客观反映。梯级带北东段存在明显的重力低值区,地表出露大面积的中酸性侵入岩。低值区边部等值线密集,是断裂构造的反映,重力低与该区域大规模构造岩浆活动有关。

航磁异常在区域负背景上形成北北东向展布的串珠状正磁异常,强度100～200nT,多与重力异常梯级带相对应,应是断裂构造引起。北部的中酸性侵入岩分布区,为面状展布的低缓正异常区,强度100nT左右。

(六)阿拉善重磁场区(G_6—T_6)

该重磁场区位于狼山-贺兰山北东向重力梯级带以西地区。

区域重力异常图上,为一区域性重力低值区,场值由北向南逐渐降低,总体走向呈北西西向(图2-1)。

航磁异常图上,在平静的负磁背景场上,分布有低缓片状或狭长带状局部异常,强度一般为100～200nT,最高达400～600nT,总体与重力异常走向一致,呈北西西向(图2-2)。

上述重磁异常特征,以狼山-贺兰山北东向重力梯级带为界,与内蒙古中部区相比,不仅局部异常形态有明显差异,更重要的是两区重磁异常的走向呈明显斜交,表明两区基底形成过程中所受应力方向不同,即两区处于不同的构造环境中,分属不同的构造单元。

根据异常强度、形态、走向等特征,可划分为下述异常带。

1. 额济纳旗重磁场异常区(G_{6-1}—T_{6-1})

该异常区西自马鬃山一带延入本区,向东经横峦山、小黄山至乌兰套海一带。

重力异常总体呈北东部高南西低的趋势,由东到西其值介于$(-224.9\sim-148)\times10^{-5}\mathrm{m/s^2}$之间。在东西跨度约200km范围内,下降$76\times10^{-5}\mathrm{m/s^2}$。这主要与地幔深度变化有关。东部是幔凸区,地壳厚度约50km,向西南逐步变厚,最深处53km,区域上形成北西向的幔坡带,显然重力异常的总体变化趋势受地幔深度变化制约,重力异常走向同时也受区域构造控制,总体呈北西西向。南西部重力低值区同时也是构造岩浆岩带分布区。该岩浆岩带受区域性深大断裂清河口断裂(F蒙-02023)控制。

航磁异常图上,在负磁异常背景上,由北至南分布有狭长正异常带。局部异常呈长条形或长椭圆形,呈北西西向线状排列,宽30～50km,强度200～400nT。沿异常带多处见有奥陶纪蛇绿岩断续分布,推断狭长异常带可能为早古生代深海沟遗址。沿带分布的局部重力高、磁力高系由蛇绿岩(洋壳残片)所引起。异常带可能对应早古生代洋壳俯冲带。

2. 巴丹吉林-乌兰呼海重磁异常区(G_{6-2}—T_{6-2})

磁场特征:在平静的负磁背景场上出现不规则块状局部异常,呈北东向断续延伸,强度200～400nT,最高1000nT,北侧伴有微弱负值(图2-17)。上延10km、20km磁场图上,呈一片平静的负磁场,表明场源的范围和延伸并不大,即磁异常由浅部因素所引起。

区域重力异常图上,为一平缓开阔的重力低值带,场值$(-190\sim-156)\times10^{-5}\mathrm{m/s^2}$。

根据地质资料,异常带内宗乃山一带广泛出露石炭纪(C_2^2)浅-滨海相沉积岩层(局部含中—中酸性火山岩夹层)及海西中—晚期花岗岩类和基性岩类(V_4^2)。局部磁异常的圈闭范围和形态与岩体出露范围和形态相近,异常带的宽度和走向方向与岩带的宽度和延伸方向一致,均为北东向(图2-17)。

根据物性资料,宗乃山一带花岗岩类具有一定强度的磁性($\kappa=260\times10^{-6}\times4\pi\mathrm{SI}$,$J_r=330\times10^{-3}\mathrm{A/m}$),按$2\pi J=400\mathrm{nT}$估算,$J\approx640\times10^{-3}\mathrm{A/m}$,与花岗岩类的磁性接近。推断宗乃山一带断续分布的低缓正磁异常,主要由海西中—晚期花岗岩类所引起。

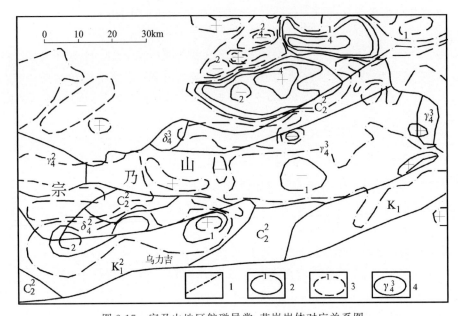

图 2-17 宗乃山地区航磁异常、花岗岩体对应关系图
1.零等值线；2.正异常等值线（单位：10^2nT）；3.负异常等值线（单位：10^2nT）；4.岩体

3. 乌拉特后旗重磁异常区（G_{6-3}—T_{6-3}）

区域重力异常图上，为一区域性重力低值带（图 2-1）。场值$(-198\sim-170)\times10^{-5}$ m/s²。航磁异常平静负磁背景上，有局部正磁异常，强度 0～100nT（图 2-2）。

异常区内广泛出露阿拉坦敖包群(Pt_1)及海西中—晚期花岗岩类，阿拉善群(Ar_2)、晚古生界(C、P)及印支期侵入岩亦有出露。元古宇为一套无磁性—弱磁性碳酸盐岩、碎屑岩沉积。阿拉善群虽具有较强磁性和较高密度（表 1-2），但在异常带内未显示出明显的局部磁力高和重力高，可能多为一些延深有限的碎块所致。印支期侵入岩（二长花岗岩、钾长花岗岩）多呈岩株、岩枝，沿后期裂隙穿插。带内北东向串珠状低弱磁异常，可能为此类侵入岩的反映。

异常带内雅布赖山—巴音诺尔公一线广泛分布海西中—晚期花岗岩，多呈大面积岩基产出，是引起重力低的主要原因，但未形成较明显的正磁异常。据此，认为带内分布的海西期花岗岩类，绝大部分是无磁性—弱磁性的花岗岩类。根据阎志强(1988)统计结果（表 1-3），可见雅布赖山—巴音诺尔公一线分布的花岗岩类，硅、钾含量高于宗乃山地区。硅、钾含量增高，表明岩浆来源于硅、钾含量较多的陆壳层，推测属无磁性—弱磁性的 S 型花岗岩。

（七）阿拉善右旗重磁场区（G_7—T_7）

该重磁场区位于狼山-贺兰山西缘巨型梯级带以西地区。该重力异常梯级带对应狼山-贺兰山深大断裂，北界为物探推断的由北西转为近东西向的喇嘛井-雅布赖深大断裂（F蒙-02027）（图 2-1、图 2-2）。

重力异常自西向东由北西逐渐转为近东西向，总体展布方向受区域构造格架控制。区域上属重力异常低值区，Δg 一般为$(-230\sim-180)\times10^{-5}$ m/s²，多处叠加局部重力低，异常等值线多处呈密级带状分布或发生同向扭曲，异常形态复杂，这正是该区域强烈的岩浆活动和普遍发育断裂构造的客观反映。南西侧龙首山一带，形成两处明显的局部重力低，最低值分别为-230×10^{-5} m/s²、-257×10^{-5} m/s²，对应太古代—古元古代基底南侧边缘坳陷区，分布有白垩纪泥岩、砂砾岩及第四纪松散沉积物。

区域航磁异常呈负背景，受区域断裂构造控制，走向与重力异常一致。该重磁场区北界沿 F蒙-02027 断裂形成串珠状、带状展布的正磁异常，强度 100～400nT。与正磁异常相对应，存在局部重力高,与该区分布的蛇绿混杂岩及太古宙基底局部隆起有关。

(八)红柳大泉-湖西新村重磁场区(G_8—T_8)

该重磁场区位于阿拉善断裂与横峦山-乌兰套海断裂(F蒙-02025-⑧)以南地区,向南进入甘肃省境内(图2-1、图2-2)。

区域重力异常图上为一重力低值区,场值由北东($-190×10^{-5}$m/s²)向南西($-232×10^{-5}$m/s²)逐渐降低,局部异常呈不规则椭圆形或长椭圆形,与局部正磁异常对应,呈北西西向延伸。

航磁异常图上为一平静的负磁场区,沿红柳大泉—天仓一线分布有规模不大的不规则片状或狭长带状局部正磁异常,强度100~200nT。

区内广泛出露长城系、蓟县系及古生界。奥陶系—志留系局部层位以中—中基性火山岩为主,是引起不规则片状磁异常的主要因素。沿红柳大泉—天仓一线见有较广泛的海西期花岗岩(γ_4^2)、闪长岩(δ_4^2)分布,其出露范围和延伸方向与狭长带状局部磁异常和局部重力低相对应,花岗岩类是引起局部重磁异常的主要原因。

根据异常区内早古生代奥陶系—志留系中,局部层位以中—中基性火山岩为主,并见有加里东期花岗岩(γ_3)零星分布,推断本异常区具有早古生代陆缘活动带性质。

(九)冬青湖重力场区(G_9)

该重力场区位于腾格里断裂(F蒙-02038-⑦)以南地区,向南西延出区外(图2-1)。

区域重力异常图上为一重力低值区,场值由北东($-192×10^{-5}$m/s²)向南西($-234×10^{-5}$m/s²)逐渐降低,北东部局部重力异常较高。该区域零星出露有寒武系、奥陶系、石炭系、二叠系,是引起局部重力高的主要原因。南西部重力低呈面状展布,其北侧、东侧等值线密集,对应腾格里盆地区,密集的等值线应属盆地边界。

二、构造单元划分

内蒙古大地构造单元划分依据地质背景资料,全区共划分4个一级构造单元,13个二级构造单元,29个三级构造单元(表1-1及图1-1)。可见内蒙古地质构造是相当复杂的。在长期的地质演化过程中,形成了特征明显的构造格局和建造特点;发育不同时期规模巨大、性质不同的大型变质型构造,主要有二连-贺根山结合带、索伦山-西拉木伦结合带、三合明-石崩韧性剪切带、武川-大滩韧性剪切带、土城子-酒馆韧性剪切带、红壕-书记沟韧性剪切带、乌兰敖包-图林凯韧性剪切带等,以及乌拉山-集宁变质岩带、宁城变质岩带、阿拉善变质岩带、黑鹰山变质岩带、扎兰屯-加格达奇变质岩带等。其中,索伦山-西拉木伦河缝合带、二连-贺根山结合带、红柳河-洗肠井结合带等是全区最复杂的构造带。

全区布格重力异常特征是地球从地幔到地壳密度变化的综合反映,而地质构造单元划分则以上地壳不同区域地质特征为主要依据,所以布格重力异常尽管在不同的地质构造单元表现出不同的重力场特征,但宏观上同时也受地幔深度变化等综合因素影响,所以布格重力异常的宏观特征变化、重力场分区并不完全与大的构造单元划分相一致。但全区重力推断的深大断裂是构造单元划分的重要依据(详见第一章第三节),全区一级、二级、三级构造单元界线多数与重力推断深大断裂位置相吻合。

关于地质构造单元划分(详见第一章第三节)及重力场分区特征分别在相应的章节中已详述,这里不再赘述。

第二节　断　裂

一、断裂划分依据及分类

(一)断裂构造识别方法

断裂的识别标志主要有：梯级带；不同特征异常场区的分界线；线性分布的高低异常过渡带；线状(窄带状)异常带；异常(异常轴线)错动线；异常等值线规则扭曲部位；异常等值线的疏密突变带；异常(特别是多异常)的宽度突变带；串珠状异常的分布带等，参见图2-18。不同的标志反映了不同级别和性质的断裂。前3种标志往往反映深大断裂或大断裂，但也可能反映的是大范围不同岩性的接触带，按板块观点将认为反映的是不同块体(地体)的拼贴或增生带、板块的缝合带等。

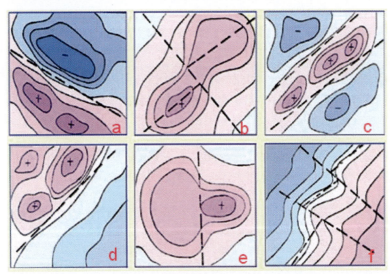

图2-18　断裂构造识别标志
(据中国地质调查局发展研究中心，2010)
a.线性重力高与重力低之间的过渡带；b.异常轴线明显错动的部位；c.串珠状异常的两侧或轴部所在位置；
d.两侧异常特征明显不同的分界线；e.封闭异常等值线突然变宽、变窄的部位；f.等值线同形扭曲部位

具有明显走向和一定长度的重力异常梯度带，包括线性梯度带、串珠状异常带和梯度带的线性排列，往往是断裂构造的反映。串珠状异常往往反映断裂内断续有充填侵入岩脉的情况。线状重力异常或线性延展重力等值线的错断、扭曲、交叉、切割及突变等，往往有助于反映不同方向和期次构造的存在。

非台阶状线性异常，可由宽度不大、走向长度大的地质体引起。由垂向断裂直接引起的线性异常呈台阶状，断裂顶线大致位于垂直断裂方向剖面上的异常拐点处，或异常水平导数的极值处。

(二)断裂构造分类

根据推断断裂构造的识别方法，对全区重力场进行了分析研究。由布格重力异常图及其不同延拓高度水平方向导数异常图(0°、45°、90°、135°)、水平梯度模图可见：全区线性异常总体特征中部以东西向

为主,东部以北东向为主,西部为北西西向。以上重力异常走向特征与区域构造线走向的总体趋势相一致。结合地质、磁测、遥感资料综合分析研究,全区划分规模较大的断裂55条,编号为F蒙-02001、F蒙-02058-(9)……

根据全区现有的资料,难以把握深大断裂构造的规模,故断裂级别粗略地仅分为3种,Ⅰ级(深大断裂)、Ⅱ级(大断裂)、Ⅲ级(一般断裂)。对于在具有相对深部信息的布格重力异常上延5km的水平方向导数异常图上,仍有明显反映且区内有数十千米延伸的断裂构造,初步确定为大断裂(壳内型断裂)。结合地质、莫霍面等资料及沿断裂存在深源物质(超基性岩)信息,且绵延数百千米的大断裂为Ⅰ级断裂(壳幔型断裂)。全区共划分出15条深大断裂,20条大断裂(Ⅱ级);其余为一般断裂20条(图2-19,表2-2)。

另外全区新推断规模较小的断裂有1624条。

二、典型断裂剖析

1. 得尔布干深大断裂(F蒙-02002-①)

该断裂北自黑龙江省塔河一带进入本区,向南西经得尔布干、八大关至嵯岗镇,沿贝尔湖东岸延入蒙古国境内,可能与中蒙古深断裂相接,区内长600多千米。

区域重力异常图上,北段显示不明显,南段为一明显的呈北北东向延伸的等值线密集带,场值东高西低(图2-20)。

布格重力异常水平一阶导数(135°)图上,为明显的狭窄线性异常带,带内局部异常呈串珠状排列。

航磁异常图上,为一在负背景场上出现的北北东向延伸的连续的线性正磁异常带,正磁异常主要由沿断裂充填的或溢出的花岗岩类($J\gamma$)和侏罗纪(J_3)中基性火山岩类引起。

根据断裂带两侧地层时代的差别(西侧主要为早古生代地层,东侧为中—新生界),推测断裂形成于加里东早期,海西期沿断裂带有大规模的花岗岩侵入,中生代有大量的中基性火山岩溢出,是一条长期活动的断裂。

沿断裂两端延伸方向,在蒙古国和俄罗斯境内发现有大规模的蛇绿岩成带分布,北西侧的额尔古纳河—克鲁伦河,沿岸有大规模与蛇绿岩相配套的加里东期花岗岩类平行断裂分布(参见亚洲地质图),表明早古生代时期,这里是一个活动的大陆边缘,据此推断该断裂带具有古俯冲带的性质。

2. 温都尔庙-西拉木伦河深大断裂(F蒙-02018-⑤)

该断裂西起格少庙,向东经温都尔庙、克什克腾旗至西拉木伦河,呈近东西向展布,区内长800km,宽数千米至数十千米。

布格重力异常图上,克什克腾旗以西显示为一明显的近东西向断续延伸的重力梯级带:其北侧为东西向相间排列的紧密线状或波状异常;南侧为一明显的呈东西向展布的巨型重力低值带(图2-1)。

航磁异常图上,断裂带两侧磁场特征截然不同。克什克腾旗以西,断裂带南侧为一呈近东西向延伸的连续低缓航磁异常带;北侧为平静的负磁异常带。克什克腾旗以东,断裂带呈一明显的东西向延伸的狭长负磁异常带。两侧异常特征和延伸方向截然不同,北侧局部异常轴向呈北东向,与西拉木伦河呈明显的"人"字形斜交。

布格重力异常水平一阶导数(0°)图(图2-21)上,反映为近东西向延伸的线状(正)负异常带。人工地震测深剖面上,中地壳低速层(6.1~6.2km/s)从南向北穿越西拉木伦河后,突然消失,两侧地壳结构产生明显的差异。莫霍面等深度图上(图1-5),断裂带位于地幔斜坡上,北侧莫霍面深度49km,南侧51km,可见断裂已楔入上地幔。

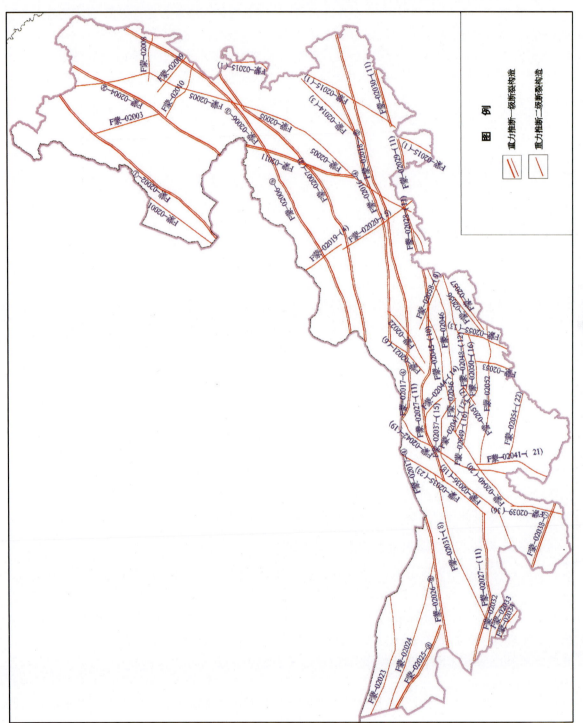

图 2-19 内蒙古自治区重力推断断裂构造纲要图

表 2-2 内蒙古自治区主要断裂构造一览表

断裂编码	推断断裂名称	断裂性质	推断断裂长度（km）	断层面走向	断裂分级	出露情况	断裂依据
F蒙-02001	扎赉诺尔断裂	逆断层	100	NNE	二级断裂	半隐伏	重力场特征重力梯级带，重力等值线同向扭曲转折带
F蒙-02002-①	得尔布干断裂	逆断层	600	NNE	一级断裂	半隐伏	有蛇绿岩成带分布，重力场特征布格重力异常常图上为一明显的北北东向等值线密集带。布格重力异常水平一阶导数（135°）图上存在一明显的狭长线性异常带，带内局部异常呈串珠状排列
F蒙-02003	乌尔其汗断裂	逆断层	200	SN	二级断裂	半隐伏	重力场分区界线，重力场特征左侧重力场等高线密集，右侧稀疏
F蒙-02004-②	鄂伦春-伊列克得断裂	逆断层	600	NNE	一级断裂	半隐伏	沿断裂有蛇绿岩、蓝闪石片岩、混杂堆集，梯级带，北西侧区域性重力高（海拉尔区）；南东侧区域性重力低（阿尔山区）
F蒙-02005	嫩江断裂	不明	1100	SN	二级断裂	半隐伏	大兴安岭西缘梯级场磁场分界线，重力场特征布格重力异常常梯级带，重力高与重力低相曲
F蒙-02006-③	二连-东乌珠穆沁旗断裂	逆断层	1000	EW转NEE	一级断裂	半隐伏	沿断裂蛇绿岩分布，重力场特征重力异常等值线密集带，南侧重力高值带，北侧重力低值带。卫星影片解译图上，线性构造清晰明显
F蒙-02007-(2)	艾里格庙-锡林浩特断裂	逆断层	1000	EW	一级断裂	半隐伏	重力场特征重力等值线密集带和重力异常梯级带，重力高同向扭曲转折带
F蒙-02008	库如奇断裂	逆断层	1200	NE	二级断裂	隐伏	布格重力异常同向扭曲
F蒙-02009	阿伦河断裂	平移断层	140	NW	二级断裂	隐伏	重力场特征重力等值线同向扭曲转折带，重力梯级带
F蒙-02010	雅鲁河断裂	平移断层	240	NW	二级断裂	隐伏	重力场特征重力场特征重力异常等值线同向扭曲转折带
F蒙-02011	乌兰哈达-林西断裂	不明	340	SN	一级断裂	隐伏	重磁场分界线，重力场特征重力异常梯级带，同向扭曲
F蒙-02014-(3)	阿鲁科尔沁旗断裂	正断层	260	NE	二级断裂	半隐伏	有中生代前中生代地层分布，重力高高与重力低的分界，东侧松辽盆地重力高，狭长带状负磁异常带，隆起和断陷分界
F蒙-02015-(1)	嫩江-白城-八里罕断裂	逆断层	1200	NE	二级断裂	半隐伏	宣化重力正负磁场的分界。布格重力异常水平一阶导数（135°）图上显示为大兴安岭狭窄线性异常带，为大兴安岭区与松辽盆地的天然界线

续表 2-2

断裂编码	推断断裂名称	断裂性质	推断断裂长度(km)	断层面走向	断裂分级	出露情况	断裂依据
F蒙-02016-④	索伦山-巴林右旗断裂东段	缝合带	1200	EW	一级断裂	半隐伏	蛇绿岩断续分布,晚古生代俯冲带,缝合带,梯级密集带,等值线性构造带,地震剖面为壳内低速层,断裂两侧明显卫星影片线性构造带,重力异常片影像,重力场特征布格重力异常等值线同向扭曲,重力场特征布格变异
F蒙-02017-④	索伦山-巴林右旗断裂西段	缝合带	1200	EW	一级断裂	半隐伏	蛇绿岩断续分布,晚古生代俯冲带,缝合带,梯级密集带,等值线性构造带,地震剖面为壳内低速层,断裂两侧明显卫星影片线性构造带,重力异常片影像,重力场特征布格重力异常等值线同向扭曲,重力场特征布格变异
F蒙-02018-⑤	温都尔庙-西拉木伦河断裂	逆断层	900	EW	一级断裂	半隐伏	蛇绿岩,混杂堆集岩浆岩断裂分布。重力场特征梯级带。格重力异常水平一阶导数(0°)图上反映为近东西向延伸的线状正负异常带
F蒙-02019-(4)	那仁宝力格断裂	正断层	140	NW	二级断裂	半隐伏	重力场特征相对重力高与重力低之分界,玄武岩喷发带,航磁异常正负相间排列,串珠状正负磁异常带
F蒙-02020-(5)	阿巴嘎旗-多伦断裂	正断层	260	NW	二级断裂	半隐伏	重力场特征向转折部位,同向扭曲重力异常带走向转折带,玄武岩喷发带
F蒙-02021-(6)	白音敖包断裂	平移断层	160	NE	二级断裂	半隐伏	串珠状磁异常,重力场特征,重力场特征同向扭曲
F蒙-02022	塔和勒乌赤断裂	平移断层	160	NE	二级断裂	半隐伏	串珠状磁异常,重力场特征,重力场特征同向扭曲
F蒙-02023	清河口断裂	逆断层	60	NW	二级断裂	隐伏	重力场特征重力梯级带,重力等值线密集带,航磁异常为正负磁异常带
F蒙-02024	额济纳旗断裂	逆断层	500	EW	二级断裂	隐伏	有前古生代地层分布,重力场特征区域重力异常线性密集带,同向扭曲转折部位,局部异常连续带状分布。重力异常水平一阶导数图上为线性延伸的正或负异常带,蛇绿岩,航磁异常为正负
F蒙-02025-⑧	横蛮山-乌兰套海断裂	逆断层	320	NW	一级断裂	半隐伏	有元古宙及早古生代地层分布,蛇绿岩带分布,不同地质构造单元,重力场特征长带状重力高值带,等值线密集带,同向扭曲带,梯级带

续表 2-2

断裂编码	推断断裂名称	断裂性质	推断断裂长度（km）	断层面走向	断裂分级	出露情况	断裂依据
F蒙-02026-⑥	阿拉善断裂	缝合带	650	NE	一级断裂	半隐伏	重力场特征区域重力高与区域重力低分界，北西侧 Δg（$-150\sim-140$）$\times 10^{-5}$ m/s^2，南东侧 Δg（$-200\sim-175$）$\times 10^{-5}$ m/s^2。两侧重磁异常形态特征和走向完全不同
F蒙-02027-(11)	临河-集宁断裂	逆断层	650	NE	一级断裂	半隐伏	重力场特征区域重力异常图上，重力等值线密集断线分布，等值线同向弯曲转折部位。在水平一阶导数图上表现为明显的区域负异常带
F蒙-02028-(11)	临河-集宁断裂	逆断层	650	NE	一级断裂	半隐伏	重力场特征区域重力异常图上，重力等值线密集断线分布，等值线同向弯曲转折部位。在水平一阶导数图上表现为明显的区域负异常带
F蒙-02029-(11)	临河-集宁断裂	逆断层	650	NE	一级断裂	半隐伏	重力场特征区域重力异常图上，重力等值线密集断线分布，等值线同向弯曲转折部位。在水平一阶导数图上表现为明显的区域负异常带
F蒙-02030-(11)	临河-集宁断裂	逆断层	650	NE	一级断裂	半隐伏	重力场特征区域重力异常图上，重力等值线密集断线分布，等值线同向弯曲转折部位。在水平一阶导数图上表现为明显的区域负异常带
F蒙-02031-(8)	巴丹吉林断裂	逆断层	360	NE	二级断裂	半隐伏	为前寒武纪与古生代地层分界线，为串珠状磁异常带特征重力布格重力异常等值线密集带，同向扭曲，等值线与重力高分界带
F蒙-02032	大库场断裂	逆断层	140	EW	二级断裂	隐伏	重力场特征重力梯级带，等值线密集带，重力等值线密集带，同向扭转折部位，东段为重力场
F蒙-02033	狼娃山断裂	逆断层	80	NW	二级断裂	隐伏	重力场特征重力梯级带状磁异常高异常带，同向扭曲转折带，航磁正负磁场分界线
F蒙-02034	坡拉麻顶断裂	逆断层	100	NW	二级断裂	隐伏	重力场特征重力等值线密集带，同向扭曲转折带，航磁正负磁场分区分界线
F蒙-02035-(23)	宝音图断裂	正断层	280	NNE	二级断裂	半隐伏	截断中生代及前中生代断裂，重力场特征布格重力异常梯级带，隆起或断陷分界

续表 2-2

断裂编码	推断断裂名称	断裂性质	推断断裂长度(km)	断层面走向	断裂分级	出露情况	断裂依据
F蒙-02036-(18)	狼山南缘-苦兰泰断裂	正断层	310	EW	二级断裂	半隐伏	隆起断陷分界,重力梯级带,平行高磁异常,重力场特征重力梯级带
F蒙-02037-(15)	狼山-渣尔泰山南缘断裂	正断层	220	EW	二级断裂	半隐伏	有中新生代地层分布,地震活动带,重力场特征重力异常梯级带,不同特征磁场分区界线,隆起与断陷分界
F蒙-02038⑦	腾格里断裂	逆断层	300	NW	一级断裂	半隐伏	有古生代地层分布,重力场特征重力梯级带,重力等值线密集带,乌达同向扭曲转折部位,不同构造单元分界
F蒙-02039-(26)	阿拉善左旗断裂	正断层	160	SN	二级断裂	半隐伏	有元古宙与古生代地层分布,地震活动带,不同特征磁场走向界线,重力场特征重力梯级带,不同构造单元分界
F蒙-02040-(20)	五原-磴口断裂	逆断层	200	NE	二级断裂	半隐伏	有古元古和古生代地层分布,地震活动带,不同走向的磁场分布界线,重力场特征重力梯级带,不同构造单元分界
F蒙-02041-(21)	桌子山东缘断裂	正断层	240	SN	二级断裂	半隐伏	有元古宙、古生代地层分布,地震活动带,走向和特征截然不同的磁场分布界线,重力场特征重力梯级带
F蒙-02042-(19)	索伦山-乌海断裂	正断层	360	NNE	二级断裂	半隐伏	截断中生代和前中生代断裂,地震活动带
F蒙-02044-(14)	乌拉特前旗-固阳断裂	平移断层	160	NW	二级断裂	半隐伏	有渣尔泰山群和白云鄂博群分布,重力场特征重力梯级带,航磁异常等值线扭曲变异常带
F蒙-02045-(10)	四子王旗断裂	逆断层	280	EW	二级断裂	半隐伏	有古中元古地层分布及元古宙超基性岩分布带,重力场特征重力高值带,带状磁异常
F蒙-02046	临河-察右后旗断裂(集宁)	逆断层	540	EW	二级断裂	隐伏	重力场特征重力梯级带,为相对重力高与相对重力低分界。为新太古界与古元古界分界,布格重力异常水平一阶导数(0°)图上为一明显的等值线密集带。为太古宙原始陆块与元古宙裂陷槽之分界

第二章　内蒙古全区重力资料地质解释成果

续表 2-2

断裂编码	推断断裂名称	断裂性质	推断断裂长度（km）	断层面走向	断裂分级	出露情况	断裂依据
F蒙-02047-(12)	乌拉特前旗-呼和浩特断裂西段	正断层	500	EW	二级断裂	半隐伏	有中新生代地层分布，重力场特征重力梯级带，隆起与断陷分界，正负磁场分界
F蒙-02048-(12)	乌拉特前旗-呼和浩特断裂东段	正断层	500	EW	二级断裂	半隐伏	有中新生代地层分布，重力场特征重力梯级带，隆起与断陷分界，正负磁场分界
F蒙-02049-(16)	达拉特旗断裂西段	平移断层	320	EW	二级断裂	半隐伏	重力场特征重力梯级带，重力等值线同向扭曲转折带，断裂错断中新生界。不同特征磁场的分区界线
F蒙-02050-(16)	达拉特旗断裂东段	平移断层	320	EW	二级断裂	半隐伏	重力场特征重力梯级带，重力等值线同向扭曲转折带，断裂错断中新生界。不同特征磁场的分区界线
F蒙-02051-(17)	包头断裂	平移断层	80	NE	二级断裂	半隐伏	错断中新生界，地震活动带，重力场特征重力异常等值线扭曲变异带，强烈扭曲变异带
F蒙-02052	鄂尔多斯盆地北缘断裂	平移断层	440	EW	二级断裂	隐伏	重力场特征重力梯级带，等值线同向扭曲转折带
F蒙-02053	新庙断裂	不明	120	SN	二级断裂	隐伏	重力场特征重力等值线同向扭曲，异常由窄变宽
F蒙-02054-(22)	鄂托克旗断裂	逆断层	260	EW	二级断裂	隐伏	有新太古代地层分布，重力场特征重力等值线密集带，同向扭曲带，局部重力梯级带
F蒙-02055-(13)	和林格尔断裂	正断层	100	NNE	二级断裂	隐伏	重力场特征重力异常等值线扭曲变异带，有古生界及中生界分布，航磁异常扭曲变异带
F蒙-02056	岱海北侧断裂	逆断层	140	NE	二级断裂	隐伏	重力场特征重力梯级带，重力等值线同向扭曲转折带
F蒙-02057	岱海南侧断裂	逆断层	140	NE	二级断裂	隐伏	重力场特征重力梯级带，重力等值线同向扭曲转折带
F蒙-02058-(9)	察右后旗-商都断裂	平移断层	160	NW	二级断裂	半隐伏	截断中生代及前中生代断裂，重力场特征重力等值线密集带，重力等值线同向扭曲转折带，为串珠状磁异常带

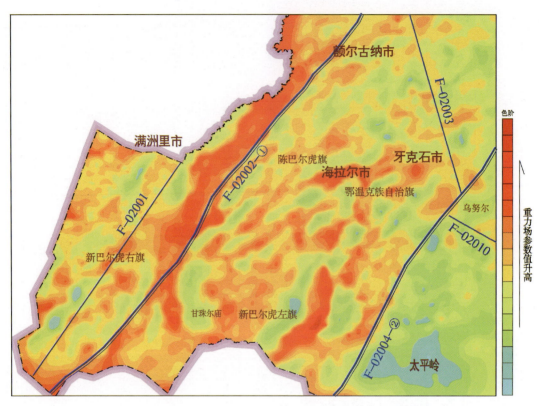

图 2-20 内蒙古东部区北东向断裂所在位置区域重力异常图

航磁异常图上，上延 10km、20km 等值线图上，断裂带反映为呈近东西向断续延伸的等值线密集带或低值带。航磁异常化极上延 20km 水平一阶导数(0°)图上，反映为近东西向延伸的线状正或负异常带。

根据地质资料，温都尔庙地区，沿断裂带地表见有长 50km，宽约 1km 的大型韧性剪切带，岩石普遍揉皱片理化、碎裂岩化和糜棱岩化，摩擦镜面、擦痕构造比比可见。克什克腾旗东部燕山期岩体中见有宽达 2.5km 的挤压破碎带及糜棱岩化带，西拉木伦河两岸元古宇、古生界及燕山期岩浆岩带均有左行错位[《地质志》(1991 年版)]，表明断裂具有左行平移特征，可能为华北古陆向北逆冲挤压所致。

沿断裂带北侧温都尔庙、杏树洼等地，早古生代蛇绿岩、混杂堆积断续分布，推断该断裂带为一规模巨大的超壳深断裂带，具有早古生代俯冲带的性质。

3. 索伦山-巴林右旗深大断裂（F 蒙-02016-④、F 蒙-02017-④）

该断裂西起索伦山，向东经苏尼特右旗南、查干诺尔、达里诺尔、克什克腾旗、巴林右旗至阿鲁科尔沁旗，被嫩江-八里罕断裂所截，总体呈近东西向延伸、略有向南东凸出的弧形，区内长 1200km。该断裂被 F 蒙-02021-⑧错断，分别编为 F 蒙-02016-④、F 蒙-02017-④。

区域重力异常图上，断裂带显示为断续延伸的等值线密集带，克什克腾旗以东，大兴安岭重力梯级带发生明显的同向弯曲。

在布格重力异常原平面水平一阶导数图上，断裂位于其正极值区域附近（图 2-21）。

断裂带两侧磁场特征不同，航磁异常化极上延 20km(0°)方向水平一阶导数图上，断裂带显示为一明显线性异常带，带内正负异常呈串珠状排列。卫星相片线性构造图上，清晰地显示出东西向线性构造（图 2-22）。

地震剖面图上，沿断裂带产生了明显的壳层速度结构变异现象。断裂两侧地壳中间低速层埋深相

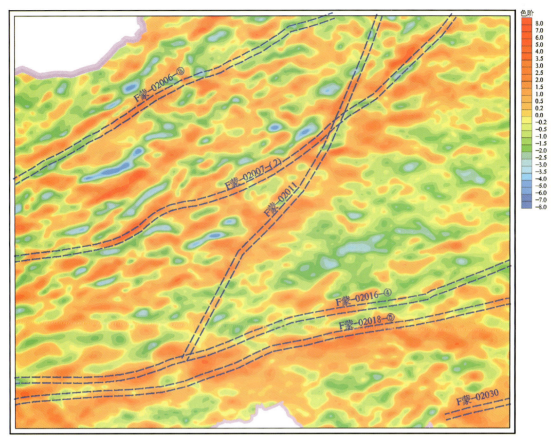

图 2-21　内蒙古中部区近东西向断裂所在区域原平面布格重力异常水平一阶导数图(0°)

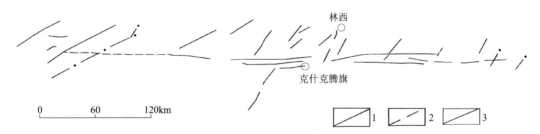

图 2-22　卫星相片线形构造图
1.主线形构造；2.推断主线形构造；3.次级线形构造

差 14～15km，即两侧上地壳厚度相差 14～15km(图 2-23)。

沿断裂带北侧索伦山、二道井一线，海西期蛇绿岩断续分布。根据上述情况，推断断裂带具有晚古生代板块俯冲带或板块汇聚带的性质。

4. 嫩江-白城-八里罕大断裂[F 蒙-02015-(1)]

该断裂北自呼玛延入本区，经嫩江、龙江、白城、开鲁西至八里罕，全长 1200km，为晚古生代至新生代长期活动的断裂带。

断裂带两侧地貌特征极为醒目，西侧为大兴安岭隆起带，东侧为松辽盆地，断裂带是大兴安岭山区与松辽盆地的天然界线。

区域重力异常图上，东侧松辽盆地重力高值区，重力异常呈带状或椭圆状展布，等值线相对较稀疏；西侧为大兴安岭重力梯级带，等值线密集。

航磁图上，断裂带两侧磁场特征明显不同。北段(嫩江—白城)西侧为在高背景值上出现的强度和

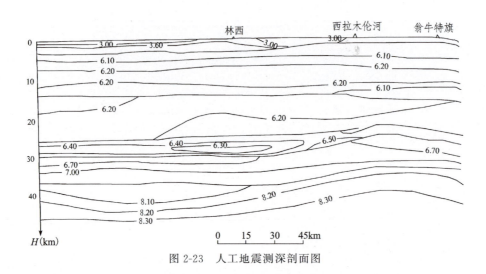

图 2-23 人工地震测深剖面图

梯度变化都很大的杂乱异常,呈北北东向延伸;东侧在负磁场背景上分布有形态、强度和走向各异的宽缓正磁异常。

航磁异常图和区域重力异常图上,断裂两侧线性异常呈"入"字形斜交。

航磁异常化极上延 10km、20km 磁场图上,断裂带显示为断续分布的线状磁异常带,两侧磁场面貌不同。西侧为区域性高值杂乱磁异常区,东侧为区域性负磁异常区,表明两侧磁性基底的性质和埋深不同。

南段(白城以南),在大片负磁场中有一条北东向延伸的狭长线性正异常带,呈拉长的"S"形,强度 100～200nT,宽 10～20km,系由海西期花岗岩(γ_4)沿断裂侵入所致。

航磁异常上延 20km,135°方向一阶导数图和布格重力异常 135°方向一阶导数图上,均显示为狭窄线性异常带(图 2-24)。

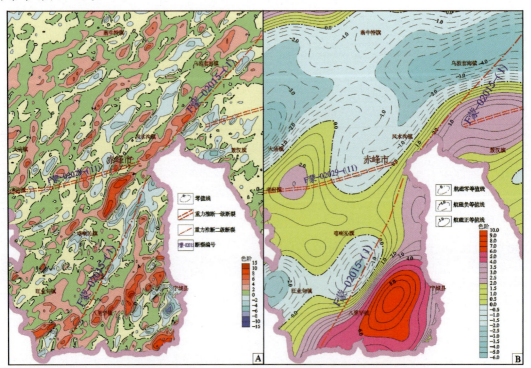

图 2-24 F蒙-02015-(1)南段所在区域重磁方向导数图
A.布格重力异常原平面 135°方向导数图;B.航磁上延 20km135°方向导数图

5. 阿拉善深大断裂（F蒙-02026-⑥）

该断裂自甘肃天仓一带延入本区,向北东经乌兰套海、好比如山南缘至宝音图北延入蒙古国,总体呈北东向延伸,区内长650km。

区域重力异常图上,断裂带表现为区域重力高与区域重力低之分界,北西侧为一区域性相对重力高,场值 Δg 为 $(-150\sim-140)\times10^{-5}m/s^2$,局部异常呈北西西向延伸;南东侧为一区域性重力低,场值为 $(-200\sim-175)\times10^{-5}m/s^2$,总体呈北东向展布。

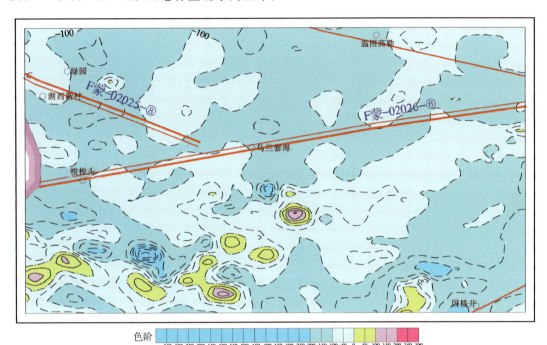

图 2-25 F蒙-02026-(6)所在区域航磁异常图

航磁异常图上,表现为异常特征和延伸方向截然不同的两种磁场面貌之界线(图2-25)。北西侧以平静的负磁场为背景,其上分布有强度和梯度变化均较小的开阔的尾状正磁异常,总体呈北东东向延伸;南东侧在平静的负磁场背景上分布有狭长带状、串珠状或不规则状局部正异常,强度和梯度变化均较北西侧大,总体呈北东向展布,断裂带两侧局部异常的延伸方向呈明显的"V"字形斜交。

断裂带两侧重磁异常的形态和走向特征的不同,无疑反映了分界线两侧基底的内部构造、岩浆活动和受力方向等的差异。

航磁异常上延10km等值线图上,断裂带显示为一明显的等值线变异带。

航磁异常上延20km水平一阶导数(135°)图上,断裂带显示为一明显的线性正异常带。

沿断裂带北侧的白音查干、白音戈壁等地见有海西期超基性岩(Σ_4^3)出露,与索伦山超基性岩处于同一构造部位,应属蛇绿岩。沿断裂带南侧分布有规模巨大海西中晚期花岗岩和混合花岗岩,推断断裂带可能具有板块碰撞缝合带的性质。

6. 横蛮山-乌兰套海深大断裂（F蒙-02025-⑧）

该断裂自甘肃延入本区,经横蛮山、湖西新村、乌兰套海,被阿拉善断裂所截。区内长320km,北西向延伸。

区域重力异常图上,为狭长带状重力高值带、重力梯级带,也是重力等值线密集带,位于等值线同向扭曲转折部位。不同构造单元分界,控制元古宙及早古生代地层分布,同时也是蛇绿岩分布带。航磁异常图上,为狭长带状磁力高值带,带内狭长带状或椭圆形局部异常呈串珠状排列。

该断裂形成于早古生代,断裂性质为压性及压剪性。沿断裂有蛇绿岩分布,超基性岩是深源物质,表明断裂已切穿地壳,切入上地幔,所以是深大断裂(Ⅰ级)。古生代蛇绿岩沿断裂分布,表明断裂带可能为早古生代板块汇聚带或俯冲消减带。

7. 临河-察右后旗大断裂(F蒙-02046)

该断裂西起杭锦后旗,向东经乌拉山、大青山北缘至商都一带,再至太仆寺旗北、河北省围场县、赤峰进入辽宁省,总体呈近东西向展布。

区域重力异常图上,断裂带显示为相对重力高与相对重力低之分界,南侧为乌拉山、大青山相对重力高,北侧为相对重力低,断裂带表现为不甚明显的重力梯级带。布格重力异常水平一阶导数(0°)图上,为一明显的等值线密集带。

航磁异常图上,断裂带表现为极醒目的特征完全不同的两种磁场面貌的分区界线。分界线南侧为平行带状紧密线性排列的强磁异常区,总体呈近东西向展布,地面对应古老的华北陆块北缘,强磁性的乌拉山群是引起区域性强磁异常的主要场源。北侧以平静的负磁异常为主要特色,地面对应弱磁性的渣尔泰山群—白云鄂博群和海西中—晚期巨型花岗岩带。分界线两侧磁场特征的明显差异反映了断裂带两侧基底性质是截然不同的。

在不同延拓高度磁场图上显示为明显的等值线密集带,航磁异常化极上延20km水平一阶导数(0°)图上,显示为明显的线性低值带,局部负异常呈近东西向串珠状排列。

根据地质资料,断裂带为新太古界与元古宇之分界,推断断裂可能形成于古元古代或新太古代。沿断裂带北侧有大规模的海西中—晚期花岗岩类成带分布,亦有中—新生代盆地发育,推断系为两大板块碰撞对接之后强烈挤压作用的产物。晚古生代至中—新生代断裂可能有继承性活动,但其性质可能已转化为具有逆冲性质。推断断层面南倾,在不同延拓高度磁场图上,亦表明断裂面南倾。

其他区域性大断裂情况见表2-2。

第三节 侵入岩体

依据侵入岩体的推断依据和方法,通过对重力资料的对比分析研究,区域上主要可以比较明显判别圈定酸性侵入岩(一般为重力低异常)、基性—超基性侵入岩(一般为重力高异常)的平面范围和基本形态。在一定条件下,可通过正反演计算,提供其一定可信度的空间几何参数。

但需要特别指出的是,太古宙花岗岩类为重力高异常,因其平均密度为 $2.71g/cm^3$,与太古宙基性岩类平均密度相同,介于元古宇密度($2.69g/cm^3$),太古宇平均密度($2.73g/cm^3$)之间(表1-2、表1-3)。

一、酸性侵入体

区内推断酸性侵入岩194处,其中隐伏10处,半隐伏96处,出露87处(图2-26)。与之对应剩余重力异常137处。剩余重力异常数少,是因有一部分剩余异常反映的是两个或两个以上的岩体。主要剩余异常编号为L蒙-151、L蒙-576、L蒙-149等数十处。

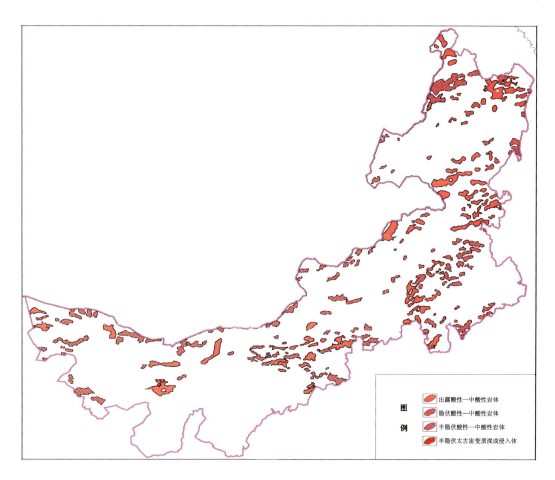

图 2-26　内蒙古自治区重力推断酸性-中酸性侵入岩体分布图

(一)典型花岗岩类重力低异常的综合分析

L 蒙-151 剩余重力负异常(图 2-28)

最大剩余异常幅值$-6.97\times10^{-5}\text{m/s}^2$,异常面积 1000km^2,呈椭圆状展布。该异常在区域重力异常图上呈现规模巨大的相对重力低,形态为北西向椭圆状连续分布,Δg 为 $-122.52\times10^{-5}\text{m/s}^2$。剩余重力异常对应航磁负异常和正异常接触部位。

布格重力异常与地质图扣合,重力异常东部出露二叠纪花岗岩($P\gamma$),西部出露侏罗纪花岗岩($J\gamma$)。岩体中部及边部穿插见有侏罗纪和二叠纪地层,南部见有二叠纪和第三纪地层分布。异常中心部位,处于 $P\gamma$ 与 $J\gamma$ 接触交会部位。推断该重力低异常由花岗岩体引起。花岗岩体中部厚度较大,有一定的延深,周边侏罗纪地层较薄,对重力低异常影响不大,整体重力低异常由花岗岩体引起。二叠纪花岗岩和侏罗纪花岗岩密度接近,均为$(2.56\sim2.57)\text{g/cm}^3$,对重力低异常的影响几乎是一样的。闪长岩仅为小规模岩体穿插于岩体边部,对重力低异常的影响很小,可以忽略不计,所以,该异常由花岗岩体引起。推断花岗岩体编号为 S 蒙-00064,命名为阿尔山岩体。

在布格重力异常平面图上,该异常呈似哑铃状重力低,布格重力低圈闭,$\Delta g-112.82\times10^{-5}\text{m/s}^2$,$-114.72\times10^{-5}\text{m/s}^2$,呈东西向展布。剩余重力异常形状似椭圆状,剩余重力值$-4.07\times10^{-5}\text{m/s}^2$ 和 $-4.68\times10^{-5}\text{m/s}^2$,范围约 2000km^2,哑铃状重力低异常对应航磁负异常。

布格重力低异常区,主要出露石炭纪花岗岩($C\gamma$)和侏罗纪花岗岩($J\gamma$),侏罗纪和奥陶纪、石炭纪地

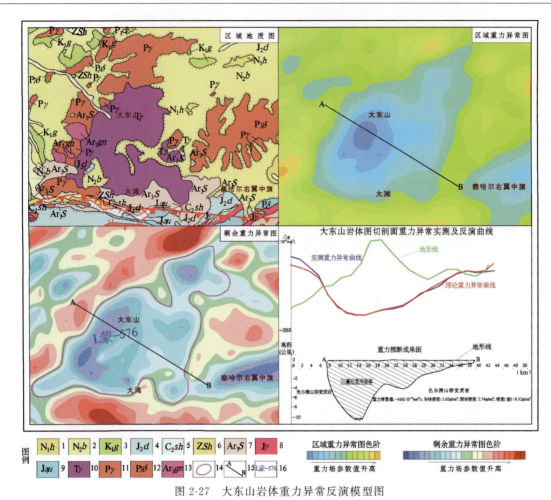

图 2-27 大东山岩体重力异常反演模型图

1.第三纪泥岩砂岩类;2.第三纪玄武岩;3.白垩纪碎屑岩类;4.侏罗纪砂岩砾岩类;5.石炭纪页岩砂岩类 6.什那干群砂岩灰岩类;
7.色尔腾山群变质岩;8.侏罗纪花岗岩,9.侏罗纪安山玢岩;10.三叠纪花岗岩;11.二叠纪花岗岩;12.二叠纪花岗闪长岩;13.太古宙变质分层侵入体;14.重力推断大东山岩体边界;15.图切剖面线;16.剩余重力异常编号

层亦大面积分布。重力低异常主要与花岗岩和侏罗纪地层相对应。认为该重力异常为具有一定深度、规模的花岗岩体引起,推断花岗岩体编号为:S 蒙-00057。从其对应的重力异常特征来看,形成的布格重力低异常及剩余重力负异常面积大,呈明显的封闭圈,表明花岗岩体厚度较大,有一定的延深。

(二)典型花岗岩重力低异常的计算拟合及综合解释

1. L 蒙-576 号剩余重力负异常(大东山岩体,编号为 S 蒙-00148)(图 2-27)

该异常中心坐标:东经 $112°01'28''$,北纬 $41°43'29''$。区域重力异常是北东向展布的椭圆状异常,Δg 为 $(-197.50 \sim -178.88) \times 10^{-5} m/s^2$,剩余重力异常值为 $-11.25 \times 10^{-5} m/s^2$ 和 $-12.56 \times 10^{-5} m/s^2$,异常等值线较圆滑,梯度均匀,极值处于异常中心部位西侧,剩余异常值为 $-12.56 \times 10^{-5} m/s^2$。

该异常在航磁异常图上,对应 $0 \sim 100nT$ 低缓磁异常,局部异常强度可达 $200nT$,可能由穿插其间的中基性岩脉和地层引起。

重力低异常区对应三叠纪花岗岩,局部区段见有二叠纪花岗岩出露。

由上述可见,该低异常区是由花岗岩体引起。推断岩体编号为 S 蒙-00148,命名为大东山岩体。

通过剖面 2.5D 反演计算,花岗岩体底界面的埋深一般在 10km 左右,花岗岩体底界面的最大深度约14km,中新生界覆盖层最大厚度可能在100m左右(图2-27)。

2. L蒙-151剩余重力负异常(阿尔山岩体,编号为S蒙-00057)(图2-28)

该异常中心坐标:东经120°00′57″,北纬47°09′05″。布格重力异常为北西西走向的椭圆状异常,Δg($-122.52 \sim -111.82$)$\times 10^{-5} \text{m/s}^2$,剩余重力异常值为$-3.45 \times 10^{-5} \text{m/s}^2$、$-6.79 \times 10^{-5} \text{m/s}^2$,形成较圆滑的等值线封闭圈,梯度均匀,极值处于异常中心部位,其值为$-6.79 \times 10^{-5} \text{m/s}^2$。

该异常在航磁异常图上,ΔT为$-100 \sim 0$nT磁异常与花岗岩体对应。局部$0 \sim 100$nT磁异常,可能因穿插其间的闪长岩体引起。

异常东南侧为侏罗系覆盖,北西侧有侏罗纪花岗岩($J\gamma$)出露,南东侧为二叠纪花岗岩分布区,局部区段被侏罗系和第三系掩盖。推断该重力低异常主要由花岗岩体引起。推断阿尔山岩体的编号为S蒙-00057。

穿过异常中心部位取一条剖面进行2.5D反演,根据反演拟合结果(图2-28),可知该花岗岩体一般深度在12km左右,底界面最大深度约17km。另从剖面反演的岩体范围来看,用剩余重力异常图中$-1 \times 10^{-5} \text{m/s}^2$等值线可近似圈定出该岩体的范围。

3. L蒙-149号重力低异常(河源太平岭花岗岩,编号为S蒙-00057)

该异常中心坐标:东经120°41′;北纬47°39′15″。布格重力异常分为两个异常中心:西侧异常中心处Δg为$-112.82 \times 10^{-5} \text{m/s}^2$,东侧异常中心处$\Delta g$为$-8.07 \times 10^{-5} \text{m/s}^2$。异常带东西向展布,形似哑铃状。剩余重力异常形态可分为两个部分:西部剩余值$-10.49 \times 10^{-5} \text{m/s}^2$,东部剩余值$-4.07 \times 10^{-5} \text{m/s}^2$。可见花岗岩体亦分为东、西两部分,从布格重力异常及剩余重力异常形态来看,花岗岩体分布面积较大,呈面状分布。

该异常在航磁异常图上对应负磁异常,东异常中心对应ΔT为$-100 \sim 200$nT磁异常,西异常中心对应$0 \sim 100$nT磁异常,都与花岗岩体的分布相一致。

东、西两个异常区地质特征相似,都分布有侏罗纪地层及侏罗纪花岗岩体($J\gamma$)、石炭纪花岗岩体($C\gamma$)。但两个异常区出露花岗岩体与重力异常中心对应不好。故推断该异常区主要因花岗岩体引起,且推断位于侏罗系覆盖层之下的花岗岩体厚度较出露部分大。推断岩体河源太平岭花岗岩体编号为S蒙-00057。

通过剖面2.5D反演计算,花岗岩体底界面埋深一般为10km,花岗岩体底界面最大深度限制在12km(图2-29)。

(三)部分地区花岗岩出露区重力高异常的计算拟合及综合解释

以G蒙-483重力高异常(乌日尼图花岗岩体)为例。

乌日尼图地区,在L蒙-482剩余重力负异常区地表出露的主要是奥陶纪地层(平均密度值2.66g/cm³)。紧邻其南东侧的G蒙-483剩余重力正异常区地表出露的主要是石炭纪花岗岩(平均密度值2.58g/cm³),在该异常南东侧边部亦有零星奥陶纪地层出露(图2-30)。对比剩余重力异常与地质出露情况认为,L蒙-482剩余重力负异常区的奥陶纪地层分布较薄,其下伏仍主要为酸性花岗岩体,G蒙-483剩余重力正异常区的花岗岩厚度也较薄,其下伏应主要为奥陶纪地层。对此在该区域作了定量反演剖面,剖面呈北西向展布,基本垂直前述剩余重力异常及地质体的走向。反演结果进一步证实了以上定性推断结果,见图2-30。由北西到南东,在剖面北西段剩余重力异常由正变负的区域,奥陶纪地层厚度明显变薄,南东段剩余重力异常由负变正的区域,花岗岩分布厚度趋于变薄。综上所述认为,该区域剩余重力异常分布特征与地表出露地质情况似乎相矛盾,但从其埋藏情况来看,剩余重力正异常区的酸性岩体分布较薄,异常主要与下伏的老地层有关,而负异常区的奥陶纪地层分布也较薄,异常主要因下

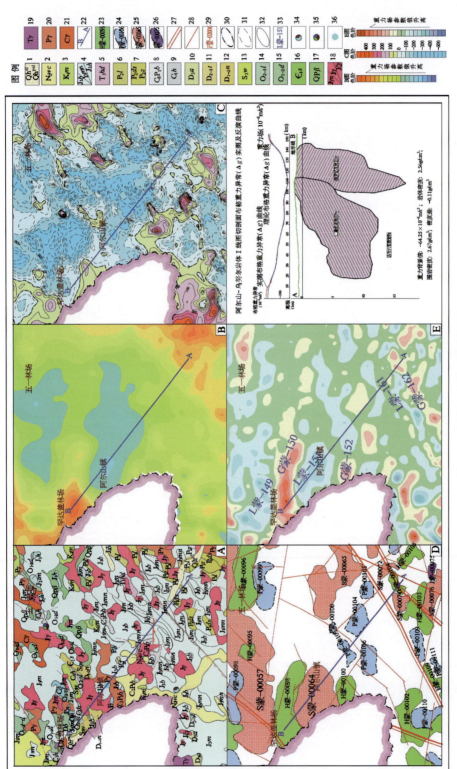

图 2-28 阿尔山岩体重磁剖析图

A. 地质矿产图;B. 布格重力异常图;C. 航磁 ΔT 化极等值线平面图;D. 重力推断地质构造图;E. 剩余重力异常图

1. 第四纪冲积层;2. 第三系五岔沟组;3. 白垩系梅勒图组;4. 侏罗系白音高老组;5. 三叠系哈达陶勒盖组;6. 二叠系林西组;7. 二叠系大石寨组,哲斯组;8. 石炭系宝力格庙组;9. 石炭系红水泉组;10. 泥盆系安格尔音乌拉组;11. 泥盆系塔尔巴格特组;12. 泥盆系泥鳅河组;13. 志留系卧都河组;14. 奥陶系裸河组;15. 奥陶系多宝山组;16. 寒武系苏中组;17. 更新世玄武岩;18. 侏罗纪花岗斑岩、花岗岩、钾长花岗岩;19. 三叠纪花岗岩;20. 二叠纪花岗岩;21. 石炭纪花岗岩;22. 图切剖面线;23. 重力推断古生代地层及编号;24. 重力推断盆地及编号;25. 重力推断酸性岩体及编号;26. 重力推断超基性岩体及编号;27. 重力推断Ⅰ级断裂构造;28. 重力推断Ⅲ级断裂构造;29. 重力推断Ⅲ级断裂构造;30. 零等值线;31. 航磁负等值线;32. 航磁正等值线;33. 布格重力异常编号;34. 剩余重力异常编号;35. 铅锌矿点;36. 铅锌铜矿点;37. 钼矿点

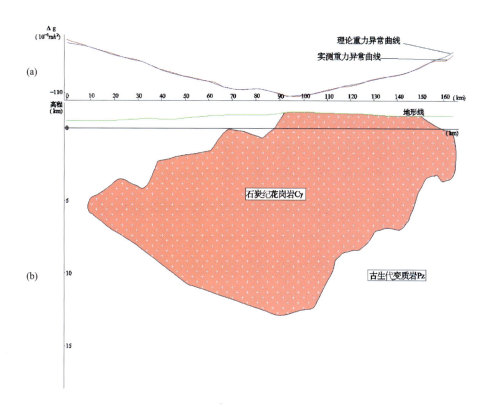

重力背景值：$-64.25 \times 10^{-5} m/s^2$；岩体密度：$2.56 g/cm^3$；围岩密度：$2.67 g/cm^3$；密度差：$-0.11 g/cm^3$

图 2-29　河源太平岭花岗岩体重力异常剖面反演模型图

伏的酸性侵入岩引起。

（四）不同时代的中酸性侵入岩体的重力场特征

以内蒙古中部三合明地区新太古代酸性侵入岩解释推断为例（图 2-32）。

所选地区主要出露新太古代斜长花岗岩、花岗闪长岩、石英闪长岩等中酸性侵入岩，这套岩体的平均密度为 $2.71 g/cm^3$。在其中部出露三叠纪黑云母二长花岗岩，南西侧边部出露二叠纪斜长花岗岩，平均密度为 $2.59 g/cm^3$。可见不同时代的两套中酸性侵入岩存在明显的密度差异。由图 2-32 可见，密度较高的太古宙中酸性侵入岩分布区对应剩余重力正异常 G 蒙-010，而密度较低的二叠纪、三叠纪中酸性侵入岩对应剩余重力负异常 L 蒙-011。两套岩体分布区，总体航磁 ΔT 为低缓负异常，太古宙石英闪长岩分布区呈现低缓正磁异常。可见，同类岩性的侵入岩因时代不同，其重力场特征完全不同，但磁性特征无明显差异。

二、超基性侵入岩体

区内依据局部重力高异常推断基性—超基性岩体 78 处，其中隐伏 32 处，半隐伏 37 处，出露 9 处（图 2-32）。与之相关的剩余重力异常 39 处，主要剩余异常有 G 蒙-362、G 蒙-343、G 蒙-344、G 蒙-658 等几十处。

需要说明的是，由于区内的基性—超基性岩体一般规模较小，且多分布于前中生代地层中，在 1∶20 万重力测量精度的基础上，区内所谓超基性岩引起的剩余重力正异常多为老地层与超基性岩共同作用的结果。

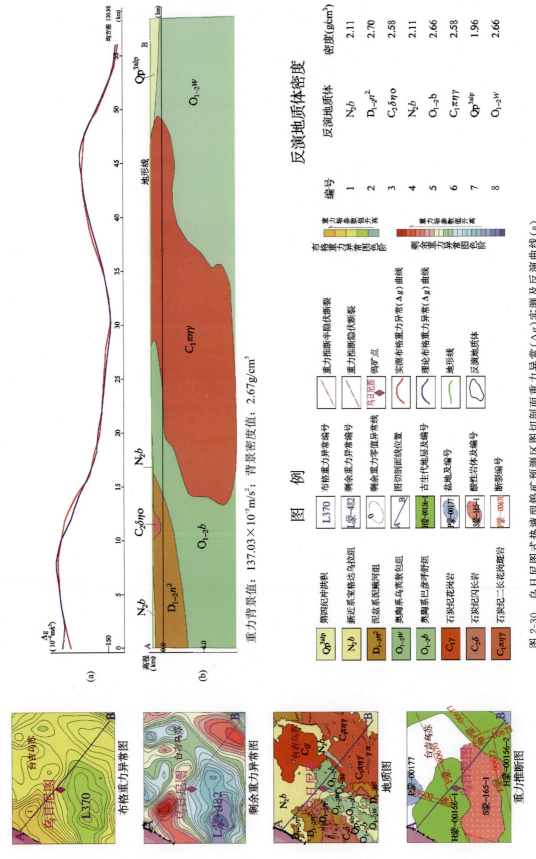

图 2-30 乌日尼图式热液型钨矿预测区图切剖面重力异常（Δg）实测反演曲线（a）乌日尼图酸性岩岩分布区重力异常定量反演剖面（b）

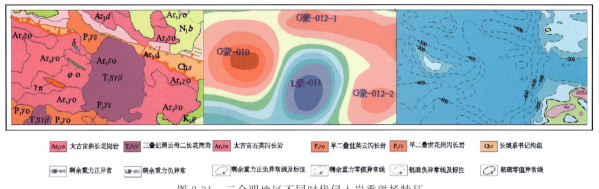

图 2-31 三合明地区不同时代侵入岩重磁场特征

(一)典型超基性岩类重力高异常综合分析

1. 剩余重力正异常(G 蒙-362、G 蒙-343-1、G 蒙-343-2)

该异常位于二连-贺根山-乌拉盖重力高值带上。布格重力异常为北东东向延伸的条带状异常。由小坝梁、贺根山、阿尔山宝力格等局部重力高异常组成。该区域对应分布有条带状航磁异常(图 2-33)。二连-贺根山-乌拉盖重磁异常带是全区最著名蛇绿岩分布带。

小坝梁布格重力异常 G319,Δg 为 $(-89.11\sim-85.01)\times10^{-5}\mathrm{m/s^2}$,面积 $1000\mathrm{km^2}$,对应的剩余重力异常 G 蒙-343-2,Δg 最大值为 $15.16\times10^{-5}\mathrm{m/s^2}$;贺根山布格重力异常 G320,$\Delta g$ 为 $(-89.31\sim-86.51)\times10^{-5}\mathrm{m/s^2}$,面积 $800\mathrm{km^2}$,对应的剩余重力异常 G 蒙-343-1,Δg 最大值为 $12.68\times10^{-5}\mathrm{m/s^2}$;阿尔山宝力格布格重力异常 G321,$\Delta g(-100\sim-79.55)\times10^{-5}\mathrm{m/s^2}$,面积 $1000\mathrm{km^2}$,对应的剩余重力异常 G 蒙-362,Δg 最大值为 $20.87\times10^{-5}\mathrm{m/s^2}$。

通过贺根山岩体的布格重力异常剖面,取超基性岩密度 $2.90\mathrm{g/cm^3}$,围岩密度 $2.70\mathrm{g/cm^3}$,利用密度界面反演法,计算结果,超基性岩体延深为 3km。

该异常带在航磁异常图上,剩余重力异常阿尔山宝力格 G 蒙-362,对应航磁异常 ΔT 为 500nT;贺根山 G 蒙-343-1,对应航磁异常 ΔT 为 1000nT;小坝梁 G 蒙-343-2,对应航磁异常 ΔT 为 300nT。磁异常与重力异常基本相对应,也是一个沿南西-北东向延伸的正磁异常带,重磁属同源异常,只是磁异常带略向北西偏移一些,可能与磁性体向北倾覆有关(这一点将在后面详述,图 2-33)。

阿尔山宝力格 G 蒙-362 异常区泥盆纪基性岩和超基性岩大面积出露,异常区南西侧泥盆系(D)、石炭系(C)和二叠系(P),元古宙(Pt_1)也零星出露,东侧第四系(Qh)覆盖,西侧白垩系大面积分布,北侧亦分布有白垩系。

贺根山 G 蒙-343-1 异常区泥盆纪超基性岩大面积出露,泥盆系(D)和白垩系(K)亦大面积分布,北侧被第三系(N)、南侧被第四系(Qh)覆盖。

小坝梁 G 蒙-343-2,异常区泥盆纪超基性岩大面积出露,南侧为石炭系(C)和侏罗系(J);北侧为二叠系(P)和石炭系(C)大面积分布;东、西两侧均为第三系(N)覆盖。二连-东乌珠穆沁旗断裂通过该异常区,是超基性岩侵入的重要通道。

物探工作者、地质工作者和板块学家都认为广泛分布的晚古生代泥盆纪超基性岩,为蛇绿岩套,是古洋壳向陆壳之下俯冲或仰冲的结果,是部分洋壳物质逆冲到陆壳中而形成的、保存至今的古洋壳残片,但笔者认为超基性岩是沿深大断裂侵入的结果。

综上所述认为,G 蒙-362、G 蒙-343-1、G 蒙-343-2 号剩余重力正异常及其对应的磁异常同为超基性岩体引起,对应的岩体编号分别为 J 蒙-124、J 蒙-123-3、J 蒙-123-2。由于该异常带位于二连-东乌珠穆沁旗深大断裂带上,断裂规模和延伸都很大,结合重磁异常的规模分析,认为超基性岩体的规模也很大。

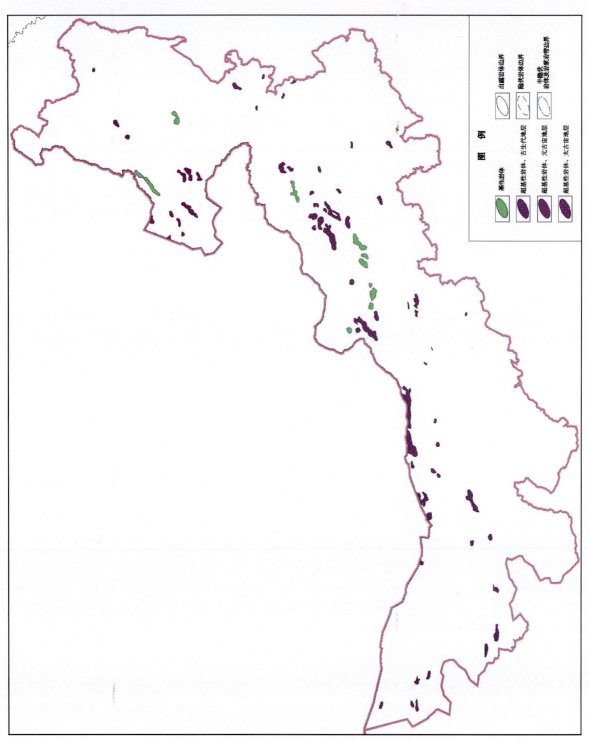

图 2-32 内蒙古自治区重力推断基性-超基性岩体分布图

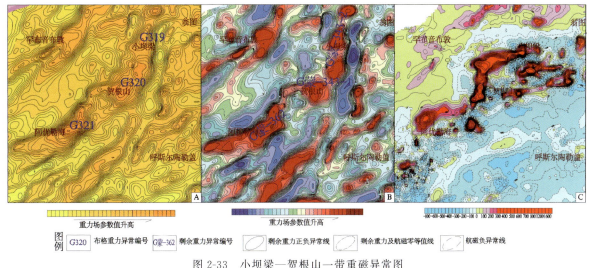

图 2-33 小坝梁—贺根山一带重磁异常图
A. 布格重力异常图；B. 剩余重力异常图；C. 航磁 ΔT 异常图

该异常带为超基性岩及铜镍矿床的产出地，该区域剩余重力正异常区对于寻找大中型铜镍矿床有重要的指示意义，特别是对剩余重力异常零值线附近的航磁异常圈闭处更应加以注意。

2. 剩余重力正异常（G 蒙-658）

对应布格重力异常编号为 G518、G520、G521、G522（图 2-34）。

重力异常位于索伦山地区，布格重力异常呈北东东向带状展布，由几个椭圆状重力高异常组成。布格重力异常等值线呈条带状圈闭在西南闭合，延北东东方向圈闭敞开，延入蒙古国境内。

布格重力异常 G518，准索伦异常，呈椭圆状，$\Delta g-136.91\times 10^{-5}\,\mathrm{m/s^2}$，面积 $150\,\mathrm{km^2}$，走向北东，白垩系覆盖；布格重力异常 G520，准索伦西异常，呈椭圆状，$\Delta g-142.77\times 10^{-5}\,\mathrm{m/s^2}$，面积 $200\,\mathrm{km^2}$，异常走向近东西，有石炭纪超基性岩出露，白垩系覆盖较广；布格重力异常 G521，呈椭圆状，$\Delta g-138.72\times 10^{-5}\,\mathrm{m/s^2}$，面积 $180\,\mathrm{km^2}$，G522，呈椭圆状，$\Delta g-137.71\times 10^{-5}\,\mathrm{m/s^2}$，面积 $200\,\mathrm{km^2}$，G521、G522 异常走向北东，西部有元古宇（Pt）出露，白垩系覆盖普遍。

以上布格重力异常 G518、G520、G521、G522 构成的重力高值带，对应的剩余异常编号为 G 蒙-658。由北东到南西存在 4 处局部剩余重力异常，最大值分别为：$11.39\times 10^{-5}\,\mathrm{m/s^2}$、$6.04\times 10^{-5}\,\mathrm{m/s^2}$、$10.39\times 10^{-5}\,\mathrm{m/s^2}$、$7.92\times 10^{-5}\,\mathrm{m/s^2}$。

G 蒙-658 剩余重力异常区，只形成两处局部磁异常，磁异常值 ΔT 为 0~300nT。

综上所述，推断该处剩余重力正异常由超基性岩体引起，推断岩体编号为 J 蒙-00190。从磁异常特征来看，超基性岩体有一定埋深，而磁场强弱的变化可能亦与白垩系（K）的分布有关。

该重力异常高值区分布有多处铬镍矿（点），如巴彦查干镍矿床和铬矿床（位于 G518 异常区）。在这一区域应注意与超基性岩有关的镍、铬矿床的寻找，由于地表白垩系覆盖普遍，尤其应注意深部找矿突破。

以往超基性岩研究资料显示，全区超基性岩可划分为 18 个岩体群（带），但由于重力工作测量比例尺最大小为 1∶20 万，所以对有些基性、超基性岩体（或岩带）反映不明显。依据本次推断的基性岩的分布情况，划分了两处有一定规模的基性—超基性岩浆岩带，即贺根山超基性岩浆岩带（编号为 D 蒙-00004），索伦山超基性岩带（编号为 D 蒙-00006）。

沿索伦山、贺根山一带为重力相对高值区，推断为超基性岩带。在这一区域已发现巴彦、阿尔善特、白音宝力道、温特敖包、巴彦哈尔、乌兰敖包、干宽岭和满来西、贺根山、索伦山、小坝梁等铜、金、钴、镍、铂、钯等矿床和矿点。勘查结果和评价后认为,矿床的形成与基性—超基性岩及热液活动有关,所以重力推断的超基性岩区(带)亦是寻找上述矿床的有利地段。

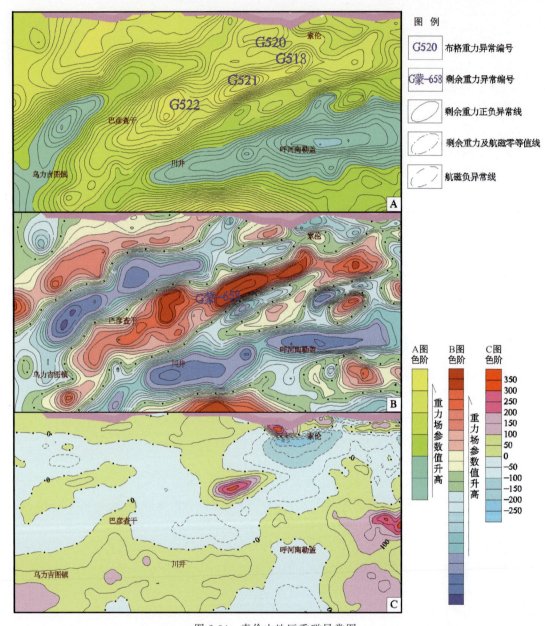

图 2-34 索伦山地区重磁异常图
A.布格重力异常图;B.剩余重力异常图;C.航磁 ΔT 异常图

(二)重磁综合研究推断隐伏超基性岩体

在二连—贺根山一带浩雅尔洪克尔地区,由图 2-35 可见,剩余重力正负异常呈北东向相间分布。南东侧的剩余重力正异常为出露的超基性岩与元古宙基底隆起所致,中部的剩余重力负异常推断为中新生代盆地。与剩余重力负异常对应的是呈北东向带状展布的航磁正异常,磁异常规模较大,所以认为该地段存在隐伏的超基性岩。推断在其南东侧出露的超基性岩因断裂活动在此向北倾伏。

为了解超基性岩的深部赋存状态,在该地区通过已知钻孔阿古1,垂直重力异常走向选取一条图切剖面进行 2.5D 反演计算,剖面走向北西,长约 42km(图 2-36)。

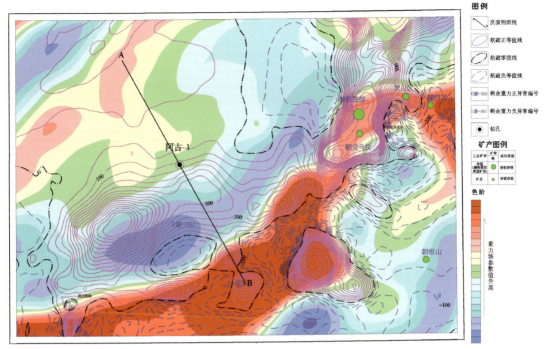

图 2-35　浩雅尔洪克尔地区航磁、剩余重力异常图

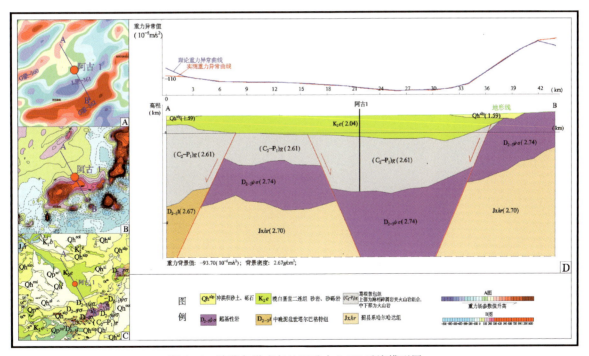

图 2-36　浩雅尔洪克尔地区重力 2.5D 反演模型图
A. 剩余重力异常图；B. 航磁化极等值线图；C. 地质矿产图；D. 反演模型图

剖面位于中新生代盆地分布区，地表普遍覆盖第四纪松散沉积物，白垩纪砂板岩类零星分布，超基性岩体仅在剖面南东端出露。反演结果表明，地表出露的超基性岩体向北西延伸至盆地之下，超基性岩体的主要围岩为古生界二叠系及泥盆系、中元古界蓟县系。超基性岩体的上覆地层厚度为 0~3000m，0~2000m 主要为白垩系，之下为石炭系。超基性岩的最大延深 6.9km。重力推断的深部超基性岩体上

界面起伏状态与已知钻孔及地震剖面的资料对比,其结果基本一致。

(三)1∶1万重力测量超基性岩的剩余重力异常特征

在乌拉特中旗境内克布地区,2011年开展了1∶1万重力测量工作,面积12km²。这一区域主要出露超基性岩,围岩为太古宙变质岩。工作目的在于圈定与镍矿有关的超基性岩分布范围,并大致了解其空间分布形态。该区域超基性岩底部是镍矿的相对富集区。

工作区区域上处在重力高与重力低的过渡带上(图2-37)。1∶1万重力测量成果显示,布格重力高异常区反映了区内的超基性、基性杂岩体的分布范围。杂岩体位于工作区北东,平面形态呈椭圆形,侵入于中太古界乌拉山岩群。岩体长约3km,宽约2.3km,面积约4km²。总体走向NE40°,呈环状产出,平面上与重力高异常区基本吻合,但重力高异常略向北位移,且北侧等值线密集,南侧较稀疏,说明该区域超基性岩体北侧延深较大,南侧变浅。这一点与地质勘查结果吻合,即岩体向北侧倾覆。在高重力背景上叠加的局部重力低异常,规模大小不等,形态多为不规则状、条带状,分别与出露的二叠纪中酸性侵入岩及断裂构造对应(图2-38)。

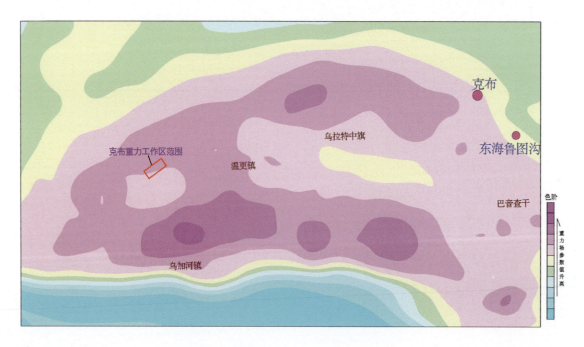

图2-37 克布地区1∶20万区域重力异常图

综上所述可见,通过大比例尺重力测量显示的重力场特征,基本能够区分出区内不同密度地质体的分布范围,剩余重力正异常能够清晰地反映出超基性岩的分布范围。

为了解超基性岩的断面分布形态,垂直布格重力异常走向,截取一条北西向重力剖面进行2.5D反演计算,剖面通过与本区铜镍硫化物矿床有直接成因联系的中元古代辉长岩引起的重力高异常区(图2-38)。该辉长岩体为高密度体,平均密度值为2.74g/cm³,岩体外围是中太古界乌拉山岩群,岩性为混合岩化片麻岩、石英岩、大理岩等,平均密度值为2.72g/cm³。根据剖面拟合结果(图2-36):岩体南东侧产状平缓,倾向北西,倾角30°～45°;北西侧较陡,倾向南东,倾角在50°～75°之间。基本形成一南缓北陡似盆状侵入体。一般深度在2.5km左右,底界面最大深度大约7.8km。

从刻槽取样位置来看,越接近岩体下部基性程度越高,其中Ni、Co含量已接近边界品位,因此重力

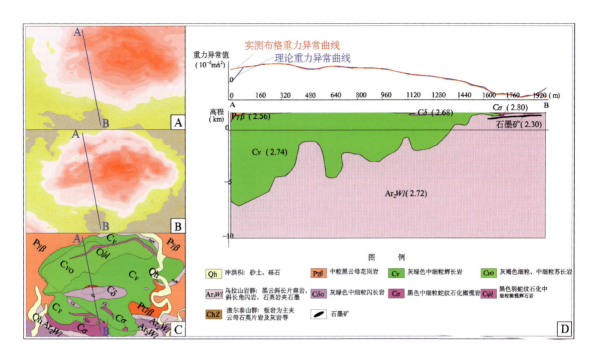

图 2-38 克布地区 1∶1 万重力反演模型图
A.布格重力异常图；B.剩余重力异常图；C.地质矿产图；D.重力异常实测及反演曲线

推断的岩体底部是寻找铜镍硫化物矿床的重点地段。

第四节 沉积盆地

一、盆地信息识别及边界圈定

中新生代沉积物与下伏古生代、元古宙和太古宙地层的平均密度差为 $-0.87\sim-0.33\text{g/cm}^3$（表1-2），只要中新生代沉积物有一定的厚度和范围，均能引起可识别的剩余重力负异常。综合应用重力和其他物探资料并结合钻探资料，能够判别盆地的盖层性质。为使资料在盐、煤、油气等矿产资源的选区研究和勘查评价时发挥更好的作用，对较完整的中、新生代盆地（或中、新生代盖层）进行一些剖析研究，部分盆地编制反映底界面深度起伏状况的剖面图。

圈定盆地边界的方法：通过异常分离提取盆地重力异常。利用剩余重力异常零值线、重力异常的垂向一阶导数的零值线、水平一阶导数极值位置或重力异常水平总梯度模的极值位置等标志进行盆地圈定。并在推断地质构造图中按技术要求予以表达（图2-39）。

根据上述方法，全区依据剩余重力负异常推断的盆地有357处（图2-39），与之相关的剩余重力负异常有279处。这类异常多以等轴状、似椭圆状和条带状规则显示，与地质图上中新生界覆盖区范围基本相吻合，如 L蒙-139、L蒙-395、L蒙-386等。

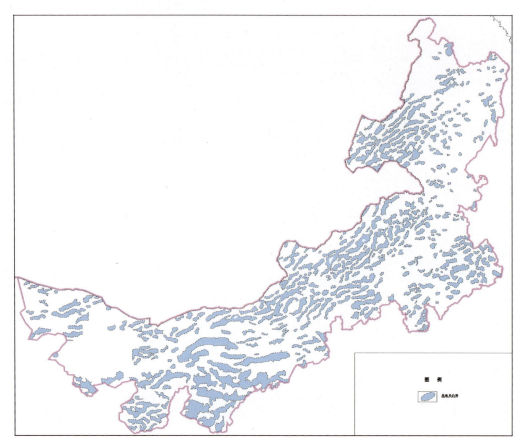

图 2-39　内蒙古自治区重力推断中、新生代盆地分布图

二、典型沉积盆地重力异常的综合解释

1. 剩余重力异常 L 蒙-139（呼和诺尔盆地）

该异常中心坐标：东经 119°05′11″，北纬 48°45′09″。该异常与已知煤盆地相对应，编号为 P 蒙-00089。

该区布格重力异常为一北东向条状等值线圈闭，Δg 为 $-94.14\times10^{-5}\,\text{m/s}^2$ 和 $-99.72\times10^{-5}\,\text{m/s}^2$，面积 2500 km²。该圈闭的东端为煤盆地，等值线密集，呈北东向展布；该圈闭的西南端，等值线较缓，梯度均匀，异常宽度相对较均匀，延入蒙古国境内；该圈闭的西边，异常等值线较宽缓，也较均匀，梯度变化不大，美达格盆地和新宝力格盆地交接；该圈闭东北端，等值线较宽缓，与浩勒包-南屯盆地相连。

剩余重力异常形态与布格重力异常基本相似，剩余重力异常值变化较大，为 $-7.00\times10^{-5}\,\text{m/s}^2$、$-11.0\times10^{-5}\,\text{m/s}^2$、$-10.52\times10^{-5}\,\text{m/s}^2$ 和 $-8.16\times10^{-5}\,\text{m/s}^2$，出现多个异常中心，整体呈北东向展布，西南端延入蒙古国境内，与布格重力异常展布基本相似。

该异常在航磁异常图上，对应 ΔT 为 $-100\sim0\,\text{nT}$ 磁异常，北半部 ΔT 为 $-200\,\text{nT}$ 磁异常。异常区基本上被第四系覆盖，北半部见有二叠纪花岗岩（Pγ）和侏罗纪地层（J$_3$）零星分布。

根据异常特征及地质出露情况，推断该异常主要由中新生代沉积盆地引起，与呼和诺尔盆地对应。

2. 剩余重力异常 L 蒙-395、L 蒙-386（胜利煤田盆地）

该异常区中心坐标：东经 116°05′38″，北纬 44°03′38″。对应于已知的胜利煤田盆地，编号为 L 蒙-00142。

该区布格重力异常呈北东向带状等值线圈闭,其值 Δg 为 $(-139.28\sim-130.20)\times10^{-5}\mathrm{m/s^2}$,面积 $1700\mathrm{km^2}$。该异常的东侧的重力高异常,由闪长岩体引起。该圈闭的西侧为超基性岩体重力高异常。该重力低圈闭对应胜利煤田盆地。

剩余重力异常图上对应于 L 蒙-395、L 蒙-386 负异常。与布格重力异常基本相似,剩余重力异常值划分为 3 个中心,$-9.34\times10^{-5}\mathrm{m/s^2}$、$-14\times10^{-5}\mathrm{m/s^2}$ 和 $-10.75\times10^{-5}\mathrm{m/s^2}$。3 个异常中心依次呈北东向排列,与布格重力异常基本相同。

该重力低异常在航磁异常图上,对应 ΔT 为 $-200\sim-100\mathrm{nT}$ 磁异常,局部只有 $0\mathrm{nT}$ 小片状异常分布,总体对应负磁异常。

异常区基本上被第四系(Q)、第三系(N_2)、侏罗系(J_3)和白垩系(K)覆盖,西南端见有元古宇(Pt)分布,西端只有二叠系(P_2)、石炭系(C)和超基性岩分布。

第五节 特殊地层解释

一、地层信息识别及空间形态确定

利用重力资料可以识别存在密度差异的不同岩性或时代的地层,包括各时代的沉积地层、火山岩地层、变质岩地层。不同岩性的地层,通常存在密度差异。不同时代的地层也可能存在密度差异,一般随着地层时代的变老,密度有增大的趋势。因此,可以利用密度差异的分析,依据重力异常从火成岩或中新生代正常沉积带中,识别有密度差异的地层,如前寒武纪地层、下古生界、海相地层等。在隐伏与半隐伏地区,这种识别对内生金属矿产具有重要意义。深入分析岩石物性特征,综合应用重力与其他地球物理资料,会提高这种识别的成功率。图 2-40 以剩余重力异常为依据,结合地质、磁法资料推断的全区前中生代地层分布图。

地层边界(以隐伏长度、宽度为主)圈定方法:利用剩余重力异常零值线、局部异常的垂向一阶导数(或布格重力垂向二阶导数)零值、水平一阶导数极值位置,或总梯度极值位置,结合磁异常和地质认识进行圈定。

二、与前中生代地层有关的局部重力异常的综合解释

1. 前中生代地层引起的局部重力异常

区内广泛分布的太古宙、元古宙和古生代沉积建造层,具有较高且稳定的密度特征(表 1-2)。当其局部产生构造变动和处于具有相互密度差异较大的地层之间时,将会产生质量的相对盈亏。在可识别的规模下,会引起局部重力异常。一般为条带状、长椭圆状,范围较大,幅值有高有低,圈闭曲线平滑。范围与地层分布的变化特征一致。

全区推断地层 425 处。其中太古宙地层 48 处,元古宙—太古宙地层 11 处,元古宙地层 84 处,古生代—元古宙地层 15 处,古生代地层 267 处。

2. 多种地质因素引起的局部重力异常

鉴于已有资料的分辨率和地质背景本身的客观复杂性,相当数量的重力局部异常明显是多种地质

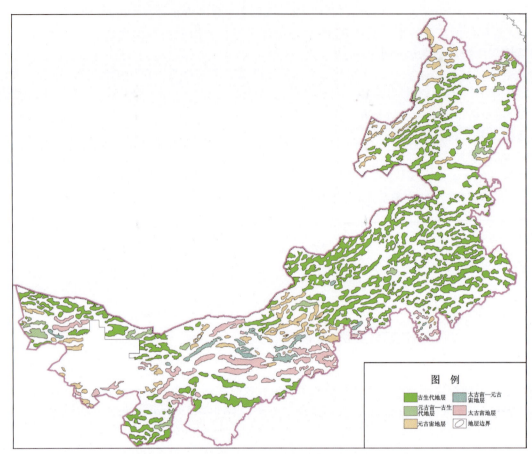

图 2-40 内蒙古自治区重力推断地层分布图

因素重力效应的综合反映。通过对比分析,区内主要有以下几类组合异常:

(1)中高密度地层与中基性超基性岩类共同引起的局部重力高异常。

(2)地层因素与中基性火山岩共同引起的局部重力高异常。

(3)地层凹陷(负面构造)与酸性岩类共同产生的局部重力异常。

(4)矿床与地层综合效应产生的局部重力异常。

综合因素类异常的共同特征是:异常形态不一,幅值、梯度变化特征与单一因素异常有所差异,计算时采用单一地质密度因素难以拟合,地质环境对应多因素背景,用多因素解释具有合理性等。实际上,绝大多数重力局部异常都是由多地质因素引起的,只不过分类是采用了以主导地质因素表示而已。

3. 隐伏半隐伏前古生代地层的解释推断

以赤峰市官地地区重力异常解释推断为例。由图 2-41 可见,该地区的 G 蒙-5 号剩余重力正异常,其值为 $(1\sim10)\times10^{-5}$ m/s^{-2},呈北西向展布,异常南东段出露密度较高的太古宇乌拉山岩群(密度 2.74g/cm^3),可见剩余重力异常与其有关。北西段地表出露密度值较低的早白垩世凝灰岩(密度 2.49g/cm^3)和晚侏罗世的一套火山岩地层(密度 2.43g/cm^3),根据对应剩余重力异常为正异常的特点,推测其覆盖较薄,下伏仍为太古宇乌拉山群。

在该区域垂直局部重力异常走向布置北东向剖面,进行定量反演,结果(图 2-42)表明,该处中新生代地层最薄处约 100m。随着重力异常值降低,其沉积厚度逐渐增大,最厚处达几千米。

研究区东南侧剩余重力负异常 L 蒙-2,该区域主要分布有侏罗系白音高老组和第三系,显然剩余重力负异常主要由巨厚沉积的中新生代盆地引起。

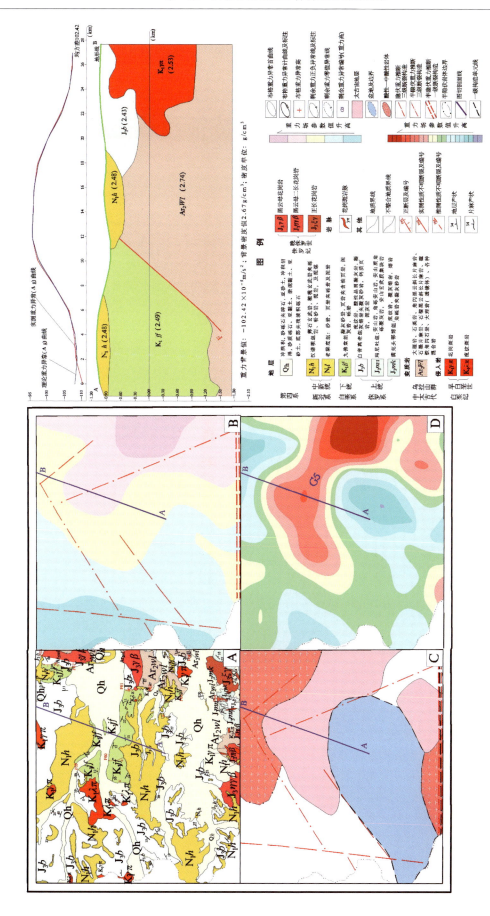

图 2-41 半隐伏地层重力反演模型

A. 地质矿产图；B. 区域重力异常图；C. 重力推断地质构造图；D. 剩余重力异常图

第三章　成矿区带重力场特征及其地质意义

本次成矿区带划分采用全国成矿区带划分标准,主要以大地构造背景和成矿构造环境为基础进行划分。涉及内蒙古自治区的Ⅰ级成矿域有3个:Ⅰ-1古亚洲成矿域、Ⅰ-2秦祁昆成矿域、Ⅰ-4滨太平洋成矿域(叠加在古亚洲成矿域之上);包含6个Ⅱ级成矿省:Ⅱ-2准噶尔成矿省、Ⅱ-4塔里木成矿省、Ⅱ-5阿尔金-祁连成矿省、Ⅱ-12大兴安岭成矿省、Ⅱ-13吉黑成矿省、Ⅱ-14华北成矿省;划分Ⅲ级成矿区带14个(图3-1)。成矿区(带)名称及编号分述如下。

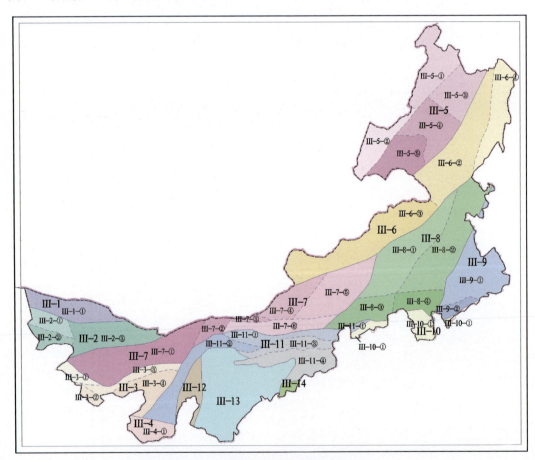

图 3-1　内蒙古自治区成矿区带划分图
(据《内蒙古自治区重要矿种区域成矿规律研究成果报告》,2013)

Ⅰ-1:古亚洲成矿域
　　Ⅱ-2:准噶尔成矿省
　　　　Ⅲ-1:觉罗塔格-黑鹰山铜、镍、铁、金、银、钼、钨、石膏、硅灰石、膨润土、煤成矿带(Ⅲ-8)
　　　　　　Ⅲ-1-①黑鹰山-小狐狸山铁、金、铜、钼、铬成矿亚带(Vm、I)

第三章　成矿区带重力场特征及其地质意义

Ⅱ-4：塔里木成矿省
　　Ⅲ-2：磁海-公婆泉铁、铜、金、铅、锌、钼、锰、钨、锡、铷、钒、铀、磷成矿带(Ⅲ-14)
　　　Ⅲ-2-①石板井-东七一山钨、锡、铷、钼、铜、铁、金、铬、萤石成矿亚带(C、V)
　　　Ⅲ-2-②阿木乌苏-老硐沟金、钨、锑、萤石成矿亚带(V)
　　　Ⅲ-2-③珠斯楞-乌拉尚德铜、金、镍、铅、锌、煤成矿亚带(Pt、V)
Ⅱ-14：华北(陆块)成矿省(最西部)
　　Ⅲ-3：阿拉善(隆起)铜、镍、铂、铁、稀土、磷、石墨、芒硝、盐类成矿带(Ⅲ-17)
　　　Ⅲ-3-①碱泉子-卡休他他金、铜、铁、钴成矿亚带(V)
　　　Ⅲ-3-②龙首山铜、镍、铁、锌、稀土、石墨、磷成矿亚带(Pt、Nh-Z、V)
　　　Ⅲ-3-③雅布赖-沙拉西别铁、铜、铂、萤石、石墨、盐类、芒硝成矿亚带(Pt、V、I、Q)
　　　Ⅲ-3-④图兰泰-朱拉扎嘎铜、盐、芒硝、石膏成矿亚带(Pt、V、Q)
Ⅰ-2：秦祁昆成矿域
　Ⅱ-5：阿尔金-祁连成矿省
　　Ⅲ-4：河西走廊铁、锰、萤石、盐类、凹凸棒石、石油成矿带(Ⅲ-20)
　　　Ⅲ-4-①阎地拉图铁、钼、镍成矿亚带(C、Vm)
Ⅰ-4：滨太平洋成矿域(叠加在古亚洲成矿域之上)
　Ⅱ-12：大兴安岭成矿省
　　Ⅲ-5：新巴尔虎右旗-根河(拉张区)铜、钼、铅、锌、银、金、萤石、煤(铀)成矿带(Ⅲ-47)
　　　Ⅲ-5-①莫尔道嘎铁、铅、锌、银、金成矿亚带(Pt、V、Y、Q)
　　　Ⅲ-5-②八大关-陈巴尔虎旗铜、钼、铅、锌、银、锰成矿亚带(Y)
　　　Ⅲ-5-③根河-甘河钼、铅、锌、银成矿亚带(Y)
　　　Ⅲ-5-④额尔古纳金、铁、锌、硫、萤石成矿亚带(V、Y)
　　　Ⅲ-5-⑤海拉尔盆地煤、油气成矿亚带(Mz)
　　Ⅲ-6：东乌珠穆沁旗-嫩江(中强挤压区)铜、钼、铅、锌、金、钨、锡、铬成矿带(Ⅲ-48)
　　　Ⅲ-6-①大杨树-古利库金、银、钼成矿亚带(Y、Q)
　　　Ⅲ-6-②罕达盖-博克图铁、铜、铅、锌、铅、银、铍成矿亚带(V、Y)
　　　Ⅲ-6-③二连-东乌珠穆沁旗钨、钼、铁、锌、铅、金、银、铬成矿亚带(V、Y)
　　Ⅲ-7：白乃庙-锡林郭勒铁、铜、钼、铅、锌、锰、铬、金、锗、煤、天然碱、芒硝成矿带(Ⅲ-49)
　　　Ⅲ-7-①乌力吉-欧布拉格铜、金成矿亚带(V)
　　　Ⅲ-7-②查干此老-巴音杭盖铁、金、钨、钼、铜、镍、钴成矿亚带(C、V、I)
　　　Ⅲ-7-③索伦山-查干哈达庙铬、铜成矿亚带(Vm)
　　　Ⅲ-7-④苏木查干敖包-二连锰、萤石成矿亚带(Vl)
　　　Ⅲ-7-⑤温都尔庙-红格尔庙铁、金、钼成矿亚带(Pt、V、Y)
　　　Ⅲ-7-⑥白乃庙-哈达庙铜、金、萤石成矿亚带(Pt、V、Y)
　　Ⅲ-8：突泉-翁牛特铅、锌、银、铜、铁、锡、稀土成矿带(Ⅲ-50)
　　　Ⅲ-8-①索伦镇-黄岗铁、锡、铜、铅、锌、银成矿亚带(V-Y)
　　　Ⅲ-8-②神山-大井子铜、铅、锌、银、铁、钼、稀土、铌、钽、萤石成矿亚带(I-Y)
　　　Ⅲ-8-③卯都房子-毫义哈达钨、铅、锌、铬、萤石成矿亚带(V、Y)
　　　Ⅲ-8-④小东沟-小营子钼、铅、锌、铜成矿亚带(Vm、Y)
　Ⅱ-13：吉黑成矿省
　　Ⅲ-9：松辽盆地石油、天然气、铀成矿区(Ⅲ-51)
　　　Ⅲ-9-①通辽科尔沁盆地煤、油气成矿亚带(Mz)
　　　Ⅲ-9-②库里吐-汤家杖子钼、铜、铅、锌、钨、金成矿亚带(Vm、Y)

Ⅱ-14：华北成矿省

 Ⅲ-10：华北陆块北缘东段铁、铜、钼、铅、锌、金、银、锰、铀、磷、煤、膨润土成矿带（Ⅲ-57）

  Ⅲ-10-①内蒙古隆起东段铁、铜、钼、铅、锌、金、银成矿亚带（Ar、Y）

 Ⅲ-11：华北陆块北缘西段金、铁、铌、稀土、铜、铅、锌、银、镍、铂、钨、石墨、白云母成矿带（Ⅲ-58）

  Ⅲ-11-①白云鄂博-商都金、铁、铌、稀土、铜、镍成矿亚带（Ar_3、Pt、V、Y）

  Ⅲ-11-②狼山-渣尔泰山铅、锌、金、铁、铜、铂、镍、硫成矿亚带（Ar_3、Pt、V）

  Ⅲ-11-③固阳-白银查干金、铁、铜、铅、锌、石墨成矿亚带（Ar_3、Pt）

  Ⅲ-11-④乌拉山-集宁铁、金、银、钼、铜、铅、锌、石墨、白云母成矿亚带（Ar_{1-2}、I、Y）

 Ⅲ-12：鄂尔多斯西缘（陆缘坳褶带）铁、铅、锌、磷、石膏、芒硝成矿带（Ⅲ-59）

 Ⅲ-13：鄂尔多斯（盆地）铀、石油、天然气、煤、盐类成矿区（Ⅲ-60）

 Ⅲ-14：山西（断隆）铁、铝土矿、石膏、煤、煤层气成矿带（Ⅲ-61）

第一节　新巴尔虎右旗-根河（拉张区）铜、钼、铅、锌、银、金、萤石、煤（铀）成矿带（Ⅲ-5）

一、地质概况

  本成矿带北西侧与俄罗斯、蒙古国接壤，北东端延入黑龙江省，西南延入蒙古国，东南界以伊列克得-鄂伦春断裂与东乌珠穆沁旗-嫩江铜、钼、铅、锌、金、钨、锡、铬成矿带（Ⅲ-6）为邻。本区属额尔古纳岛弧和海拉尔-呼玛弧后盆地两个三级大地构造单元，二者以得尔布干断裂带为界。

  额尔古纳岛弧发育南华系佳疙瘩组（Nhj）岛弧环境碎屑岩-中基性火山岩组合、震旦系额尔古纳河组（Ze）弧背盆地亚相碎屑岩-碳酸盐岩组合。寒武纪之后，由于海拉尔-呼玛弧后盆地的出现，其远离了扎兰屯-多宝山岛弧。除中二叠世外，其古生代大地构造相主要以陆壳性质体现。在岛弧中出露前南华纪基底地块，包括古元古代岛弧兴华渡口群（Pt_1X）绿片岩-（云母）石英片岩-大理岩组合和风水山片麻岩（Pt_1Fgn）石英二长质-花岗质片麻岩组合。

  海拉尔-呼玛弧后盆地位于额尔古纳岛弧与东乌旗-多宝山岛弧之间，北东向展布，其初始裂开于中元古代，南华纪—震旦纪时期，额尔古纳岛弧与东乌旗-多宝山岛弧还紧挨在一起，在新元古代晚期—寒武纪逐渐裂开，在吉峰林场、环宇、环二库、稀顶山北东向分布有蛇绿混杂岩。沉积了早—中奥陶世海相火山岩、复理石建造，泥盆纪为陆源碎屑沉积建造及海相中-酸性火山岩建造，早石炭世早期为海相基性火山岩-沉积建造，晚期为陆源碎屑岩、碳酸盐岩夹凝灰岩的沉积建造。

  本成矿区带内，中生代受鄂霍次克洋、古太平洋俯冲及其后的伸展作用影响，形成断陷盆地和断隆构造格局，强烈的基性—中酸性火山喷发和花岗质岩浆侵入使其成为大兴安岭西坡火山岩带的一部分，形成大面积分布的含煤碎屑岩建造、中酸性火山岩建造。

  区内吕梁期、晋宁期、海西期、印支期及及燕山期构造岩浆活动强烈。吕梁期为花岗岩组合，岩石类型为辉长岩、闪长岩、石英闪长岩、花岗闪长岩组合，为低钾钙碱性石系列；晋宁期花岗岩为同造山环境形成的巨斑状黑云母二长花岗、正长花岗岩组合，为高钾钙碱性岩石系列；印支期花岗岩为后碰撞-同碰撞花岗闪长岩-二长花岗岩组合；燕山期为陆内造山环境下形成的二长花岗岩-正长花岗岩-钾长花岗岩组合，为高钾钙碱性花岗岩-偏碱性花岗岩系列。

  区内构造最为重要的是北北东向的得尔布干深断裂带，其不仅控制本区的不同时代地质单元的分布,而且与燕山期成矿有极为密切的关系。

本成矿带的铜(钼)、银、铅、锌、金的成矿主要与侏罗纪—早白垩世火山-深成岩相关,但不同的前中生代基底,形成不同的矿种,因此,可以认为中生代的岩浆活动有效地提高了成矿元素的富集程度;得尔布干深断裂派生的北西向构造带是该区域矿床的定位空间;中生代火山盆地中的局部前中生代隆起及隆起区中的坳陷盆地边缘往往是形成矿床的有利部位。

该成矿区带南界基本与重力推断的北东向鄂伦春-伊列克得断裂(F蒙-02004)对应,带内以北北东向得尔布干断裂(F蒙-02002)为界,其北西侧划分两个Ⅳ级成矿区带:Ⅲ-5-①莫尔道嘎铁、铅、锌、银、金成矿亚带(Pt、V、Y、Q),Ⅲ-5-②八大关-陈巴尔虎旗铜、钼、铅、锌、银、锰成矿亚带(Y);南东侧划分3个Ⅳ级成矿区带:Ⅲ-5-③根河-甘河钼、铅、锌、银成矿亚带(Y),Ⅲ-5-④额尔古纳金、铁、锌、硫、萤石成矿亚带(V、Y),Ⅲ-5-⑤海拉尔盆地煤油气成矿亚带(图3-2),下面分述之。

1. Ⅲ-5-①莫尔道嘎铁、铅、锌、银、金成矿亚带(Pt、V、Y、Q)

该成矿亚带是前寒武纪结晶基底、古生代岩浆岩的隆起区,侏罗系和白垩系分布于其南部边缘。

矿产以金矿、铅锌矿为主,少量铁矿,成矿时代为燕山期和海西期。在邻省与该成矿远景区相邻地区发现了赋存于侏罗纪细碎屑岩层内的大型金矿床;在额尔古纳河西侧(俄罗斯境内)有数个大型矽卡岩型铜、金矿。因而中生代构造和火山岩特征表明该区具有良好的金、铜成矿地质条件,是寻找铜、金大中型矿床的远景地区。近年,在该亚带北部发现多处赋存于海西期花岗岩及南华系佳疙瘩组中的热液型铁矿。

2. Ⅲ-5-②八大关-陈巴尔虎旗铜、钼、铅、锌、银、锰成矿亚带(Y)

该成矿亚带通称得尔布干成矿带南带,以得尔布干深断裂与陈巴尔虎旗-根河金、铁、锌、萤石成矿亚带(大兴安岭中段成矿带)相邻。主要出露南华系佳疙瘩组火山-沉积岩建造。震旦系额尔古纳河组属碳酸盐岩浊积岩组合。还较多的出露海西晚期的侵入岩。中生代火山岩、碎屑岩大面积分布。古生代隆起与中生代火山沉积盆地基本上呈北西向相间分布的格局。

北东向展布的得尔布干深断裂控制了该成矿带的构造、岩浆活动。由深断裂派生的北西向断隆和坳陷构造控制铜、钼、铅、锌、银矿床的分布。铜、钼、铅、锌、银成矿与燕山期超浅成-浅成火山-侵入杂岩有密切的成因关系,如乌努格吐山铜钼矿、甲乌拉铅锌矿等。该成矿带已发现斑岩型铜钼大型矿床1处,中小型矿床2处;铅、锌、银矿大型矿床2处,中型矿床2处,小型矿床1处;银矿大型矿床1处。

3. Ⅲ-5-③根河-甘河钼、铅、锌、银成矿亚带(Y)和Ⅲ-5-④额尔古纳金、铁、锌、硫、萤石成矿亚带(V、Y)

Ⅲ-5-③(Y)、Ⅲ-5-④(V、Y)成矿亚带南北相邻,以得尔布干深断裂F蒙-02002为界,其北西侧为得尔布干多金属成矿带。得尔布干断裂带使该区在中生代成为火山坳陷盆地,但盆地中有隆起。盆地基底为古元古界兴华渡口岩群、南华系佳疙瘩组。另外在Ⅲ-5-③成矿亚带组成基底的地层还有中—上泥盆统,岩性组合为火山-碎屑岩沉积建造。该区域燕山期构造岩浆活动强烈,中生代火山岩及侵入岩发育,多形成与燕山期浅成斑岩体有关的斑岩型矿床,如岔路口斑岩型钼矿床。在Ⅱ-5-④成矿亚带组成基底的地层还有下石炭统莫尔根河组,岩性组合为中基性—中酸性火山岩及其碎屑岩,赋存有与古生代海相火山-沉积作用有关的铁锌矿、硫铁(铜)矿床。中生代火山岩发育,并已发现四五牧场火山隐爆角砾岩型金矿床和热液型萤石矿床。

4. Ⅲ-5-⑤海拉尔盆地煤、油气成矿亚带(Mz)

该成矿亚带主体构造格局为北东向断裂构造控制的中—新生代陆相含煤盆地,盆地基底物质组成为泥盆纪—石炭纪变质地层和海西期、燕山期花岗岩。盆地为在中生代陆相火山喷发盆地基础上发展起来的陆相坳陷盆地。区域成矿以沉积成矿为主,能源矿产煤及铀矿产主要赋存于下白垩统大磨拐河组中,主要矿床有伊敏煤田和宝日希勒煤田。

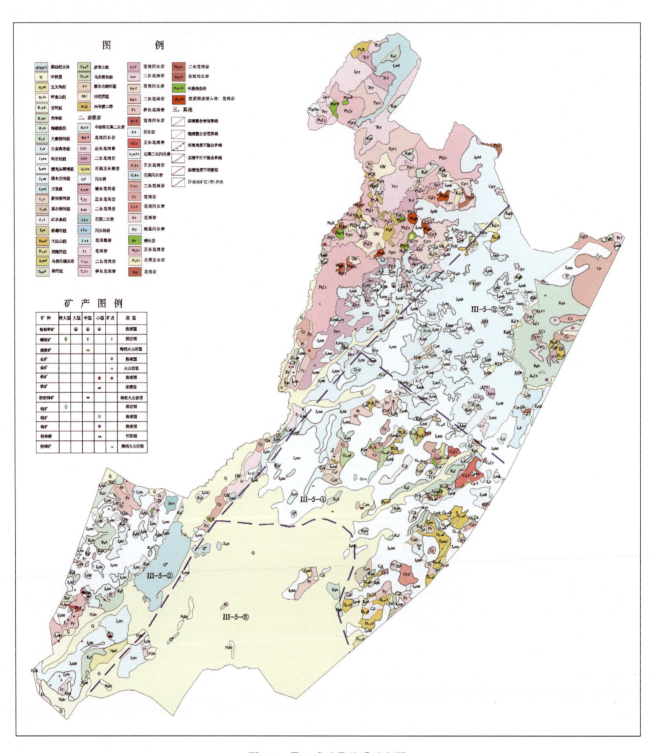

图 3-2　Ⅲ-5 成矿带地质矿产图

二、区域成矿模式及成矿谱系

本成矿区带跨了两个三级构造单元即额尔古纳岛弧(Pt_3)和海拉尔-呼玛弧后盆地(O—C)。海拉尔-呼玛弧后盆地在石炭纪时期扩张最为强烈,形成海相火山岩型铁锌矿(谢尔塔拉)、铜硫矿(六一),至二叠纪末,弧后盆地消亡,形成与俯冲消减作用形成的中酸性侵入岩有关的铁矿。燕山期本区处于鄂霍次克洋、古太平洋俯冲消减环境,早期由于鄂霍次克洋的俯冲作用,在成矿带的北侧乌努格吐山-八大关地区形成斑岩型铜钼矿,晚期处于相对伸展环境,形成前中生代基底隆起与中生代火山沉积盆地相间的格局,形成与火山侵入杂岩有关的钼铅锌银金矿床。

新巴尔虎右旗三级成矿带依据区内矿床及矿点成矿特征分别建立了海西期与基性—中酸性岩浆活动有关的铁锌铜硫矿床区域成矿模式及与燕山期中酸性火山-侵入岩浆活动有关的铜钼金银铅锌多金属矿床区域成矿模式及成矿谱系,分别见图3-3、图3-4、图3-5。

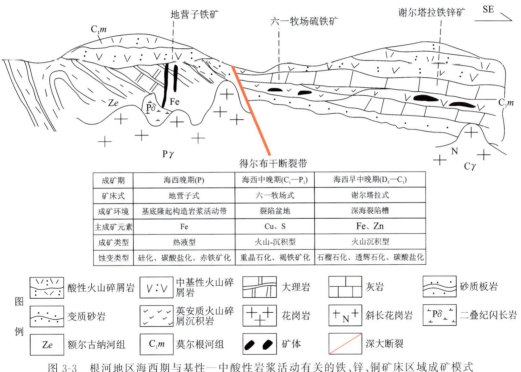

图3-3 根河地区海西期与基性—中酸性岩浆活动有关的铁、锌、铜矿床区域成矿模式
(据《内蒙古自治区重要矿种区域成矿规律研究成果报告》,2013)

三、重力场特征及推断地质构造成果

该区域大部分地区已完成1:20万区域重力测量。

区内重力异常总体展布方向受区域构造控制,呈北东向。北段异常等值线较疏,局部重力异常形态不规则,场值$(-105 \sim -58) \times 10^{-5} m/s^2$;南段异常等值线密集,梯度较陡,重力高与重力低呈窄条状相间分布,场值$(-115 \sim -32) \times 10^{-5} m/s^2$,在剩余重力异常图上表现为北东向正负异常相间分布的特点,表明该区基底岩系在其形成过程中,受到北西-南东方向的强烈挤压作用,形成北东向紧密线性褶皱。该区域重力异常等值线多处呈线性密集展布或同向扭曲,重力异常轴向发生明显错断,由此推断重

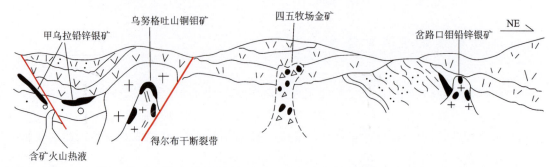

成矿年代(Ma)	140±11.0	180.6±2.7	146.8	146.96±0.79
矿床式	甲乌拉式	乌努格吐山式	四五牧场式	岔路口式
岩浆岩性质	石英二长斑岩	二长岗斑岩	英安玢岩	石英斑岩、花岗斑岩
主成矿元素	Pb Zn Ag	Cu Mo	Au Cu	Mo Pb Zn Ag
成矿温度(℃)	390~250 250~138	420~350	330	
成矿压力(bar)	1800	3600	450	
矿床类型	火山热液型	斑岩型	隐爆角砾岩型	斑岩型

图 3-4　新巴尔虎右旗拉张区与燕山期中酸性火山-侵入岩浆活动有关的铜钼金银铅锌多金属矿床区域成矿模式
（《内蒙古自治区重要矿种区域成矿规律研究成果报告》，2013）

力异常等值线密集带、同向扭曲部位为断裂构造，这正是对区内极其发育的北东向、北西向断裂构造的客观反映（图 3-6 至图 3-8）。

1. Ⅲ-5-①莫尔道嘎铁、铅、锌、银、金成矿亚带（Pt、V、Y、Q）

该成矿亚带于区域重力高异常区叠加有不规则面状分布的重力低异常，剩余重力异常图上，负异常成片成带分布，正异常零星呈串珠状展布。在牛尔河镇—西牛河镇一带及西牛河镇以北沿国境线一带、得尔布干以西一带形成局部重力高值区。该区域大面积出露中酸性侵入岩，其间零星出露古元古界兴华渡口岩群、新元古界佳疙瘩组，沿得尔布干断裂附近火山岩成片分布。反映了该区是一个元古宙基底的隆起区，受北东向深大断裂影响，岩浆岩活动强烈，形成规模较大的侵入岩及火山沉积盆地，对应成片成带分布的重力低异常，局部重力高为元古宙基底块体（图 3-6 至图 3-8）。

该成矿亚带铁铅锌金矿床、矿点主要位于布格重力异常边部梯级带上，剩余重力正异常边部或正负异常交替带上。在成矿亚带北段的金铅锌银矿主要位于以元古宇为基底的断隆区边缘，南段的铁矿则位于以古生界为基底的断隆区边缘。该区域 G 蒙-6、G 蒙-10、G 蒙-15 剩余重力异常为推断的半隐伏元古宙基底隆起区，在其边部应注意金铅锌银矿的寻找。G 蒙-44 为推断的半隐伏古生代地层隆起区，在其异常边部区域应注意铁多金属矿的寻找。

2. Ⅲ-5-②八大关-陈巴尔虎旗铜、钼、铅、锌、银、锰成矿亚带（Y）

该成矿亚带紧邻得尔布干断裂西侧，形成该区域较醒目的呈北东向带状延伸的重力高值区，对应形成剩余重力正异常，伴有航磁正异常。地表局部地段有新元古界佳疙瘩组出露，显然重磁异常与元古宙基底隆起及沿深大断裂基性物质富集有关，推断该区域可能有隐伏基性—超基性岩体。该区域化探以 Cu、Mo、Ag、Au、Cd 多金属组合元素异常为主，矿床以铜钼金属矿为主，矿床（点）均位于重力异常边部梯级带上或转弯处。该隆起带对应的剩余重力异常编号为 G 蒙-68、G 蒙-131，异常边部应是成矿有利地段。

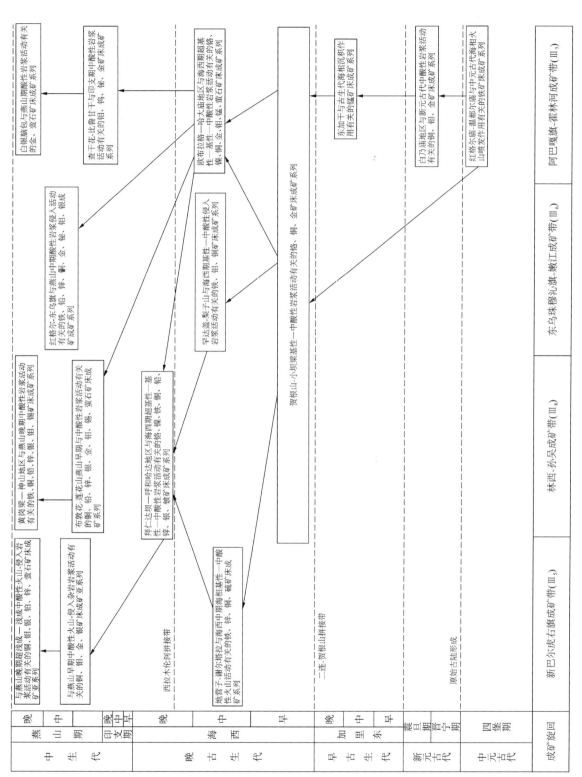

图 3-5 大兴安岭成矿省Ⅲ级成矿带成矿谱系图

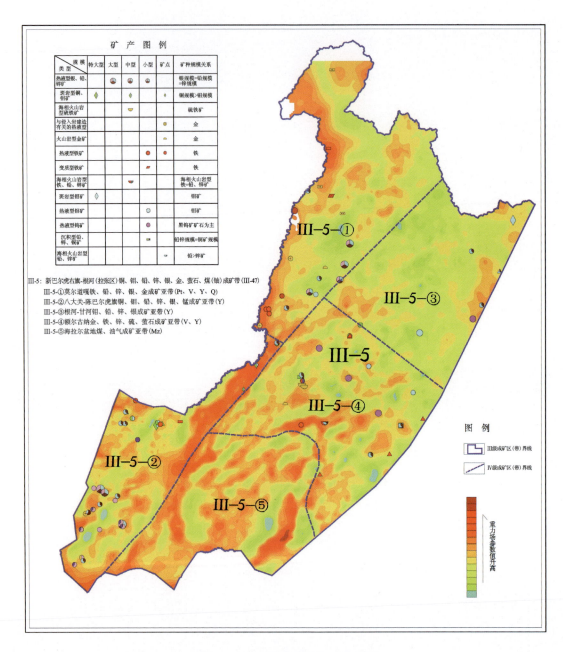

图 3-6 Ⅲ-5 成矿带区域重力异常图

元古宙隆起区西侧局部重力高异常多呈北东向窄条状或带状展布,梯度变化大,其间局部重力低异常范围较大,呈带状或不规则面状展布。剩余重力异常图上表现为窄条状或串珠状正异常分布于负异常区,负异常多呈宽缓形态不规则状,部分负异常呈条带状,边部等值线密集。该区域地表以晚侏罗世火山岩为主,局部有震旦纪、早寒武世及晚古生代地层出露,中酸性侵入岩广泛发育。反映了该区是一个新元古代—古生代基底隆起区,局部重力低异常主要由中酸性侵入岩和火山岩沉积盆地引起,火山盆地对应的多是条带状剩余重力负异常。区内北东向、北西向断裂构造发育。该区域铜、钼、铅、锌、银、锰多金属矿多位于局部重力高异常边部梯级带上,受次一级的北东向、北西向构造控制明显。

G蒙-55、G蒙-83、G蒙-110、G蒙-115、G蒙-127 为重力推断的半隐伏新元古代、古生代基底隆起区,在重力异常边部注意多金属矿的寻找。

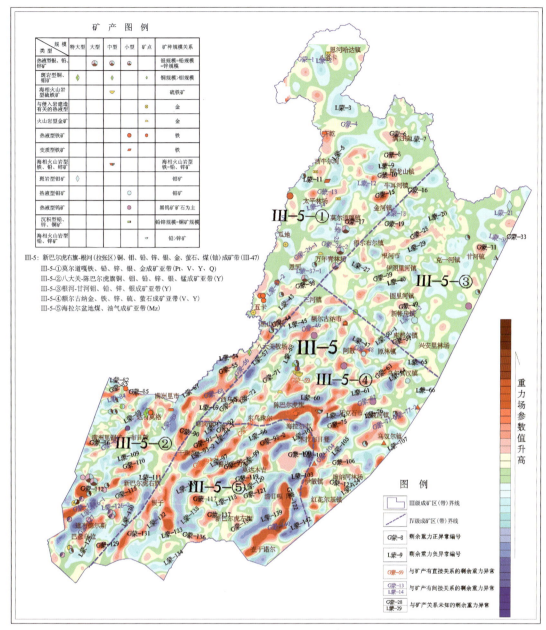

图 3-7 Ⅲ-5 成矿带剩余重力异常图

3. Ⅲ-5-③根河-甘河钼、铅、锌、银成矿亚带(Y)和Ⅲ-5-④额尔古纳金、铁、锌、硫、萤石成矿亚带(V、Y)

该区域重力异常表现为相对高值区,变化幅度较小,场值一般为$(-95\sim-70)\times10^{-5}$ m/s^2。在相对平稳的重力场区,形成多处局部重力异常,异常形态较杂乱。剩余重力负异常成片成带分布,正异常范围较小。地表以晚侏罗世火山岩为主,局部有元古宙、古生代地层出露,其间北东向断裂发育。以上特征反映该区前古生代基底凹凸相间、以凹陷为主的特点。低凹处形成火山岩盆地,对应重力低异常,凸起处为元古宙、古生代地层隆起区,对应重力高即剩余重力正异常,局部地段因断裂活动使等值线发生同向扭曲或轴向错动。已知矿点多位于剩余重力正异常边部梯级带或转弯处,部分钼多金属矿位于剩余重力负异常的边部梯级带上。

Ⅲ-5-③成矿亚带多形成与燕山期浅成斑岩体有关的斑岩型矿床,如岔路口斑岩型钼矿床;Ⅲ-5-④成矿亚带赋存有与古生代海相火山-沉积作用有关的铁锌矿、硫铁(铜)矿床。该区中生代火山岩发育,

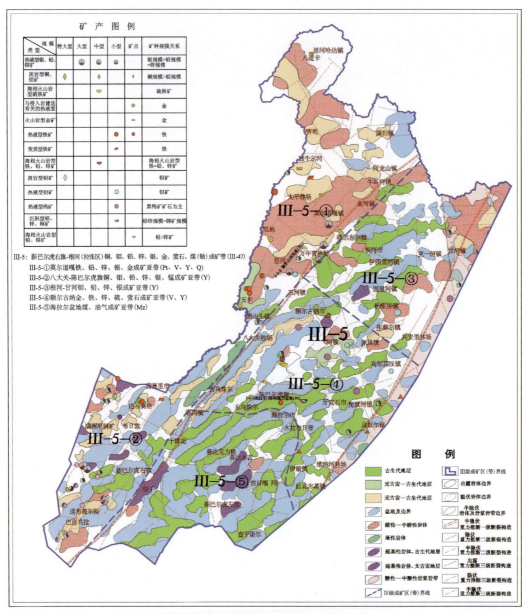

图 3-8　Ⅲ-5 成矿带重力推断地质构造图

目前发现四五牧场火山隐爆角砾岩型金矿床和热液型萤石矿床。

综上所述认为,该区域在 G 蒙-48、G 蒙-46、G 蒙-59、G 蒙-62、G 蒙-77-1、G 蒙-77-2、G 蒙-73-1 为重力推断的半隐伏元古宇、古生界隆起区,在异常边部转弯处、梯级带部位、正负异常交替带上,应注意铁铅锌金等矿产的寻找,在 L 蒙-50-2、G 蒙-48 异常的边部要特别注意钼多金属矿的寻找。G 蒙-62 异常边部特别注意萤石矿床的寻找。

4. Ⅲ-5-⑤海拉尔盆地煤、油气成矿亚带(Mz)

该区域属海拉尔盆地,深部对应幔隆区,所以布格重力异常值相对周边地区总体较高。布格重力异常特征又明显受盆地制约,从外到内呈降低趋势,边部及外围附近重力高,盆地中央相对较低。最高值边部为 -40×10^{-5} m/s², 中央为 -60×10^{-5} m/s²。盆地边缘向内重力异常高低呈条带状相间分布,梯度变化较大,等值线密集,最大变化梯度为每千米 7×10^{-5} m/s², 一般 $(2\sim5)\times10^{-5}$ m/s², 场值一般为 $(-98\sim-32)\times10^{-5}$ m/s²。盆地中央布格重力异常等值线较宽缓稀疏,变化梯度小,场值为 $(-90\sim$

$-60)\times 10^{-5}\text{m/s}^2$。对应的剩余重力异常特征：边部条带状正负异常相间分布，梯度变化大，中央区域宽缓的剩余重力正异常呈半环状围绕中间的负异常分布。该区域是在中生代陆相火山喷发基础上发展起来的陆相坳陷盆地，地表第四系广布，盆地基底物质组成为泥盆纪—石炭纪变质地层和海西期、燕山期花岗岩。前述重力场特征正是盆地基底构造的客观反映：盆地边部基底起伏变化较大，可能是受区域北西-南东方向的强烈挤压作用，形成隆坳相间的格局，以致形成高低相间分布且梯度变化较大的重力场分布特征。盆地中央基底相对稳定，但重力场值总体较边部明显下降。

该区域呈窄条状展布且边部等值线密集的负异常区及盆地中央区域应是盆地基底的坳陷区，亦是中新生代沉积厚度较大的区域，这些区段边部被认为是寻找能源矿产（煤及铀矿等）的重点地区。

区内推断地质构造成果见图3-8及表3-1。

表3-1 Ⅲ-5成矿带重力推断地质构造成果统计表

推断地质体	数量(个)	出露情况 隐伏	半隐伏	出露	合计	
地层	元古宇—太古宇	1	无	无	1	73
	元古宇	20	1	9	30	
	元古宇—古生界	无	2	无	2	
	古生界	无	40	无	40	
岩体	酸性—中酸性岩体	无	12	13	25	40
	基性—超基性岩体	9	2	4	15	
断裂		182	60	18	260	
盆地		66			66	

第二节 东乌珠穆沁旗-嫩江（中强挤压区）铜、钼、铅、锌、金、钨、锡、铬成矿带（Ⅲ-6）

一、地质概况

本成矿带北西界为伊列克得-鄂伦春断裂，东南界为阿荣旗-东乌旗-二连断裂，北东端进入黑龙江省，西南端延入蒙古国。大地构造属大兴安岭弧盆系、扎兰屯-多宝山岛弧（图1-10），是一个以奥陶纪和泥盆纪岛弧为优势构造相的构造单元（习惯称之为西伯利亚南东古生代陆缘增生带）（图3-9）。

古元古代围绕陆核周边发育大陆边缘沉积环境，沉积了类绿岩兴华渡口群，1800Ma左右的吕梁运动，使兴华渡口群和陆核进一步固结，扩大为原始古陆。600Ma左右扩张运动拼合于西伯利亚地块东南边缘。早寒武世大陆边缘下沉为大陆斜坡沉积环境，沉积了砂泥质岩和碳酸盐岩，末期成陆，缺失中、晚寒武世地层。早奥陶世原始古陆边缘裂解、离散，古亚洲洋形成。早—中奥陶世本区处于岛弧构造环境，但各地段沉积环境不同，岛弧前缘沉积了海相复理石建造，而岛弧区沉积了岛弧型火山岩及火山复理石建造。晚奥陶世成陆，而缺失早、中志留世地层。晚志留世本区复又下沉为大陆棚环境，沉积了浅海近岸相砂泥质岩。由于东南侧二连-贺根山洋壳向北西俯冲,本区喜桂图—鄂伦春自治旗一带处于弧后盆地环境,随着洋壳的不断俯冲,盆地下陷加剧,引发了强烈的中泥盆世晚期、晚泥盆世早期的基性—酸性火山喷发沉积作用。而二连—东乌旗—忠工屯一带为大陆前弧环境,沉积中泥盆世晚期—晚泥盆世早期的造山期磨拉石建造。随着贺根山洋盆消亡,陆陆碰撞成山,并伴随大规模花岗质岩浆侵入。蛇绿岩套的超镁铁质岩中发生有铬铁矿成矿作用,与基性火山岩相关的金、铜成矿作用。

二连—东乌旗—扎兰屯一带有强烈的陆相或海陆交互相火山喷发活动。海西中、晚期花岗质岩浆侵入活动强烈,成为中亚造山期后钙碱性花岗岩带的一部分。花岗质岩体与碳酸盐岩接触形成矽卡岩型铁、铜、锌、钼、铅矿床。

三叠纪开始,本区成为滨西太平洋构造域的一部分,进入板内造山阶段,逐渐形成断陷盆地和隆起的盆岭构造格局。侏罗纪—早白垩世早期有强烈的岩浆活动,构成了大兴安岭岩浆构造带的一部分,形成中心式火山喷发和二长花岗岩、碱性花岗岩的侵入。与燕山期花岗质岩浆相关的成矿作用有铁、铅、锌、金、铜、钨等矿种。早白垩世晚期,沉积了含煤建造。

由上述可知,本成矿带的成矿一方面与地质构造演化密切相关,另一方面古亚洲成矿域又叠加了滨西太平洋成矿域。矿床分布严格受断裂控制,五叉沟-东乌旗-查干敖包深断裂带两侧分布着不同时代、不同规模、不同类型和不同矿种的矿床,晚古生代矿床集中分布在前中生代古海盆边缘与中生代隆起带交叠部位。

1. Ⅲ-6-①大杨树-古利库金、银、钼成矿亚带(Y、Q)

该成矿亚带位于嫩江深断裂西侧,是大杨树中生代断陷盆地与落马湖隆起过渡区。区内出露地层主要有古元古界兴华渡口岩群,泥盆系泥鳅河组、大民山组,石炭系红水泉组及中生代陆相中基性及酸性火山岩。侵入岩为海西期及燕山期花岗岩。该亚带西侧为基底隆起区,东侧为中生代晚侏罗世—早白垩世火山盆地。该区与邻省呼玛金矿集中区相邻,或是其一部分,在区域上构成了一条北东向分布的金银成矿带。区域上已发现古利库浅成低温金(银)矿床。

2. Ⅲ-6-②罕达盖-博克图铁、铜、钼、锌、铅、银、铍成矿亚带(V、Y)

该区出露地层主要有古元古界兴华渡口岩群,新元古界佳疙瘩组,奥陶纪火山-沉积地层,泥盆系泥鳅河组、大民山组,石炭系—二叠系格根敖包组、宝力高庙组。侵入岩总体是在加里东岛弧带基底上发育起来的海西期构造岩浆带,并在中生代进入滨西太平洋活动大陆边缘构造发育阶段,而发育中生代火山-深成岩。新元古代和古生代碳酸盐岩、钙质粉砂岩是该区铁多金属矿床的容矿岩石,与成矿有关的岩浆岩有:海西期石英闪长岩,正长花岗岩和黑云母花岗岩;燕山期黑云母花岗岩。这些与成矿相关的酸性岩浆以钙碱性为主,已知的矿床类型有接触交代型和热液型,且以接触交代型矿床为主。如海西期的罕达盖矽卡岩型铁铜矿、梨子山矽卡岩型铁钼矿床;燕山期巴林热液型铜锌矿床、二道河热液型铅锌银矿床,从而构成一个以海西期和燕山期接触交代型及热液型为主的铁、铅、锌、钼多金属成矿带。

3. Ⅲ-6-③二连-东乌珠穆沁旗钨、钼、铁、锌、铅、金、银、铬成矿亚带(V、Y)

该区出露地层主要有奥陶纪火山-沉积地层,泥盆系泥鳅河组、塔尔巴格特组、安格尔音乌拉组,石炭系—二叠系格根敖包组、宝力高庙组。侵入岩总体是在加里东期岛弧带基底上发育起来的海西期构造岩浆带,并在中生代进入滨西太平洋活动大陆边缘构造发育阶段,而发育中生代火山-深成岩。古生代奥陶系、泥盆系是区域重要的矿源层,也是铁、铅锌、铜矿的主要赋矿围岩。该成矿亚带主要成矿期为海西期和燕山期。与海西期成矿的岩浆岩主要有超基性岩、花岗闪长岩等,如赫格敖拉铬矿、准苏吉花钼矿等,矿床类型有岩浆型、热液型及海相火山岩型。燕山期是另一个重要成矿期,成矿与花岗岩、火山次火山作用有关,类型主要有斑岩型、接触交代型和热液型,如朝不楞矽卡岩型铁多金属矿床,乌兰德勒斑岩型铜钼矿、阿尔哈达热液型铅锌矿等。

二、区域成矿模式

本区是一个以奥陶纪和泥盆纪岛弧为优势构造相的构造单元,中生代为陆内发展阶段。成矿作用主要发生在海西期和燕山期。

晚古生代,由于二连-贺根山洋的持续向北西消减,形成北东向岛弧岩浆岩带,在岛弧中酸性侵入岩与奥陶纪地层接触的有利部位形成接触交代型铁铜、铁钼矿床(梨子山),并形成与岛弧火山作用有关的铜金矿床(小坝梁)。早二叠世洋盆消亡,蛇绿岩构造侵位,形成与超基性岩有关的铬铁矿。

燕山期处于滨太平洋构造域,构造岩浆活动强烈,形成与火山侵入杂岩有关的铁、铅锌、钨钼及铜矿。

该成矿带横亘于内蒙古自治区北部及东部,东西全长大于1200km,近年矿产勘查有很大突破,是极具找矿前景的成矿区带之一,根据本区地质背景及区域成矿特征,分别建立了与海西期超基性—基性—中酸性岩浆活动有关的铬、铁、铜、金、钼矿床区域成矿模式,及与燕山期中酸性岩浆活动有关的钨、钼、铋、铁、金、萤石矿床区域成矿模式(图3-10,图3-11)。

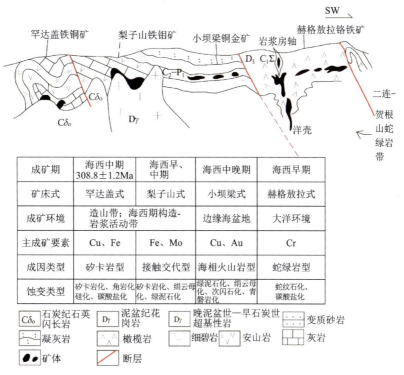

图3-10 东乌珠穆沁旗-嫩江与海西期超基性—基性—中酸性岩浆活动有关的铬、铁、铜、金、钼矿床区域成矿模式
(《内蒙古自治区重要矿种区域成矿规律研究成果报告》,2013)

三、重力场特征及推断地质构造成果

Ⅲ-6区东部(Ⅲ-6-①、Ⅲ-6-②成矿亚带所在区域)编图数据大部分为1:100万区域重力测量成果。西部区(Ⅲ-6-③成矿亚带)全部为1:20万区域重力测量成果。

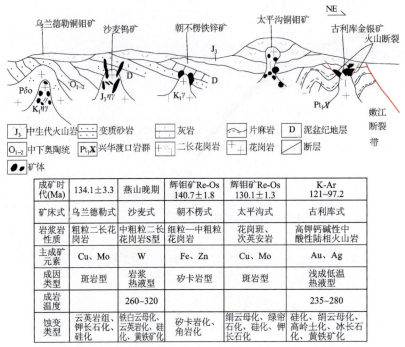

图 3-11 东乌珠穆沁旗-嫩江与印支期、燕山期中酸性岩浆活动有关的钨、钼、铋、铁、金、萤石矿床区域成矿模式
(《内蒙古自治区重要矿种区域成矿规律研究成果报告》,2013)

该区域由西至北东,布格重力异常呈明显的升高趋势,其值为$(-160\sim-4)\times10^{-5}\text{m/s}^2$。异常总体走向由北东转为北北东,受区域构造二连-东乌珠穆沁旗 F 蒙-02006 控制。东北部Ⅲ-6-①区,布格重力异常值较高,是内蒙古全区重力值最高的区域,极大值为$-4.26\times10^{-5}\text{m/s}^2$,一般在$(-30\sim-10)\times10^{-5}\text{m/s}^2$之间,为幔隆区。与其紧邻的Ⅲ-6-②区,北东段为大兴安岭梯级带的北段,等值线密集,呈北北东向展布,变化率为每千米$(1\sim2)\times10^{-5}\text{m/s}^2$,为幔坡区。该区域布格重力异常总体变化趋势受地幔深度变化及区域构造活动的影响,但局部异常主要是因壳内地质体密度不均匀引起。

不同成矿亚带表现为不同的重力场特征,下面分述之(以下各成矿区带重力场特征及解释推断成果见图 3-12 至图 3-14)。

1. Ⅲ-6-①大杨树-古利库金、银、钼成矿亚带(Y、Q)及Ⅲ-6-②罕达盖-博克图铁、铜、钼、锌、铅、银、铍成矿亚带(V、Y)

Ⅲ-6-①、Ⅲ-6-②多金属成矿亚带所在区域,由于重力工作程度较低,重力场总体变化趋势受地幔起伏及规模较大的构造活动制约,局部重力异常或剩余重力异常只能在一定程度上反映浅部基底起伏变化的趋势。北东向重力梯级带是地幔坡及大兴安岭岭脊断裂的综合反映,在其两侧布格重力异常等值线多处发生扭曲,推断为次一级断裂构造引起(图 3-12)。该区域属大兴安岭岩浆构造带的一部分,Ⅲ-6-①区地表大部分为中生代陆相沉积岩及中酸性火山岩,Ⅲ-6-②区则大面积分布中生代侵入岩及火山岩,因此这两个成矿亚带所在区域剩余重力异常多为平缓的负异常区。局部的正异常多与古生代及前古生代基底局部隆起有关。

在Ⅲ-6-②多金属成矿亚带南段,为一区域性的重力低值区,呈不规则面状,位于大兴安岭梯级带西侧,为幔凹区,亦是大型构造岩浆岩带。已发现的金属矿(点)床多位于该低值区边部等值线相对密集的凹凸部位及北东向梯级带的扭曲部位,也即位于幔凹区和西倾的幔坡带局部变异扭曲部位。该区域应

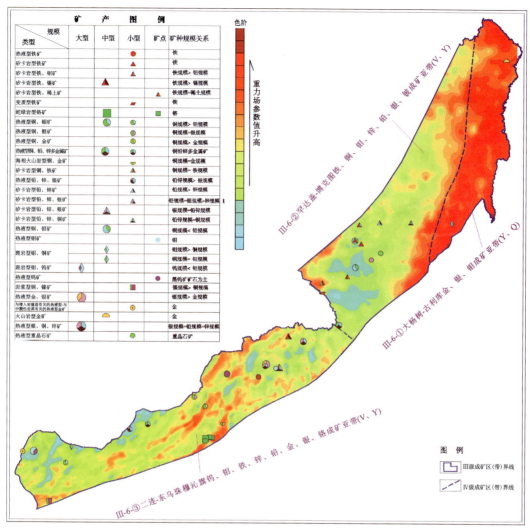

图 3-12　Ⅲ-6 成矿带区域重力异常图

是重要的多金属矿找矿远景区,尤其要注意布格重力异常等值线发生扭曲或变形的部位。

2. Ⅲ-6-③二连-东乌珠穆沁旗钨、钼、铁、锌、铅、金、银、铬成矿亚带(V、Y)

该区域经历了古陆扩张、陆缘下沉、裂解、洋壳俯冲、陆陆碰撞等构造活动,形成了复杂而多元的基底构造(见前述地质概况),以致该区域重力场特征复杂而多变。布格重力异常总体受区域构造控制。该区域西部重力异常与区域构造线方向一致,呈北东东向,东部明显偏离区域构造线方向转为北北东向。这一特征可能与所谓的西伯利亚板块左旋运动有关。该区域布格重力值一般为$(-160\sim-90)\times 10^{-5}\mathrm{m/s^2}$,由西向东呈增高的趋势。局部重力异常形态复杂,呈窄条状、蠕虫状或不规则状,局部重力异常边部等值线密集且多处发生同向扭曲或轴向错断,显然与断裂活动有关。在剩余重力异常图上(图3-13),正负相间分布的窄条状异常区分别对应基底隆起或坳陷区。等值线宽缓或呈不规则面状展布的负异常多与该区域发育的酸性侵入岩有关。在该成矿亚带南侧边缘发育于古生代地层中的超基性岩亦形成明显的剩余重力正异常。

该区域与岩浆活动有关的矿床多分布在剩余重力正负异常交替带上或正异常边部,多处矿点位于推断断裂的交会处。与超基性岩有关的铜铬镍等矿床则位于剩余重力正异常的边部梯级带部位。所以

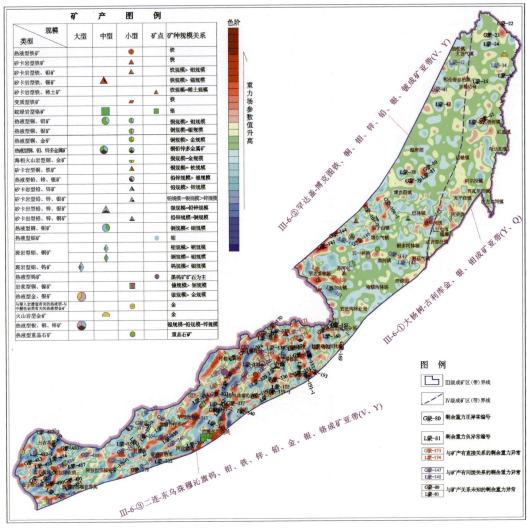

图 3-13　Ⅲ-6 成矿带剩余重力异常图

在该区域推断的隐伏、半隐伏地层与岩体的接触带部位,中酸性岩体、基性超基性岩体的边部应注意不同类型(如朝不楞铁铜多金属矿、吉林宝力格银多金属矿、沙麦钨矿、赫格敖拉镍矿等)隐伏多金属矿床的寻找。Ⅲ-6 成矿带推断成果见表 3-2 及图 3-14。

表 3-2　Ⅲ-6 重力推断地质成果统计表

推断地质体		出露情况 数量(个)	隐伏	半隐伏	出露	合计	
地层		元古宇	9	无	2	11	69
		元古宇—古生界	无	无	3	3	
		古生界	无	45	10	55	
岩体		酸性—中酸性岩体	1	18	20	39	51
		基性—超基性岩体	5	7	无	12	
断裂			199	75	21	295	
中、新生代盆地				82		82	

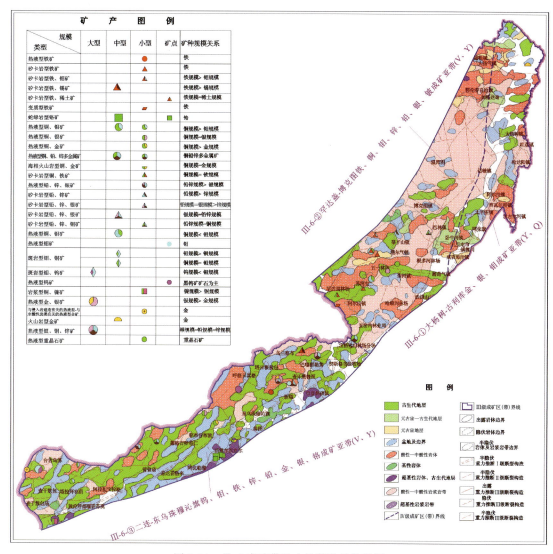

图 3-14　Ⅲ-6 成矿带重力推断地质构造图

第三节　白乃庙-锡林郭勒铁、铜、钼、铅、锌、锰、铬、金、锗、煤、天然碱、芒硝成矿带（Ⅲ-7）

一、地质概况

本区南界以华北地台北缘断裂为界，西北侧以阿尔金断裂为界，北侧为二连-贺根山断裂，东侧沿锡林浩特市—镶黄旗一线与突泉-翁牛特旗成矿带为界（图 3-15）。本区大地构造单元属大兴安岭弧盆系、索伦山-西拉木伦结合带、包尔汉图-温都尔庙弧盆系及额济纳旗-北山弧盆系等多个二级单元，跨越多个三级大地构造单元，包括哈布其特岩浆弧、巴音戈壁弧后盆地、宝音图岩浆弧及锡林浩特岩浆弧的中西段、索伦山蛇绿混杂岩带。

本区地质背景属古亚洲洋构造域,为华北陆块北部近东西向展布的巨大陆缘俯冲-碰撞造山带。其内发育复理石建造,硅质岩建造,细碧角斑岩建造,枕状熔岩、混杂堆积、磨拉石建造等板缘造山带常见的典型建造类型。

在贺根山、索伦山、温都尔庙—西拉木伦河等地带,形成多期蛇绿岩套,发育加里东期与海西期岛弧型火山岩带和多期强烈的中酸性侵入岩系。主体是以晚古生代岛弧为优势构造相的构造单元。

区内分布有宝音图、艾力格庙-锡林浩特等微地块,主要由古元古界宝音图岩群组成;中元古界温都尔庙群、新元古界白乃庙组是与洋壳俯冲形成的岛弧火山沉积岩系。

古生代是古亚洲洋演化的重要阶段,发生多期的洋壳俯冲消减事件,并形成与之相关的岛弧火山-沉积建造和侵入岩组合。早古生代(主要为奥陶纪),洋壳向南北的双向俯冲,在南侧靠近华北陆块北缘,形成包尔汉图群岛弧火山-沉积岩系及 TTG 岩系(Adakites),在北侧白音宝力道-锡林浩特形成岛弧 TTG 岩系。志留纪—泥盆纪趋于稳定陆缘沉积。

石炭纪—二叠纪洋壳持续俯冲消减,形成大石寨组岛弧火山岩及相应的侵入岩。早二叠世末,古亚洲洋闭合,进入陆内演化。至此造就了本区的古生代构造格局。

区内嵌布在古亚洲洋内的宝音图微地块、艾力格庙-锡林浩特微地块、白乃庙-温都尔庙等微地块地层中亦都赋存有与海相火山岩相关的铁、金、铜、钼等矿床,这些矿床受到了古生代成矿作用的改造。早古生代古亚洲洋开合过程中,本区处于火山岛弧环境,堆积了钙碱性火山岩,并有金、铜成矿作用。晚石炭世裂陷海槽沉降中心在本区,堆积碎屑岩、火山岩和碳酸盐岩,并有与火山岩相关的铜、金、铅、锌中二叠世裂陷海槽成矿作用,同时还有与晚石炭世侵位的超基性岩相关的铜、铬成矿作用。

本区发育有加里东期闪长岩、花岗岩及海西期花岗岩类侵入体,后者与金、铜成矿作用密切相关。

中生代形成近东西和北东向展布的断陷盆地,堆积了含煤建造,燕山期花岗岩类分布较广并与金、铜、萤石的成矿作用有着重要的关系。

1. Ⅲ-7-①乌力吉-欧布拉格铜、金成矿亚带(V)

本亚带出露地层主要有古元古界宝音图岩群片岩、片麻岩,下石炭统本巴图组火山岩、阿木山组碳酸盐岩,下二叠统双宝塘组、金塔组碎屑岩及火山岩。中生代为陆相碎屑沉积岩及中基性火山岩。侵入岩有泥盆纪—石炭纪超镁铁质-镁铁质岩、辉长岩、闪长岩及花岗岩,二叠纪、三叠纪及侏罗纪花岗岩主要分布于宝音图一带。区内构造表现为形成褶皱、断裂及韧性剪切带。该成矿亚带有热液型欧布拉格铜金矿、东德乌苏金矿,赋矿地层为石炭系本巴图组中酸性火山岩。

2. Ⅲ-7-②查干此老-巴音杭盖铁、金、钨、钼、铜、镍、钴成矿亚带(C、V、I)

该亚带位于中蒙边境,狼山北东向构造带的北东端。它是古亚洲洋中的一个由古元古界宝音图岩群组成的一个古地块,在北端有中元古界温都尔庙群浅变质岩系及古生代奥陶纪和志留纪地层分布。该区在中生代经历了滨西太平洋活动大陆边缘构造发育阶段,因而形成了一批燕山晚期成矿的金矿床及金矿点。目前已知有 3 个热液型金矿床(巴音杭盖、查干此老、图古日勒)。新发现达布逊镍矿床和查干花大型斑岩型钼钨铋矿床,赋矿地质体分别为石炭纪超镁铁质岩及三叠纪二长花岗岩-花岗闪长岩。

3. Ⅲ-7-③索伦山-查干哈达庙铬、铜成矿亚带(Vm)

该成矿亚带位于中蒙边境地区,总体位于索伦山蛇绿岩带东段,出露石炭系本巴图组、阿木山组,二叠系大石寨组、哲斯组;中生代为河湖相碎屑岩。侵入岩有泥盆纪—二叠纪蛇绿岩、二叠纪二长花岗岩及浅成斑岩体。构造以断裂和褶皱构造为主,逆冲推覆构造发育。本区成矿期主要集中于石炭纪,形成与本巴图组火山岩有关的查干哈达庙、克克齐沉积型铜矿和与蛇绿岩有关的索伦山等铬铁矿床。

4. Ⅲ-7-④苏木查干敖包-二连锰、萤石成矿亚带（Ⅵ）

本成矿亚带位于四子王旗北部。区内出露地层主要有中新元古界温都尔庙群,下石炭统本巴图组、中二叠统大石寨组及哲斯组,中生代地层主要为晚侏罗世中酸性火山岩、下白垩统大磨拐河组及上白垩统二连组碎屑岩,新生代为古近纪及新近纪陆相河湖相碎屑岩。侵入岩构成北东向构造岩浆岩带,主要为泥盆纪超基性岩、辉长岩、闪长岩、花岗闪长岩,早二叠世二长花岗岩及早白垩世花岗岩等。大石寨组板岩及火山凝灰岩中产出特大型沉积改造热液型萤石矿、与火山构造有关的火山热液型锰矿床及与超基性岩有关的镍矿床。

5. Ⅲ-7-⑤温都尔庙-红格尔庙铁、金、钼成矿亚带（Pt、V、Y）

该成矿亚带位于苏尼特右旗—阿巴嘎旗一线,出露地层有古元古界宝音图岩群、中元古界温都尔庙群桑达来呼都格组及哈尔哈达组、志留系—泥盆系西别河组、中上泥盆统色日巴彦敖包组、石炭系本巴图组及阿木山组、二叠系大石寨组及哲斯组,中生代陆相火山岩零星分布。侵入岩有石炭纪—二叠纪基性—超基性和中酸性侵入岩,三叠纪二长花岗岩、花岗闪长岩。区内北东向断裂构造发育,苏尼特左旗一带三叠纪花岗岩中韧性剪切作用显著,形成大规模的韧性变形带及与其有关的白音温都尔热液型金矿床。铁矿床的形成以中元古界温都尔庙群为赋矿围岩的海相火山岩型铁矿为主,发生了高绿片岩-低角闪岩相变质作用。铜钼矿床的形成主要与印支期—燕山期斑状花岗岩有关,代表性矿床为必鲁甘干铜钼矿。

6. Ⅲ-7-⑥白乃庙-哈达庙铜、金、萤石成矿亚带（Pt、V、Y）

该成矿亚带位于华北板块北缘深断裂北侧,出露地层有古元古代片麻岩、变粒岩;新元古界白乃庙组基性—中酸性火山岩及其碎屑岩。下古生界包尔汉图群、西别河组,上古生界本巴图组、阿木山组、三面井组等。晚侏罗世酸性火山岩及其碎屑岩零星分布。岩浆活动强烈,从中元古代—中生代均有不同程度的火山沉积地层,古生代及中生代侵入岩发育。该区构造呈东西向展布,而控制该区成矿的断裂构造为白乃庙-镶黄旗断裂,其与北东向断裂交会处,则往往是成矿的有利部位。目前该区已知的代表性矿床有毕力赫斑岩型金矿、白乃庙斑岩型铜钼矿、别鲁乌图块状硫化物型铜硫矿床。

二、区域成矿模式

本区成矿最早可以追溯到古元古代,含矿岩系为宝音图岩群,成矿与海底火山沉积变质作用有关,目前仅发现一些BIF型铁矿点;中元古代在大陆边缘海盆形成与海相火山作用有关的铁矿;新元古代早期在白乃庙地区形成与洋壳俯冲形成火山侵入岩系有关的铜钼矿床;古生代之后,本区进入古亚洲洋演化阶段,晚古生代在华北北部陆缘增生带、锡林浩特-艾力格庙南缘增生带形成与洋壳俯冲作用有关的岛弧火山-沉积岩系和岛弧侵入岩（TTG岩系）,与之相伴形成海相火山岩型铜矿、热液型铜金矿、锰矿及萤石矿、岩浆型镍矿等;晚古生代末,古亚洲洋闭合,洋壳岩石组合构造侵位,形成蛇绿岩型铬铁矿;中生代进入陆内伸展（后造山）阶段,形成与陆壳重熔有关的中酸性侵入岩,相伴产出有斑岩型钼矿、金矿等。结合区内不同矿种典型矿床综合研究,初步建立本区不同成矿期区域成矿模式,分别如图3-16和图3-17所示。

三、重力场特征及推断地质构造成果

Ⅲ-7白乃庙-锡林郭勒铁、铜、钼、铅、锌、锰、铬、金、锗、煤、天然碱、芒硝成矿带所在区域重力场以狼

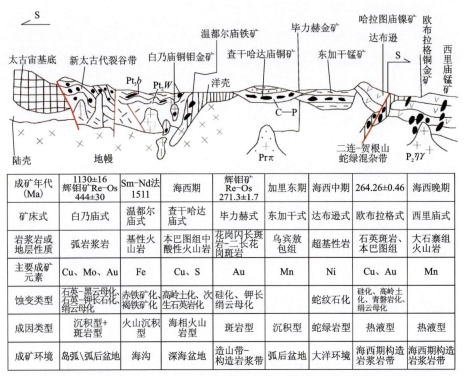

图 3-16 白乃庙-锡林浩特与中新元古代、海西期超基性—基性—中酸性岩浆活动有关的铁、铜、钼、金、镍、锰、硫矿床区域成矿模式(《内蒙古自治区重要矿种区域成矿规律研究成果报告》,2013)

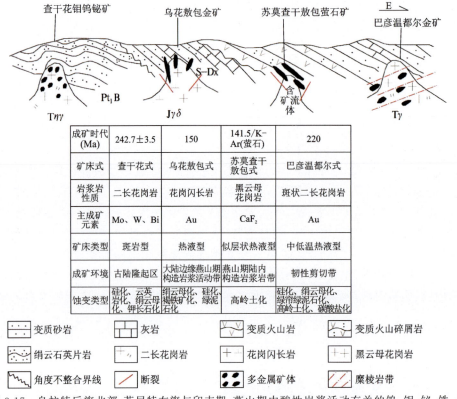

图 3-17 乌拉特后旗北部-苏尼特左旗与印支期、燕山期中酸性岩浆活动有关的钨、钼、铋、铁、金、萤石矿床区域成矿模式(《内蒙古自治区重要矿种区域成矿规律研究成果报告》,2013)

山-贺兰山北东向梯级带为界。梯级带以西重力异常由近东西转为北西,重力值由$-148\times10^{-5}\text{m/s}^2$降至$-214\times10^{-5}\text{m/s}^2$;梯级带部位变化梯度$(1\sim2)\times10^{-5}\text{m/s}^2/\text{km}$;梯级带以东地区,重力主体异常呈近东西向展布,局部异常呈北东向,其值一般为$(-190\sim-160)\times10^{-5}\text{m/s}^2$。狼山-贺兰山北东向梯级带与宝音图断裂(也称迭布斯格断裂)F蒙-02035-(23)对应。该区域3处规模较大且醒目的局部重力低,均与伴随深大断裂而产生的岩浆活动有关:梯级带以西面状展布的重力低值区,岩浆活动受巴丹吉林断裂F蒙-02031-(8)、喇嘛井-雅不赖断裂F蒙-02027控制;梯级带以东北侧呈北东向带状展布的重力低值区,岩浆活动受宝音图断裂F蒙-02035-(23)控制;南侧呈近东西向展布的重力低值区,伴有呈带状或串珠状展布的磁异常,规模较大,纵贯内蒙古中东部地区,东西延长约900km。该带与华北陆块北部近东西向展布的巨大陆缘俯冲-碰撞造山带相对应,地表成片成带分布有酸性侵入岩,为陆块俯冲形成的巨型构造岩浆岩带。重力低值带南北界推断存在区域性深大断裂,即温都尔庙-西拉木伦河断裂F蒙-02017-④,包头-集宁断裂F蒙-02027-(11)。该区域的成矿活动与构造岩浆活动密切相关,所以以上重力低值区域应是寻找多金属矿的重点远景区,应特别注意重力等值线密集或发生变形扭曲的部位(以下各成矿区带重力场特征及解释推断成果见图3-18至图3-20)。

1. Ⅲ-7-①乌力吉-欧布拉格铜、金成矿亚带(Ⅴ),Ⅲ-7-②查干此老-巴音杭盖铁、金、钨、钼、铜、镍、钴成矿亚带(C、Ⅴ、I),Ⅲ-7-③索伦山-查干哈达庙铬、铜成矿亚带(Vm)

狼山-贺兰山北东向梯级带东、西两侧分布的区域性重力低值区正位于Ⅲ-7-①、Ⅲ-7-②这两个成矿亚带内。该区域的已知矿产多分布于重力低值区(或其间的局部重力异常)边部梯级带转弯处或扭曲部位,剩余重力正、负异常交替带附近正异常一侧;镍矿主要分布在与超基性岩有关的正异常边部。由前述知重力低与大规模构造岩浆活动有关,剩余重力正异常与古生代基底隆起有关,在Ⅲ-7-③亚带内重力高主要是由超基性岩及古生代地层综合作用引起。该区铜金镍等矿产主要赋矿地质体为石炭纪中酸性火山岩,超镁铁质岩等,区内大规模的岩浆活动不仅为围岩中进一步富集成矿元素提供了热源,同时也提供了丰富的物质来源。

2. Ⅲ-7-⑥白乃庙-哈达庙铜、金、萤石成矿亚带(Pt、Ⅴ、Y)

该成矿亚带南界即为前述与构造岩浆活有关的纵贯内蒙古中东部区近东西向展布的布格重力异常低值带。低值带北部重力高低异常呈北东向相间分布,其间重力等值线呈北东向密集展布的梯级带,这正是该区域元古宙和早古生代微地块(重力高)、中酸性侵入岩(重力低)、断裂构造(梯级带)的客观反映。该亚带金铜多金属矿集中分布在两个元古宙隆起区。西部巴音敖包一带及东部白乃庙—别鲁乌图一带,对应局部重力高,剩余重力正异常。矿床多位于异常边部梯级带转弯处或扭曲部位,且多处在正、负异常交替带正异常一侧。由前述地质概况可知,该亚带金铜多金属矿与元古宙地层、岩浆活动密切相关,金矿主要赋存于北东向断裂与近东西向区域断裂的交会处。综合分析认为该区域重力推断的隐伏、半隐伏元古宙隆起区即G蒙-532、G蒙-540、G蒙-542、G蒙-543、G蒙-544等剩余重力正异常的边部及正负异常交替带上、重力推断断裂的交会部位应注意金铜多金属矿的寻找。

前述4个成矿亚带,矿产多集中分布于区域性重力低值区边部,所以认为与构造岩浆活动有关的区域性重力低应是重要的找矿远景区。

3. Ⅲ-7-④苏木查干敖包-二连锰、萤石成矿亚带(Ⅵ),Ⅲ-7-⑤温都尔庙-红格尔庙铁、金、钼成矿亚带(Pt、Ⅴ、Y)

该区域属二连盆地群,地表普遍为第三系、第四系覆盖。布格重力异常多呈北东东向、北东向窄条状高低相间分布,剩余重力异常表现为正负相间分布,且异常边部等值线密集。反映了该区域受北东-南西向强烈的挤压作用,从而形成一系列的近东西向、北东向展布的断陷和断隆构造。负异常多由中新生代断陷盆地引起,正异常多与古生代基底隆起及超基性岩有关。铜、钼、锰多金属矿床多分布于与古

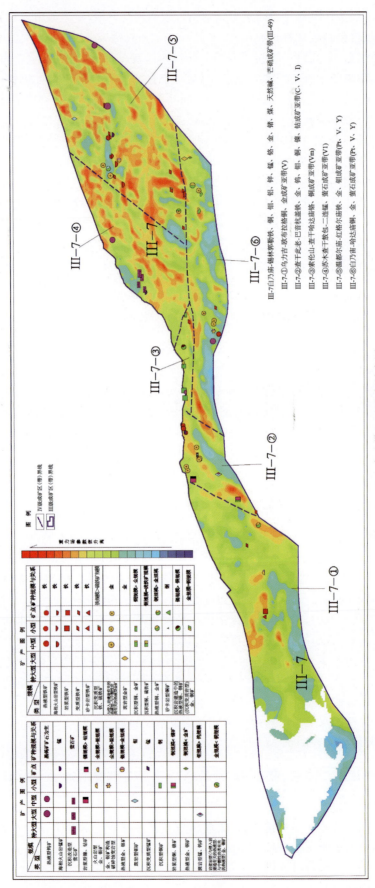

图 3-18 Ⅲ-7 成矿带区域重力异常图

生代基底隆起有关的剩余重力正异常边部或正负异常交替带上。由前述地质概况可知,铜钼矿床的形成主要与印支期—燕山期斑状花岗岩有关,所以认为该区域推断的与隐伏、半隐伏岩体有关的负异常和正异常的接触带部位应是该类型矿床形成的有利部位,如L蒙-520与G蒙-498、G蒙-504,L蒙-379-2与G蒙-380、L蒙-409与G蒙-408等(图3-19)。

该区域南部形成两处具一定规模呈面状展布的重力低:一处是以L蒙-514为中心的重力低,最低值为$-150\times10^{-5}\mathrm{m/s^2}$,这一区域重力等值线相对稀疏宽缓,地表为第四系覆盖,应是基底起伏较小,具一定规模和沉积厚度的中新生代盆地区,这一区域被认为是寻找煤矿的有利地区;另一处是以L蒙-530为中心的重力低值区,最低值为$-176\times10^{-5}\mathrm{m/s^2}$,其周边为呈环状分布的重力高,且伴有磁异常。重力低值区出露二叠纪侵入岩,其边部零星出露有温都尔庙群玄武岩、变质辉绿岩、石英片岩、含铁石英岩及晚石炭世阿木山组灰岩等。环状正异常南侧边部有中晚奥陶世包尔汉图群中基性火山岩、碳酸盐岩出露。推测这一环状异常可能为前中生代火山机构。在中心负异常L蒙-530与南侧正异常G蒙-532接触部位宝音图群出露区存在沉积变质型铁矿、铜矿、硫铁矿等。由前述地质概况可知,该区域铁矿床的形成以中元古界温都尔庙群为赋矿围岩,锰矿多与火山构造有关。这一地区大部分为第三系覆盖。综合分析认为,在环状正异常带G蒙-516、G蒙-520、G蒙-532边部梯级带部位应是寻找铁、铜、锰多金属隐伏矿床的有利地区。

该成矿带推断地质构造成果如图3-20及表3-3所示。

表3-3 推断地质构造成果统计表

推断地质体	出露情况 数量(个)	隐伏	半隐伏	出露	合计	
地层	太古宇	无	无	2	2	55
	太古宇—元古宇	2	无	无	2	
	元古宇	14	无	1	15	
	元古宇—古生界	无	无	3	3	
	古生界	无	33	无	33	
岩体	酸性—中酸性岩体	无	12	10	22	56
	基性—超基性岩体	11	12	1	34	
断裂		173	66	15	254	
盆地			57		57	

第四节 突泉-翁牛特铅、锌、银、铜、铁、锡、稀土成矿带(Ⅲ-8)

一、地质概况

本成矿带的北西以二连-贺根山-扎兰屯断裂为界,西界呈斜线状,即镶黄旗-锡林浩特,南界为槽台断裂,东南以嫩江-八里罕断裂为界。本区跨越了温都尔庙俯冲增生杂岩带和锡林浩特岩浆弧等两个三级大地构造单元的东段,分属包尔汉图-温都尔庙弧盆系、大兴安岭弧盆系两个二级大地构造单元(图3-21)。

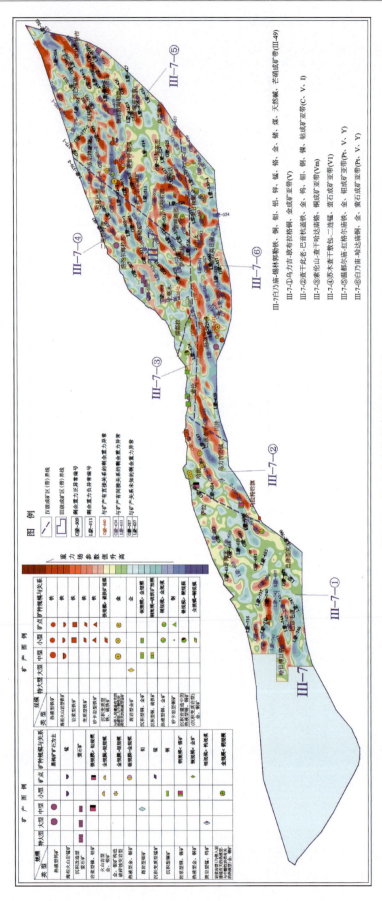

图 3-19 Ⅲ-7 成矿带剩余重力异常图

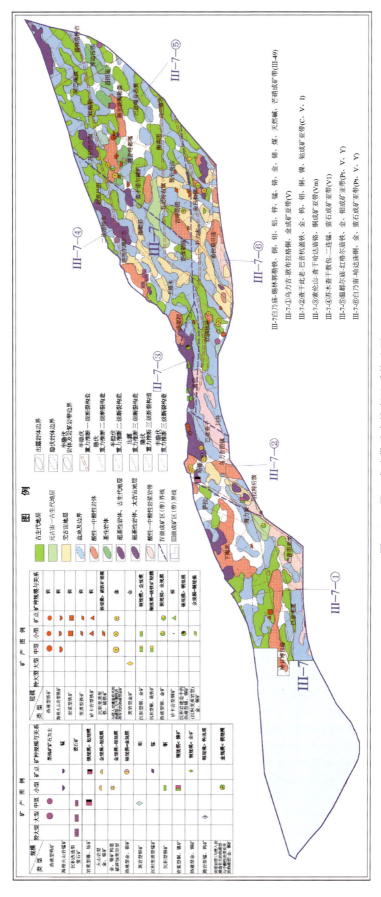

图 3-20 Ⅲ-7 成矿带重力推断地质构造图

早、中寒武世末华北板块北部边缘发生裂解,由古元古代地层组成的微地块脱离华北板块,而生成古亚洲洋,早—中奥陶世在克什克腾旗五道石门一带形成洋盆,有大洋拉斑玄武岩喷发,硅质岩沉积,并有超镁铁质岩侵位,组成蛇绿岩套。在科右中旗西新发现大量的包尔汉图群沉积(含该时期凝源类化石),形成于弧后盆地环境。在中奥陶世末,因洋壳俯冲而洋盆闭合。中志留世地壳再次裂陷,堆积了酸性火山岩、结晶灰岩、生物碎屑灰岩。中志留世末,早古生代地层褶皱,并伴有花岗质岩浆侵入和低级区域变质作用。晚志留世沉积了海相磨拉石建造。

早泥盆世仅在赤峰地区有类复理石沉积并有基性火山活动,早泥盆世末,全区处于隆起状态。晚泥盆世—早石炭世早期,因二连-贺根山洋壳向南、北两侧俯冲,闭合成山,赤峰地区处于拉张状态而形成裂陷槽,故有早石炭世海相基性—中酸性火山岩堆积,早石炭世—晚石炭世海相碎屑和碳酸盐岩沉积。突泉—西乌旗一带晚石炭世裂陷海槽沉积了陆源碎屑岩、中酸性火山岩、碳酸盐岩。晚石炭世末期,裂陷海槽萎缩,在赤峰地区沉积了海陆交互相沉积。

中二叠世初,裂陷槽下陷,扩张在中二叠世中期达到顶峰,故有强烈基性火山岩喷发,夹正常沉积。中二叠世晚期,地壳趋于稳定,海水变浅而沉积了碳酸盐岩、碎屑岩。晚二叠世裂陷海盆渐渐闭合成陆,沉积了河湖相岩层,但以西拉木伦河为界,其北晚二叠世陆相地层含安格拉植物群化石,以南晚二叠世陆相地层含华夏植物群化石。海西期岩浆活动强烈,尤以晚海西晚期为主,构成走向北东向和近东西向的花岗岩岩浆岩带。

自三叠纪开始本区进入了滨西太平洋构造域发展阶段。早中侏罗世在断裂控制下形成串珠状的北东向断陷盆地和隆起。断陷盆地中堆积陆相含煤建造,并已有火山喷发活动。晚侏罗世—早白垩世喷发活动强烈,尤以晚侏罗世最强烈,造成巨厚的陆相火山岩堆积,并可划分为4个火山喷发旋回,火山岩性总体为基性—中性—酸性—基性的变化。

印支期侵入岩,在突泉及科右中旗一带已有大量发现,主要为二长花岗岩、花岗岩及花岗闪长岩。

燕山期强烈的火山喷发活动的同时,岩浆侵入活动亦极为强烈,其中燕山早期晚阶段花岗岩、钾长花岗岩分布更为广泛。燕山晚期以钾长花岗岩和碱性花岗岩为主,但岩体规模不大,多呈岩株产出,从区域上由东南往北西方向燕山期花岗岩类时代有变新趋势,成分有酸、碱度增高的趋势,区内众多有色、稀有稀土、贵金属矿床成矿作用主要与燕山期花岗岩浆活动有关。

1. Ⅲ-8-①索伦镇-黄岗铁、锡、铜、铅、锌、银成矿亚带(V-Y)

该成矿亚带位于克什克腾旗—索伦镇一线西北地区,出露地层有古元古界宝音图岩群,石炭系本巴图组、阿木山组,石炭系—二叠系格根敖包组,二叠系寿山沟组、大石寨组及哲斯组,中生代河湖相碎屑岩及陆相火山岩广泛分布。侵入岩有泥盆纪蛇绿岩,石炭纪—二叠纪及燕山期中酸性侵入岩极为发育,早古生代侵入岩出露则相对较少。区内北东向断裂构造发育,蛇绿岩组合主要分布于西乌旗以北乌斯尼黑一线,形成蛇绿岩型铬铁矿。区内黄岗梁铁锡矿、安乐铜锡矿、毛登铜锡矿、道伦达坝铜矿、拜仁达坝银铅锌矿、花敖包特铅锌矿、巴洛哈达铜矿、沙不楞山铜铅锌矿、曹家屯钼矿、扎木钦铅锌矿。

2. Ⅲ-8-②神山-大井子铜、铅、锌、银、铁、钼、稀土、铌、钽、萤石成矿亚带(I-Y)

本区位于大兴安岭主峰中南段,呈北东向展布的中生代断隆带和断陷带。区内晚古生代地层主要为二叠系,侵入岩为海西期—燕山期中酸性侵入岩及燕山期浅成斑岩体。在中生代断隆带上主要分布有铅、锌、铜、银矿床。矿体围岩为早二叠世火山-碎屑岩和碳酸盐岩及上二叠世统西组砂板岩。与成矿有关的岩浆岩为超浅成—浅成小侵入体,其岩石组合为花岗闪长斑岩-石英正长斑岩和石英二长岩(或二长花岗岩)-钾长花岗岩,成岩时代主要为晚侏罗世—早白垩世。矿床类型以接触交代型为主(白音诺尔、浩布岩),与碱性花岗岩有关的岩浆岩型稀土、铌、钽矿床(八O一)热液型(大井子、莲花山、布敦化、孟恩陶勒盖),少量斑岩型(敖仑花铜钼矿)。

3. Ⅲ-8-③卯都房子-毫义哈达铁、钨、铅、锌、铬、萤石成矿亚带（V、Y）

该成矿亚带位于化德槽台断裂以北，化德—正白旗—多化县一带，出露地层有古元古界宝音图岩群、下二叠统三面井组砂板岩、中—下二叠统额里图组陆相中酸性火山岩及上二叠统于家北沟组海陆交互相碎屑岩，中生代陆相中基性及酸性火山岩广泛分布。侵入岩以海西期及燕山期中酸性侵入岩为主。区内矿床主要类型为燕山期矽卡岩型、高温热液型或石英脉型，矿床主要有额里图铁矿和毫义哈达钨矿床。

4. Ⅲ-8-④小东沟-小营子钼、铅、锌、铜成矿亚带（Vm、Y）

该成矿亚带位于西拉木伦河断裂和华北板块北缘深断裂之间，前中生代基底由太古宙—元古宙片麻岩、片岩，早古生代洋壳残余和基性火山-沉积岩及晚古生代碎屑岩、碳酸盐岩组成。中生代滨西太平洋活动大陆边缘构造发育阶段，形成了近东西方向排列的断隆和坳陷构造格局，发育了中酸性火山-深成岩。同时该区为区域地球化学场的铜、铅、锌、钼、银高背景区。地球物理资料表明，该区处于北东向重力梯级带向西弯曲的变异部位，是成矿的有利部位。

燕山期与成矿有关的岩浆岩为花岗岩类。燕山早期为石英闪长岩-花岗闪长岩-花岗岩组合，年龄为170~153Ma。燕山晚期为钾长花岗岩-花岗斑岩组合，年龄为125Ma。它们主要沿近东西向—北北西向断裂与北北东向断裂的交会部位产出。钼、铅、锌矿床主要分布在中生代断隆区中燕山期花岗岩体的外接触带。控矿构造为北西-南东向的次级构造裂隙带。

该区已知矿床类型有接触交代型（小营子、余家窝铺、敖包山、柳条沟）、热液型（硐子、天桥沟、荷尔乌苏、碾子沟）及斑岩型（小东沟、鸡冠山）。接触交代型矿床分布在燕山期花岗岩类与碳酸盐岩接触处形成的矽卡岩带中。热液矿床位于燕山期侵入体外接触带和晚古生代火山-沉积地层中，少数分布在燕山期侵入体和火山岩中。

二、区域成矿模式

本成矿带属大兴安岭南段，区域成矿特点上，南段西坡：富铅、锌、银、铜，既有断裂控矿的中生代热液脉型矿床，也有海西期形成的热液型矿床（海底热液喷流沉积的块状硫化物矿床？）。南段主峰：富锡、铅、锌、铁、铜；南段东坡：以铜为主的多金属成矿亚带；西拉木伦河以南则以铅锌钼为主要成矿元素。据此，建立本区区域成矿模式，如图3-22至图3-24所示。

三、重力场特征及推断地质构造成果

该区域经历了洋壳俯冲消减、陆壳裂解增生等一系列构造活动，伴随早古生代—中生代强烈的构造岩浆活动以及火山堆积、海相、陆相、海陆交互相沉积作用等，形成了复杂的地质环境。重力场特征区域上受北东向大兴安岭岭脊断裂（大兴安岭-太行山断裂）F蒙-2005及近东西向展布的温都尔庙-西拉木伦河F蒙-02017-④、包头-集宁F蒙-02027-(11)超壳断裂控制，布格重力异常北部呈北东向展布，南部呈近东西向展布（图3-25）。

该成矿带的西北部，即Ⅲ-8-②神山-大井子铜、铅、锌、银、铁、钼、稀土、铌、钽、萤石成矿亚带（I-Y）的西北部，存在一系列北东向、北东东向展布的布格重力高低异常带区，对应正负相间分布的剩余重力异常带。异常形态多呈窄条状，高低异常间常形成密集的梯级带，异常轴向多发生扭曲或错断，这主要与该区域伴随强烈的构造活动形成的一系列北东向展布的断隆、断陷及断裂构造有关。矿体多位于异常

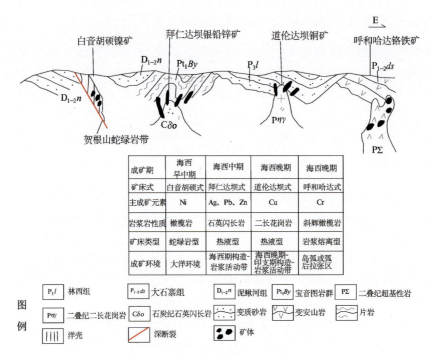

图 3-22　突泉-翁牛特成矿带与海西期超基性—基性—中酸性岩浆活动有关的
铬、镍、铁、铜、铅锌、银、铌矿床区域成矿模式
(《内蒙古自治区重要矿种区域成矿规律研究成果报告》,2013)

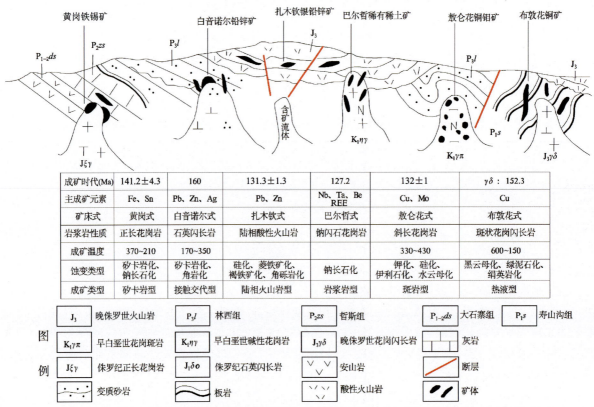

图 3-23　突泉-林西与燕山期岩浆活动有关的铁、金、铜、铅锌、银、锡、铌钽、钼矿床区域成矿模式
(《内蒙古自治区重要矿种区域成矿规律研究成果报告》,2013)

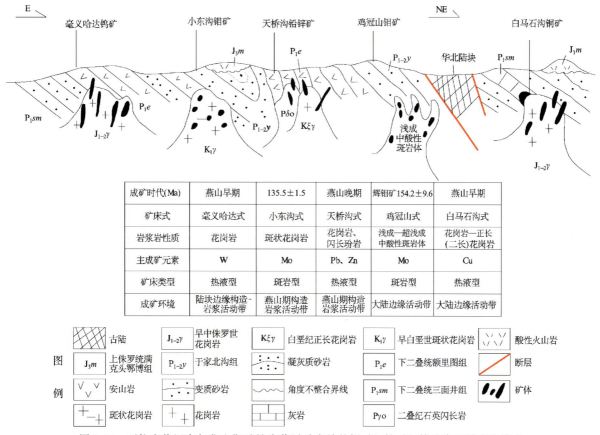

图 3-24　西拉木伦河南与燕山期酸性岩浆活动有关的铜、铅、锌、钼、钨矿床区域成矿模式
(《内蒙古自治区重要矿种区域成矿规律研究成果报告》,2013)

梯级带部位靠正异常一侧,该区域重力推断的前中生代基底隆起区边部应是成矿的有利地段。

纵贯内蒙古东部区大兴安岭北东向巨型梯级带南段位于Ⅲ-8成矿带东部。该区域布格重力异常变化幅度较大,由松辽盆地西缘(大兴安岭东坡)—大兴安岭岭脊—大兴安岭西坡,重力值由$-14\times10^{-5}\,\mathrm{m/s^2}$降至$-144\times10^{-5}\,\mathrm{m/s^2}$,降幅为$130\times10^{-5}\,\mathrm{m/s^2}$,梯级带部位变化梯度为每千米$(0.5\sim4)\times10^{-5}\,\mathrm{m/s^2}$。该巨型梯级带与地幔坡相对应,同时受大兴安岭岭脊断裂控制。梯级带凹凸变形部位或等值线密集处,矿床(点)分布较集中。尤其在梯级带中南段形成的一处大"S"形变形区,伴有呈面状、带状、等轴状展布的局部航磁正异常,最大值一般为$300\sim500\,\mathrm{nT}$。该变形区段向西凸出或向东凹进的边缘带,是矿床(点)分布最集中的区域。该区域亦是地幔坡凸出或凹进的变异带。紧邻其西侧,北段存在一北东向不规则带状展布的区域重力低值区,低值区边部等值线密集,由边部向中心重力值呈降低趋势,变化范围$(-144\sim-120)\times10^{-5}\,\mathrm{m/s^2}$。该区域对应幔凹区。由前述地质概况可知,地表广泛分布中生代火山岩及侵入岩,是幔源岩浆沿深部构造薄弱部位上侵或喷出形成的巨型岩浆岩带,幔凹及强烈的岩浆活动形成了区域性的重力低。南段为受西拉木伦河断裂控制的东西向重力低值区的东段,亦为构造岩浆岩带。绝大部分的多金属矿产和贵金属矿产分布在布格重力异常相对低值区内或其外围等值线密集处及变形带上,化探异常的分布也是如此。在布格重力低异常外围等值线密集带上特别是局部扭曲部位,矿床(点)分布更为集中,这一区域亦是前述梯级带呈大"S"形凸出或凹进的变异带。矿床点有白音诺尔铅锌矿、浩不高铅矿、拜仁达坝银铅矿、黄岗梁铁锌矿等。表明这些矿产形成过程中,中—酸性岩浆岩活动区(带)不仅为其提供了充分的热源,同时也提供了物质来源。上述现象说明,应用重力资料推断的每一个岩浆岩活动区(带)实质上是一个成矿系统。在空间上,这些岩浆岩活动区(带)控制着内生矿床的分布,在成因上它们存在着内在联系。布格重力异常图反映的岩浆岩活动区(带)特别是边部凹凸变异带是成矿最有利的地段。

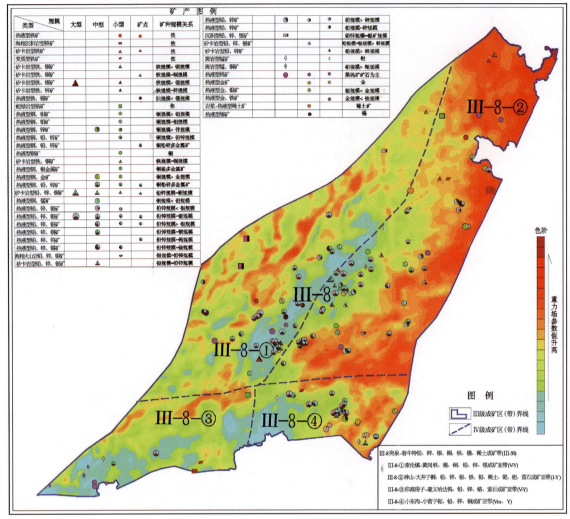

图 3-25　Ⅲ-8 突泉-翁牛特成矿带区域重力异常图

在剩余重力异常图上(图 3-26),该成矿区带北西部正负异常多呈窄条状相间分布,正异常与前古生代基底隆起有关,负异常由中新生代断陷盆地引起。南东部区域性重力低异常区,剩余重力正异常零星镶嵌于负异常区。正异常与局部出露古生代地层有关,负异常由广泛分布的中酸性侵入岩引起。矿点多分布于正负异常交替带上,推断局部隆起区的边部。

该成矿带推断地质构造成果如表 3-4 及图 3-27 所示。

表 3-4　Ⅲ-8 突泉-翁牛特成矿带重力推断地质构造成果统计表

推断地质体	数量(个) 出露情况	隐伏	半隐伏	出露	合计	
地层	太古宇	无	2	无	2	93
	太古宇—元古宇	无	1	无	1	
	元古宇	无	1	无	1	
	古生界	19	62	8	89	
岩体	酸性—中酸性岩体	2	25	28	55	71
	基性—超基性岩体	3	12	1	16	
断裂		214	79	18	311	
盆地			86		86	

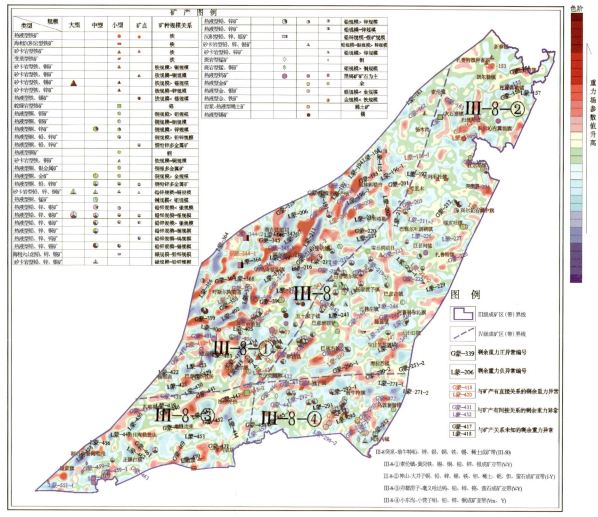

图 3-26　Ⅲ-8 突泉-翁牛特成矿带剩余重力异常图

第五节　华北地台北缘西段金、铁、铌、稀土、铜、铅、锌、银、镍、铂、钨、石墨、白云母成矿带（Ⅲ-11）

一、地质概况

本成矿带北界为狼山-白云鄂博-商都深大断裂，南接鄂尔多斯盆地，西接阿拉善陆块，东侧延入山西省境内（图 3-28）。位于华北陆块区狼山-阴山陆块，包括固阳-兴和陆核、色尔腾山-太仆寺旗古岩浆弧、狼山-白云鄂博裂谷及吉兰泰-包头断陷盆地。

本区经历了古太古代陆核形成、中新太古代陆核增生形成不同的陆块，至古元古代（19Ga 左右）最终形成统一的华北陆块结晶基底。中新元古代，在白云鄂博和渣尔泰山一带形成两条近平行分布的裂陷槽（裂谷），沉积了巨厚的碎屑岩-碳酸盐岩建造，是华北陆块上第一套稳定盖层沉积。

震旦纪在阴山南麓形成什那干陆表海，沉积了稳定型地台盖层碳酸盐岩建造。震旦纪末发生抬升，海水退出本区。至寒武纪开始下沉，海水自华北和祁连入侵。

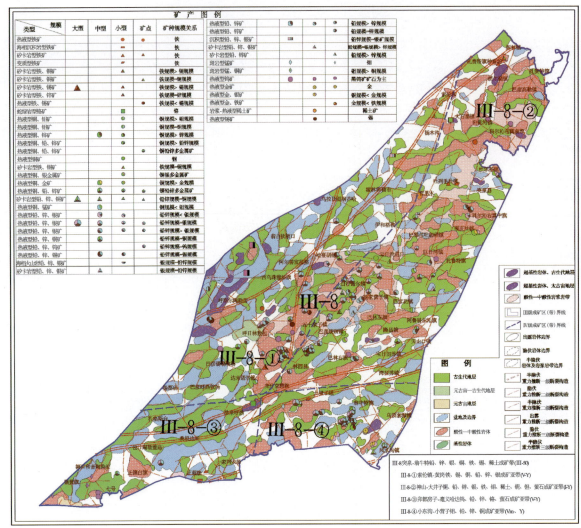

图 3-27 Ⅲ-8 突泉-翁牛特成矿带重力推断地质构造图

寒武纪—中奥陶世为海相碳酸盐和砂泥质建造。缺少志留系—下石炭统沉积。晚石炭世又有从华北来的海水经清水河与贺兰海沟通,海水时侵时退,为海陆交互相沉积。在阴山地区早二叠世有多个小型山间盆地,除陆源碎屑外,火山活动强烈,表明阴山地区构造活动趋于强烈。

晚古生代受北侧古亚洲洋消减的影响,在陆块北缘形成具陆缘弧性质的岩浆岩带。

中新生代本区大部地区仍处于隆起状态,由于受滨太平洋构造域的影响,地壳活动性增强,西伯利亚与华北板块之间的碰撞所引起的南北向挤压力(引自邵和明等,2001)造成了本区侏罗纪及早白垩世产生了多个东西向或近东西向的山间断陷盆地、褶皱、断裂及推覆构造,并伴有强烈的中生代岩浆活动。

该成矿区带的主要成矿期集中在如下几个时期:

(1)在中—新太古代,主要形成了乌拉山岩群海底火山喷发-硅铁沉积建造,它经过后期变质改造,在局部地段形成了以迭布斯格为代表的变质(BIF型)磁铁矿床。

(2)中元古代古陆块受到拉张,进一步裂解、沉陷,形成多个被动边缘的次级断陷盆地。受拉张作用的影响,断陷盆地内地壳减薄,壳幔熔浆(包括含矿流体)上侵(早期有明显小规模的火山喷发作用)。同生断裂活动、火山喷发和热水喷流等地质作用,形成了以东升庙、炭窑口、霍各乞等矿床为代表的热水喷流-沉积矿床。

(3)在新元古代—早古生代,受西伯利亚板块向南俯冲的影响,被动陆缘逐渐转为活动陆缘,地壳逐渐增生、变厚,产生近东西向褶皱带。据目前已发现矿床与矿点的研究结果,还未见与早古生代造山过程相关的重要矿产。

(4)晚古生代,西伯利亚板块继续向南俯冲,造山作用达到高潮,古亚洲洋逐渐闭合,最终导致华北(—蒙古联合)陆块与西伯利亚陆块的拼合。受其影响,大规模海西期的中酸性岩浆侵入,并在岩浆侵入晚期有含矿岩浆热液成矿作用发生。它一方面发生了与次火岩浆热液有关的成矿作用,形成了以欧布拉格为代表的斑岩型铜金矿床,另一方面又对中元古代的喷流-沉积矿床产生了叠加成矿作用,形成了独立的黄铜矿体。

(5)燕山期中酸性超浅成—浅成侵入岩相关的铜、银、锡、钨多金属成矿作用和燕山晚期铅、锌成矿作用和铌钽成矿作用。

1. Ⅲ-11-①白云鄂博-商都金、铁、铌、稀土、铜、镍成矿亚带(Ar_3、Pt、V、Y)

该成矿亚带北以白云鄂博-商都深大断裂与白乃庙-哈达庙铜、金、萤石成矿亚带为邻,南以乌拉特中旗-石崩-合教-三合明-集宁断裂与固阳-白银查干金、铁、铜、铅、锌、石墨矿亚带为邻(图3-28)。

本区是中新元古代巨型裂陷槽,堆积了一套复理石建造白云鄂博群,早期有碱性火山岩喷发活动,并有含钠闪石的正长岩侵入。岩相古地理研究表明(谭琳等,1990),裂槽由受断裂控制、规模不一的断陷盆地构成,而且往往在Ⅲ级断陷盆地中发生喷流沉积铁、稀土的成矿。800Ma晋宁运动裂陷槽闭合,白云鄂博群成为华北陆块的准盖层。本区加里东期深部成矿流体活动而使中新元古代形成的矿体受到叠加改造。晚泥盆世早期,北侧古亚洲洋闭合造山成陆,本区有较强烈的海西期花岗质岩浆侵位。中生代受滨西太平洋构造域的影响,形成断陷盆地,其中有基性—酸性火山喷发活动,同时发育有印支期和燕山期花岗岩体,并发生金、钨的矿化作用。

本区有较大规模的金、铅、钼地球化学块体及规模较小的钨地球化学块体,因此本区具有较大的金矿找矿潜力。

2. Ⅲ-11-②狼山-渣尔泰山铅、锌、金、铁、铜、铂、镍成矿亚带(Ar_3、Pt、V)

该成矿亚带是华北陆块太古宙、古元古代基底内于1800Ma左右发生裂解而形成的中新元古代巨型裂陷槽。海槽中堆积类复理石建造,渣尔泰山群早期有基性火山喷发活动。岩相古地理资料表明(谭琳等,1990),裂陷槽由一系列受不同级别同生断裂控制的规模不一的断陷盆地组成,而且在Ⅲ级断陷盆地中发生喷流沉积成矿作用。800Ma左右晋宁运动裂陷槽闭合,渣尔泰山群构成华北陆块的准盖层。古亚洲洋的俯冲、碰撞作用,本区发生构造岩浆活化作用,故分布有加里东期和海西期花岗质岩浆侵入体。海西期花岗岩与铜、铁成矿密切相关。中生代形成受断裂控制的近东西向和北东向展布的断陷盆地,同时有印支期和燕山期花岗质岩类侵位。

本区有规模较大的金、铅、锌等成矿元素的地球化学块体,所以本区是这些矿种的找矿潜力区。

3. Ⅲ-11-③固阳-白银查干金、铁、铜、铅、锌、石墨成矿亚带(Ar_3、Pt)

该成矿亚带位于华北板块北缘深断裂南侧,在早前寒武纪处于古陆核边缘部位,形成若干规模不等的弧后火山盆地或古火山岛弧盆地。早期多处于张性环境,有一定规模的基性火山喷发,晚期趋于稳定,有一定的海相沉积,并伴有相应的成矿作用。古生代以基性—中酸性火山岩、侵入岩为主,分布很少。中生代岩浆活动强烈,侏罗纪—白垩纪火山岩均有分布,尤其白垩纪火山喷发强烈。

与铁、金成矿有关的地层为新元古界色尔腾山群,其内形成沉积变质型铁、金矿。而与铁、金成矿有关的岩浆岩为海西晚期花岗岩和燕山早期超浅成花岗斑岩。该区构造呈东西向展布,而控制该区成矿的断裂构造为大佘太-固阳-武川-察哈尔右翼中旗深断裂,深断裂带北侧与北西向次级断裂交会处,则往往是铁、金矿床成矿的有利部位。新太古代既是铁矿的成矿期,也是其他金属矿元素预富集期,铁矿床类型主要为沉积变质型(三合明、书记沟、东五分子),后期叠加少量热液型(王成沟);元古宙中基性侵入岩中发育金矿床,类型有热液型(十八倾豪),铅锌矿类型为变质型(甲生盘);中生代岩浆活动强烈,发育热液型金、铁矿(老羊豪、银宫山)及喜马拉雅期砂金矿床(中后河、乌兰不浪)。

4. Ⅲ-11-④乌拉山-集宁铁、金、银、钼、铜、铅、锌、石墨、白云母成矿亚带（Ar_{1-2}、I、Y）

该成矿亚带主体由太古宙高级变质岩区，中、新太古代绿岩带，古元古代类绿岩带及TTG岩系等组成，在这些建造形成过程中，相应有铁矿及金矿、石墨的初始矿源层形成，在经历了2600Ma左右和1800Ma左右的两次克拉通化后而形成陆核和陆块。伴随1800Ma克拉通化的花岗伟晶岩形成白云母矿床。800Ma的晋宁运动地壳稳定固结而形成中国原始第三次克拉通化大陆。

古生代由于北侧古亚洲洋的俯冲、碰撞作用，本区发生构造岩浆活化作用而有海西早期花岗岩侵位。因中生代西滨太平洋构造域的叠加，本区形成近东西向山间断陷盆地，堆积含煤建造，并有火山活动，伴随有燕山期花岗岩侵位，并与金、银矿化密切相关。

本区乌拉山—集宁段存有规模较大的金、银、钼、铜地球化学块体，而赤峰段亦有这些成矿元素的地球化学块体，但规模较小。

二、区域成矿模式

该成矿带由太古宙变质火山沉积岩系组成华北陆块结晶基底，发育有与海相火山-沉积变质作用有关的铁矿床成矿系列。吕梁运动在高级变质岩区形成了与区域变质变形作用有关的金、稀土、白云母等矿产。中元古代在华北陆块边缘处于拉张构造环境，发育长300余千米，宽20～30km的陆缘裂陷槽或裂谷，沉积了巨厚的碎屑岩-碳酸盐建造，局部夹少量火山岩，形成了与此相关的铁、稀土、铌、铜、铅、锌、硫、金矿床，同时形成与海相化学沉积作用有关的铁、锰、磷矿床。晋宁运动，裂陷槽关闭成陆，本区地壳趋于稳定状态。晚古生代，由于华北板块北侧古亚洲洋向南消减俯冲，而在华北板块北缘西段发生构造-岩浆活化，则形成与晚古生代基性岩浆活动有关的铜镍、铁、金矿。中生代本区进入滨西太平洋活动大陆边缘构造发育阶段。该成矿带区域成矿模式如图3-29所示。

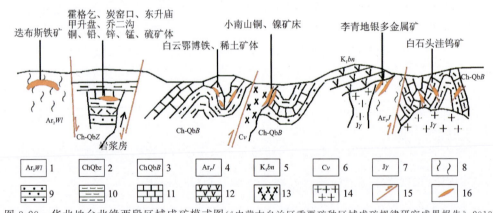

图3-29 华北地台北缘西段区域成矿模式图（《内蒙古自治区重要矿种区域成矿规律研究成果报告》，2013）

1.中太古界乌拉山岩群；2.元古宇渣尔泰山群；3.元古宇白云鄂博群；4.太古宇集宁群；5.下白垩统白女羊盘组；6.石炭纪侵入岩；7.侏罗纪侵入岩；8.片麻岩；9.砂岩；10.泥岩；11.灰岩；12.安山岩；13.辉长岩；14.花岗岩；15.逆断层；16.矿体

三、重力场特征及推断地质构造成果

该成矿带位于华北地台北缘区，北界为狼山-白云鄂博-商都深大断裂，即前述包头-集宁F蒙-02027-(11)超壳断裂的一部分，西界为区内中西部区的北东向狼山-贺兰山巨型梯级带，即宝音图断裂（也称迭布斯格断裂）F蒙-02035-(23)，南界为大青山-乌拉山山前断裂。

该区是太古宙—元古宙隆起区，与其对应从西到东形成4处区域性重力高值区：西侧边部北东向窄条状重力高值区,中部乌拉山一带半月形重力高值区,中东部大青山一带块状高值区,东部集宁一带重力高值区,重力值为($-152\sim-118$)$\times 10^{-5}$m/s²(图 3-30)。在剩余重力异常图上(图 3-31),对应形成北东向到近东西向的剩余重力正异常带;该区北部为构造岩浆岩活动带,对应重力低值区,布格重力值为($-190\sim-170$)$\times 10^{-5}$m/s²;其间过渡带,为老地块、中酸性侵入岩、断陷盆地分布区,布格重力值为($-170\sim-150$)$\times 10^{-5}$m/s²,剩余重力异常表现为正负相间分布。该区域近东西向或北东向条带状展布且边部等值线密集的剩余重力负异常多由断陷盆地引起。

区内岩浆活动强烈,构造极为发育,矿产丰富,从太古宙—元古宙—古生代形成不同类型的矿产资源,是区内矿产最为丰富的成矿带之一,亦是最重要的多金属成矿带之一。矿产多集中分布于区域重力高值区的局部重力异常边部等值线密集处或变形部位,位于剩余重力正负异常交替带上正异常一侧。狼山—大青山一带重力推断的北西向断裂对矿床点分布也有明显的控制作用。

铜铅锌金等多金属矿点多分布于西部、中部重力高值区,为负磁—弱磁场区。该区域属Ⅲ-11-②狼山-渣尔泰山铅、锌、金、铁、铜、铂、镍成矿亚带,重力高与渣尔泰山群为盖层的老地块有关,重力低主要与该区域发育的元古宙—中生代的侵入岩有关。

铁金等矿床(点)主要分布于中东部及东部重力高值区。铁金矿床(点)的集中分布区伴有中等强度的航磁异常,其值一般为 $100\sim700$nT。该区属Ⅲ-11-④乌拉山-集宁铁、金、银、钼、铜、铅、锌、石墨、白云母成矿亚带(Ar_{1-2})。重力高主要与太古宙、古元古代老变质岩及太古宙深成侵入体有关。负异常多由古生代—中生代侵入岩引起,呈近东西向窄条状展布,边部等值线密集的负异常推断与中新生代盆地有关。

Ⅲ-11-②、Ⅲ-11-④成矿亚带是矿产分布最集中、最丰富的两个成矿亚带。

Ⅲ-11-①白云鄂博-商都金、铁、铌、稀土、铜、镍成矿亚带,矿点多分布于近东西向展布的区域重力低边部等值线密集部位或扭曲处。在该区域西部,与东西向重力低斜交的北西向窄条状重力低值区边部梯级带部位,为重力推断的乌拉特前旗-固阳 F 蒙-02044 断裂,在其两侧是矿床(点)分布最为集中的区段。该区域的重力高主要与白云鄂博群为盖层的古陆块有关。矿点多分布于重力高与重力低的过渡带上。由前述可知重力低主要与构造岩浆活动有关,部分与断陷盆地有关。

Ⅲ-11-③固阳-白银查干金、铁、铜、铅、锌、石墨成矿亚带的东部多为第三系和第四系覆盖,重力高多伴有中等强度的航磁正异常,强度为 $100\sim400$nT,推断与隐伏、半隐伏太古宙地层有关。在该区域应注意铁金多金属矿的寻找。

综上所述,该区域剩余重力异常边部特别是推断中酸性侵入岩与前古生代隆起区的正负异常交替带上正异常一侧是重要的找矿靶区,尤其应注意覆盖区的剩余重力正异常区边部区域,区内北西向构造亦是主要的控矿构造。

该区重力推断地质构造成果见表 3-5 及图 3-32。

表 3-5 Ⅲ-11 成矿带重力推断地质构造成果统计表

推断地质体		出露情况 隐伏	半隐伏	出露	合计	
地层	太古宇	无	19	无	19	58
	太古宇—元古宇	6	无	无	6	
	元古宇	4	6	7	17	
	元古宇—古生界	无	1	无	1	
	古生界	无	15	无	15	
岩体	酸性—中酸性岩体	1	10	19	30	36
	基性—超基性岩体	1	3	2	6	
断裂		158	62	14	234	
盆地			54		54	

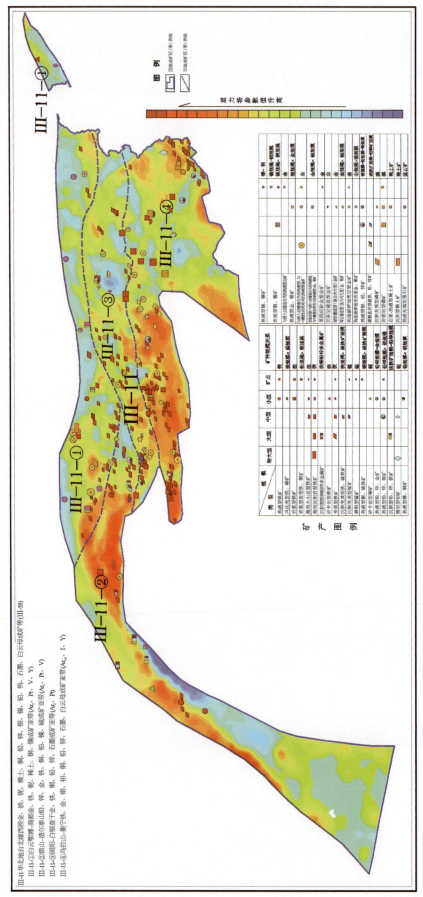

图 3-30 Ⅲ-11 成矿带区域重力异常图

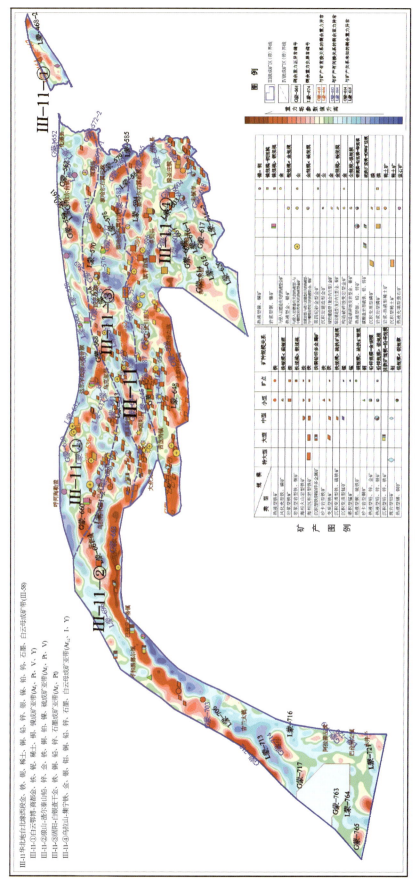

图 3-31 Ⅲ-11 成矿带剩余重力异常图

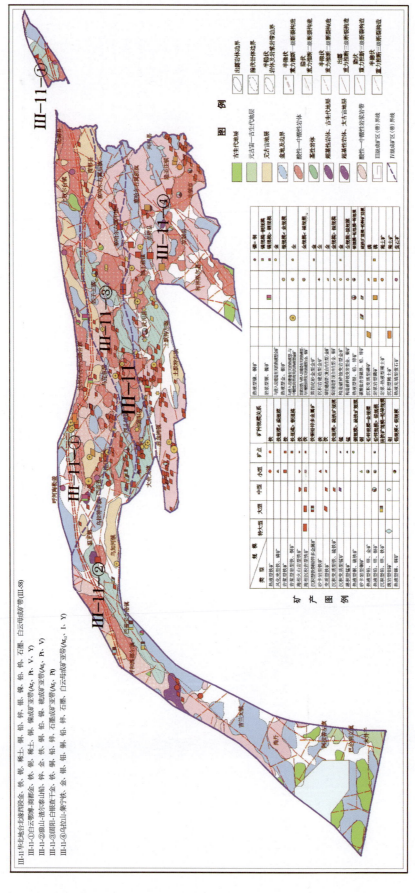

Ⅲ-11-①华北地台北缘西段金、铁、银、稀土、铜、铅、锌、银、钼、钨、石墨、白云母成矿带(Ⅲ-88)
Ⅲ-11-①白云鄂博-商都稀土、铁、银、铌、铜、金、铁、铜、铅、锌、铌成矿亚带(Ar₃、Pt、V、Y)
Ⅲ-11-②狼山-渣尔泰山铅、锌、金、铁、铜、铅、锌、铜成矿亚带(Ar₃、Pt、V)
Ⅲ-11-③固阳-白银诺尔金、铁、铜、铅、锌、石墨成矿亚带(Ar₃、Pt)
Ⅲ-11-④乌拉山-集宁铁、金、银、铜、铅、锌、银、钨、石墨、白云母成矿亚带(Ar₃、I、Y)

图 3-32 Ⅲ-11 成矿带重力推断地质构造图

第六节 阿拉善(隆起)铜、镍、铂、铁、稀土、磷、石墨、芒硝、盐类成矿带(Ⅲ-3)

该成矿单元属于古亚洲成矿域(Ⅰ-1)、华北(陆块)成矿省(最西部)(Ⅱ-14)。区域地质矿产特征见图3-33。北侧以高家窑-乌拉特后旗断裂与白乃庙-锡林郭勒铁、铜、钼、铅、锌、锰、铬、铜、锗、煤、天然碱、芒硝成矿带(Ⅲ-7)为界,东以宝音图隆起西缘断裂与鄂尔多斯西缘(陆缘坳褶带)铁、铅、锌、磷、石膏、芒硝成矿带(Ⅲ-12)相邻。

一、地质概况

该成矿带的大地构造位置位于华北陆块区、阿拉善陆块、迭布斯格-阿拉善右旗陆缘岩浆弧(Ⅱ-7-1),其北东部为天山-兴蒙造山系额济纳旗-北山弧盆系(图3-33)。区域内出露的地层主要有中元古界渣尔泰山群增隆昌组(Pt_2z)中厚层状微晶白云岩、石英岩、千枚状板岩和阿古鲁沟组(Pt_2a)浅变质碎屑岩,白垩系乌兰苏海组泥岩、砂砾岩,第三系清水营组砂岩、粉砂岩及第四系全新统以冲积物、洪积物、湖积物及风成砂为主的松散沉积物,其中中元古界阿古鲁沟组一段是主要的金矿含矿层位。

区域内岩浆活动强烈,延续时间长,从元古宙的吕梁期一直到中生代燕山晚期,其中以海西晚期岩浆活动最为强烈,且岩浆岩分布广泛。岩浆岩岩性从超基性岩到酸性岩均有,以酸性岩为主。岩浆活动方式多样,但以侵入为主。沿构造单元北带及东带边缘有多处超基性岩零星分布。

本区太古宙云母石英片岩、片麻岩、大理岩、千枚岩等老地层,组成本区的基底;元古宇增隆昌组是与成矿有关的主要地层。晚石炭世石英闪长岩侵入该地层,矿床主要赋存于外接触带中。区内北北东—近东西向断裂比较发育,为成矿前构造,为后期岩浆活动、成矿组分的运移提供了通道,北西向断裂构造为成矿后构造。

本区中元古代与海相中基性—中酸性火山喷发活动有关的铁、铜、铅、锌、金硫矿床中,已知有朱拉扎嘎等大型矿床。这些大型矿床均赋存于中元古代裂谷内靠近受同生断裂控制的Ⅲ级盆地边部的渣尔泰山群阿古鲁沟组二岩段内,成矿物质与火山岩浆活动有着密切的成因关系。

二、区域成矿模式及成矿谱系

古元古代在龙首山地区形成与火山沉积变质作用有关的稀土矿,其上沉积有中新元古代的稳定陆缘海相沉积地层,赋存有沉积型的宽湾井铁矿和哈马胡头沟磷矿。中元古代在华北陆块边缘处于拉张构造环境,形成陆缘裂陷槽或裂谷,在裂陷槽发育中期,形成了与海底喷流沉积相关的铁、铅、锌、硫、金矿床。同时形成与海相化学沉积作用有关的铁、锰、磷成矿床矿区系列。晋宁运动,裂陷槽关闭成陆,本区地壳趋于稳定状态。海西期,由于北侧洋壳的俯冲作用,在华北陆块北缘再度引发构造-岩浆活化,形成岩浆弧,同时形成与中酸性岩浆侵入活动有关的铁、铜、金矿床。中生代本区处于陆内伸展环境,形成与中酸性岩浆活动有关的萤石矿床。新生代形成与陆相盆地蒸发有关的芒硝、石膏矿床。

区域成矿模式、成矿谱系见图3-34、图3-35。

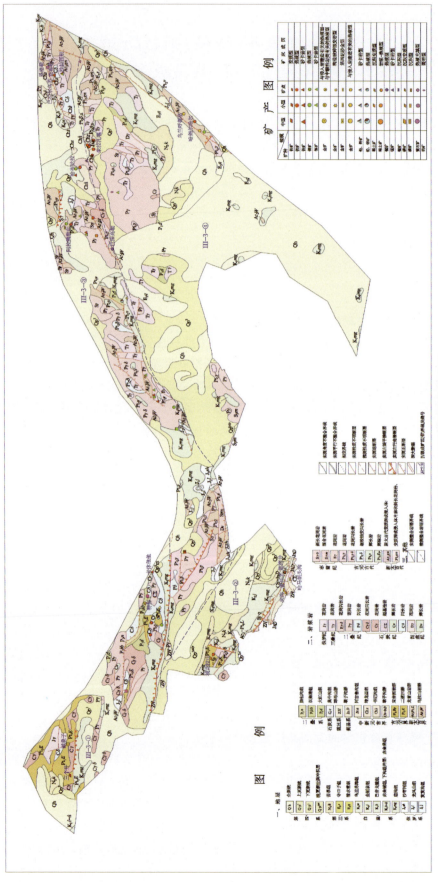

图 3-33　Ⅲ-3 成矿带地质矿产图

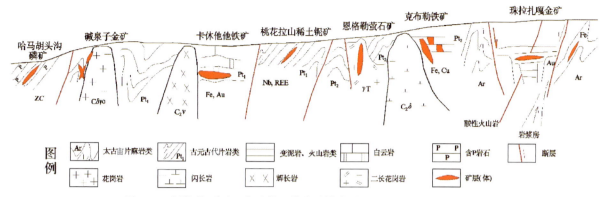

图 3-34 阿拉善(隆起)成矿带区域成矿模式图(据邵和明修改、补充,2001)

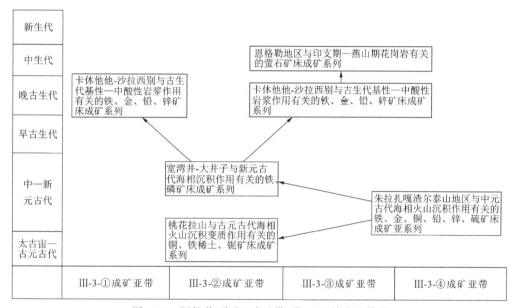

图 3-35 阿拉善(隆起)成矿带(Ⅲ-4)区域成矿谱系

三、重力场特征及地质构造推断解释

Ⅲ-3 成矿带位于狼山-贺兰山西缘巨型梯级带以西地区。区域重力场自西向东由北西逐渐转为近东西向。布格重力异常总体展布方向受区域构造格架控制。该成矿带东界为北东向布格重力异常梯级带,对应狼山-贺兰山深大断裂,北界为物探推断的由北西转为近东西向的喇嘛井-雅布赖深大断裂。

Ⅲ-3 成矿带为区域上的重力异常低值区,Δg 一般为 $(-230\sim-180)\times10^{-5}\,\mathrm{m/s^2}$,多处叠加局部重力低(图 3-36)。局部重力异常等值线多处呈密级带状分布或发生同向扭曲,布格重力异常形态复杂,这正是该区域强烈的岩浆活动和普遍发育的断裂构造的客观反映。

该成矿带北界附近形成多处局部重力高,最高值为 $-154.8\times10^{-5}\,\mathrm{m/s^2}$,并伴有正磁异常,与该区分布的蛇绿混杂岩及太古宙基底局部隆起有关。东侧北北东向带状展布的重力高值区,最高值为 $-139.97\times10^{-5}\,\mathrm{m/s^2}$,对应前古生代基底隆起区。该区域出露有太古宙片麻岩类和元古宙长石石英砂岩、灰岩、板岩类。南西侧龙首山一带,形成两处明显的局部重力低,最低值为 $-230\times10^{-5}\,\mathrm{m/s^2}$、$-257\times10^{-5}\,\mathrm{m/s^2}$,对应太古宙—古元古代基底南侧边缘坳陷区,分布有白垩纪泥岩、砂砾岩及第四纪松散沉积物。

在剩余重力异常图上(图 3-37),基底隆起区对应形成明显的剩余重力正异常。尤其在Ⅲ-3 成矿带

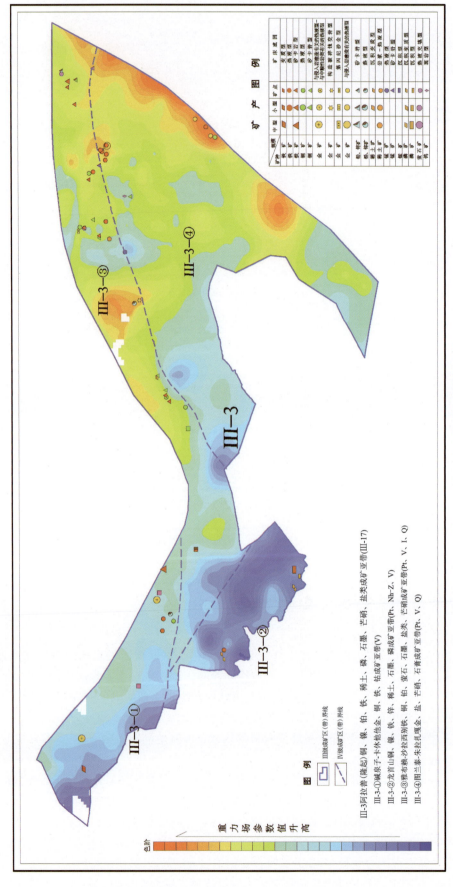

图 3-36 Ⅲ-3 成矿带区域重力异常图

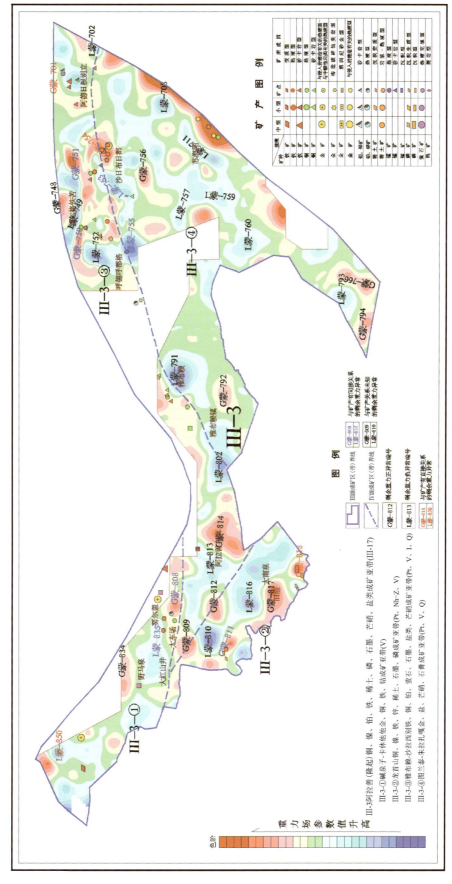

图 3-37　Ⅲ-3 成矿带剩余重力异常图

东界对应元古宙基底隆起区形成一醒目的北北东向展布的剩余重力异常带。在其西侧边部伴有串珠状展布的正磁异常,是由伴随深大断裂(狼山-贺兰山断裂)形成基性物质的聚集引起。在大规模早古生代酸性岩分布区和太古宙—元古宙坳陷区,对应形成明显的剩余重力负异常。

Ⅲ-3成矿带位于恩格尔乌苏蛇绿混杂岩带之南,布格重力异常北北东向巨型梯级带西侧,区域重力低异常区,即酸性岩岩浆岩带分布区,是成矿的有利地区。

该区域的矿点多位于布格重力异常等值线密集带或同向扭曲部位,在剩余重力正异常边部梯级带或转弯处。该区域元古宇增隆昌组是与成矿有关的主要地层,且矿体多受岩体与地层的接触带及断裂构造控制。可见重力场特征客观地反映了该区域的成矿地质环境。比如G蒙-754剩余重力正异常区,对应长城系、蓟县系出露区,在异常边部分布有大型朱拉扎嘎金矿及多处铁多金属矿床。

在Ⅲ-3-②龙首山铜、镍、铁、锌、稀土、石墨、磷成矿亚带(Pt,Nh-Z,V)内,G蒙-809、G蒙-812、G蒙-817剩余重力异常区及Ⅲ-3-③雅布赖-沙拉西别铁、铜、铂、萤石、石墨、盐类、芒硝成矿亚带(Pt,V,I,Q)东段,G蒙-751异常区,均为第四系覆盖区,重力推断为元古宇基底隆起区。在该区域应注意铁铜多金属育矿的寻找,异常边部梯级带部位应为重点区段。Ⅲ-3成矿带重力推断地质构造成果见表3-6及图3-38。

表3-6 Ⅲ-3-②成矿带重力推断地质构造成果统计表

推断地质体		出露情况 数量(个)	隐伏	半隐伏	出露	合计	
地层	太古宇		无	9	无	9	26
	太古宇—元古宇		1	无	无	1	
	元古宇		8	4	1	13	
	古生界		无	3	无	3	
岩体	酸性—中酸性岩体		2	4	1	7	13
	基性—超基性岩体		2	4	无	6	
断裂			60	38	7	105	
盆地				14		14	

第七节 华北陆块北缘东段铁、铜、钼、铅、锌、金、银、锰、铀、磷、煤、膨润土成矿带(Ⅲ-10)

一、地质概况

该成矿带主体位于太仆寺旗-赤峰以南,南侧与山西、河北、辽宁接壤,西侧延伸至山西省境内,北界以化德-赤峰-开源深大断裂与林西-孙吴铅、锌、铜、钼、金成矿带为邻。大地构造单元属华北地块阴山断隆。该成矿带跨越大青山-冀北古弧盆系(Ⅱ-3)、狼山-阴山陆块(Ⅱ-4)两个二级大地构造单元。该成矿带只包含一个成矿亚带,即Ⅲ-10-①内蒙古隆起东段铁、铜、钼、铅、锌、金、银、锰、磷、煤、膨润土成矿亚带(图3-39)。

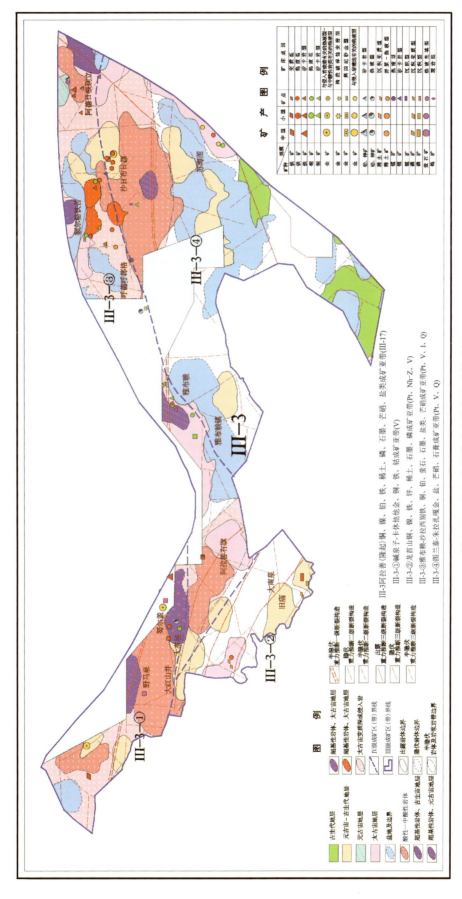

图 3-38 Ⅲ-3 成矿带重力推断地质构造图

区域内的断裂构造主要表现为3组,分别为东西向、北西向和北北东—北东向,规模较大,构成大型的断裂带。这些断裂控制了该区中生代盆地和火山机构的形成。东西向断裂是区内出现最早的断裂,多被后期的北东向和北西向断裂带所切割。北西向断裂早于北东向断裂,而且多被北东向断裂切割推移,北西向断裂是本区主要的导岩、导矿和容矿构造。

Ⅲ-10-①内蒙古隆起东段铁、铜、钼、铅、锌、金、银、锰、磷、煤、膨润土成矿亚带出露地层齐全,除缺少元古宇外,太古宇、古生界、中生界、新生界均有分布,且构造复杂。各断代地层多不齐全,以中、新生界分布最广,其次是太古宇。区内太古宇主要分布在努鲁尔虎山、七老图山和铭山3个隆断带上,少部分出露于锡伯河、老哈河两个坳断带中,主要为中太古界乌拉山岩群,为一套角闪岩相-高绿片岩相变质岩,包括黑云斜长片麻岩、黑云角闪变粒岩、黑云钾长片麻岩、斜长角闪岩、大理岩、绿片岩等,普遍遭受过强烈的区域混合岩化作用。其原岩为一套海相中基性火山-沉积岩。古生代时期,南部为相对稳定的陆表海沉积,为一套灰岩-砂岩建造;北部区处于活动陆缘环境,沉积了一套火山岩-沉积岩建造。中生代本区处于滨太平洋岩浆岩带(内带),主要表现为差异性升降,形成断隆与坳陷相间的格局,沉积了陆相湖盆含煤沉积建造、陆相火山岩建造等。新生界遍布沟谷及平川。

区内岩浆岩极为发育,特别是到了中生代,由于太平洋板块向欧亚板块的俯冲作用,使华北地台强烈活化,伴随有强烈的构造活动及岩浆侵入和火山喷发活动。强烈的燕山运动打破了元古宙以来的东西向构造格局,由于扭动而产生一系列的北东向断裂,并引起呈北东向延伸的岩浆活动,在本区形成了北东向展布的岩浆岩带。

主要侵入期有吕梁-阜平期、海西期及燕山期,以燕山期最为强烈。岩性从酸性到超基性均有分布,各种岩性的分布面积随着基性程度的增加而减小,酸性岩最广,超基性岩最少(图3-39)。

区域内的断裂构造主要表现为大型线型断裂,有3组:分别为东西向、北西向和北北东—北东向,规模较大,构成大型的断裂带。这些断裂控制了该区中生代盆地和火山机构的形成。东西向断裂是区内出现最早的断裂,多被后期的北东向和北西向断裂带所切割。在区域上,东西向断裂构造规模较大,主要有隆化-北票断裂带、赤峰-开原深断裂带;北西向断裂早于北东向断裂,而且多被北东向断裂切割推移,北西向断裂是本区主要的导岩、导矿和容矿构造;北北东—北东向断裂较为发育,自西向东依次为赤峰-锦山断裂带、铁匠营-四官营断裂带、承德-北票断裂带,规模相对较大。东西向和北东向深大断裂控制了本区断隆与坳陷的形成。

1. 太古宙

出露的太古宙地层主要为乌拉山岩群,乌拉山岩群角闪斜长片麻岩、黑云绢云石英片岩是沉积变质型铁矿的含矿层位,同时富含金、铅、锌等成矿元素。如五官营子铁矿、十八台铁矿等大小20多个沉积变质型铁矿。

2. 海西期—燕山期

这期间有强烈的构造活动及岩浆侵入和火山喷发活动。形成了热液型、矽卡岩型、火山岩型铁、金、铜、钼、铅、锌等金属矿床。以热液型金、铜矿为主,金矿如陈家杖子热液型金矿床、柴火栏子热液型金矿床。

二、区域成矿模式及成矿谱系

该成矿带由太古宙变质火山沉积岩系组成华北陆块,发育有与海相火山-沉积作用有关的铁矿床成矿系列。吕梁运动后地壳处于稳定状态。海西晚期，由于西伯利亚板块与华北板块碰撞拼合，而在南湾子—哈拉火烧地段发生构造-岩浆活化，形成了与酸性岩浆活动有关的铁、铁锌矿床成矿系列。中生代本区进入滨西太平洋活动大陆边缘构造发育阶段，在千斤沟-车户沟地区形成与燕山期中酸性岩浆活动有关的铁、金、银、铅、锌、铜、钼、锡、萤石矿床成矿系列，形成了热液型金厂沟梁大型金矿床和陈家杖子火山隐爆角砾岩型大型金矿床（成矿时限为121～100Ma，引自邵和明等，2001）及千斤沟锡矿、太仆寺东郊萤石矿等。

区域成矿谱系见图3-40，区域成矿模式见图3-41。

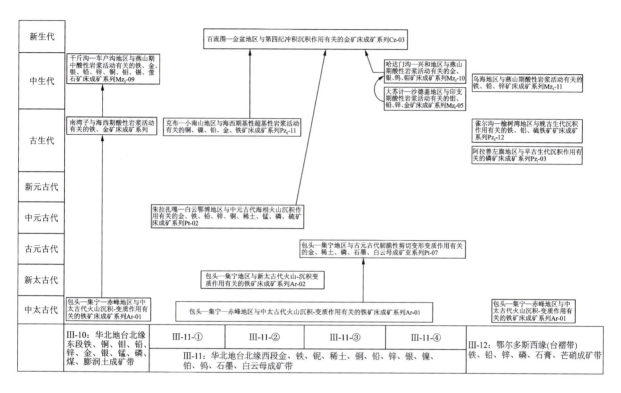

图3-40 华北地台北缘东段成矿谱系图

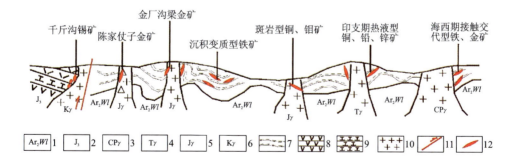

图3-41 华北地台北缘东段区域成矿模式图（据《内蒙古自治区重要矿种区域成矿规律研究成果报告》，2013）

1.中太古代乌拉山岩群；2.晚侏罗世火山岩；3.石炭纪—二叠纪酸性侵入岩；4.三叠纪侵入岩；
5.侏罗纪侵入岩；6.白垩纪侵入岩；7.片麻岩；8.安山岩；9.粗面岩；10.花岗岩；11.逆断层；12.矿体

三、重力场特征及地质构造解释推断成果

该区域已完成1:20万区域重力测量。

Ⅲ-10成矿带属华北板块北缘,北界为近东西向深大断裂F蒙-2029-(11)。地理上由西到东分为3个片区。

该区重力异常总体呈北东向展布,由西到东重力场值呈降低趋势,其值为$(-170\sim -46)\times 10^{-5}$ m/s^2(图3-42)。由于燕山期强烈的构造活动,打破了近东西向构造格局,成矿带内区域构造以北东向为主,显然重力异常走向受区域构造控制。

重力场值西部片区相对较低,其值一般为$(-170\sim -134)\times 10^{-5}$ m/s^2,异常形态呈条带状,剩余重力正负异常呈北东向相间分布(图3-43)。剩余重力正异常主要与太古宙、古生代基底隆起有关;不规则面状展布的剩余重力负异常主要由伴随海西期—燕山期构造活动形成的中酸性侵入岩引起;条带状展布边部等值线密集的负异常推断为中新生代断陷盆地。

中部、东部片区是该区金银铅锌铁多金属矿分布最集中的区域。东部片区范围较小,其特征与中部片区类似。这里重点叙述中部片区,即赤峰地区。

中部片区位于大兴安岭梯带南段,重力值相对较高,受地幔坡影响,场值由西到东呈增高趋势,为$(-120\sim -46)\times 10^{-5}$ m/s^2,其间存在明显的局部重力高或重力低,异常形态复杂,等值线多处形成密集的梯级带或发生扭曲变形。该区域零星分布的中太古代古老变质岩系,构成陆块区的结晶基底,其构造线方向为近东西向或北东东向。伴随燕山期构造运动,岩浆活动强烈,从喷出岩到次火山岩、侵入岩均有分布。致使太古宙、元古宙基底起伏变化较大,多处形成中新生代沉积的断陷盆地,同时发育有近东西向、北东向、北西向、南北向断裂构造。该区重力异常形态复杂,重力异常等值线密集的梯级带及其扭曲变形显然与断裂构造有关。重力高值区,剩余重力正异常区为太古宙基底隆起区,重力低值区与断隆盆地或侵入岩有关。

该区金银铅锌铁多金属矿点多位于布格重力异常梯级带上或其扭曲部位。铁金矿床(点)多位于与太古宙基底隆起有关的剩余重力正异常边部,铅锌银多金属矿(床)点多位于正负异常交替带上。该区域太古宙变质岩是重要的矿源层,燕山期岩浆活动与成矿关系密切。所以与重力推断的太古宙基底隆起有关的剩余重力正异常区应是重点找矿靶区,特别是对中新生代覆盖区的剩余重力正异常应引起重视,如中部区的剩余重力正异常G蒙-297、G蒙-298、G蒙-300、G蒙-303、G蒙-306及西部区的G蒙-474、G蒙-472等。

该成矿带重力推断地质构造成果见表3-7及图3-44。

表3-7 Ⅲ-10成矿带重力推断地质构造成果统计表

推断地质体	数量(个) 出露情况	隐伏	半隐伏	出露	合计	
地层	太古宇	无	12	4	16	25
	太古宇—元古宇	无	2	无	2	
	元古宇	无	2	无	2	
	古生界	2	3	无	5	
岩体	酸性—中酸性岩体	4	3	3	10	
	断裂	25	22	5	52	
	盆地		10		10	

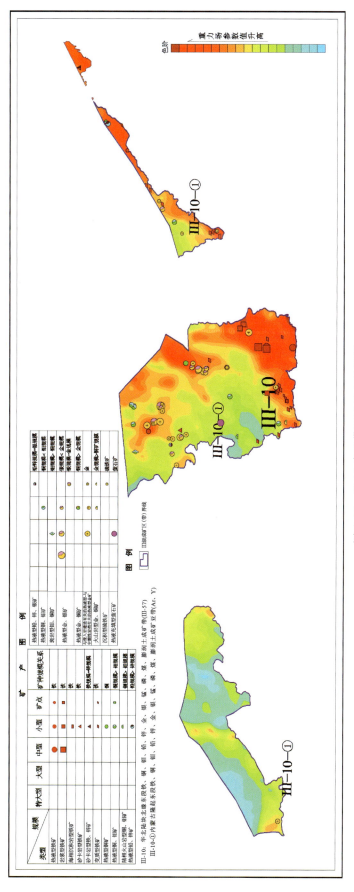

图 3-42 Ⅲ-10 成矿带区域重力异常图

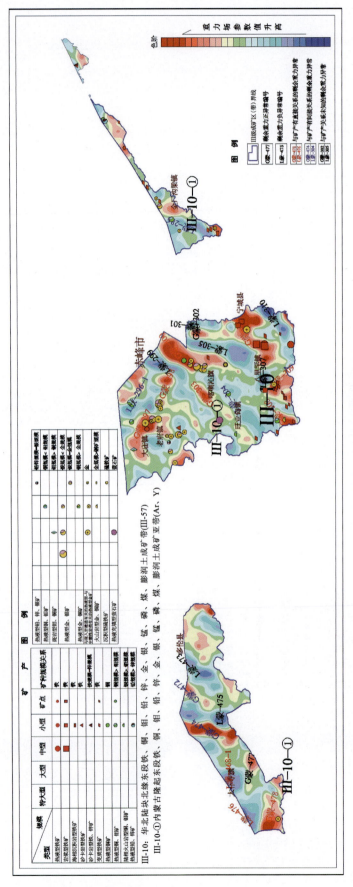

图 3-43 Ⅲ-10 成矿带剩余重力异常图

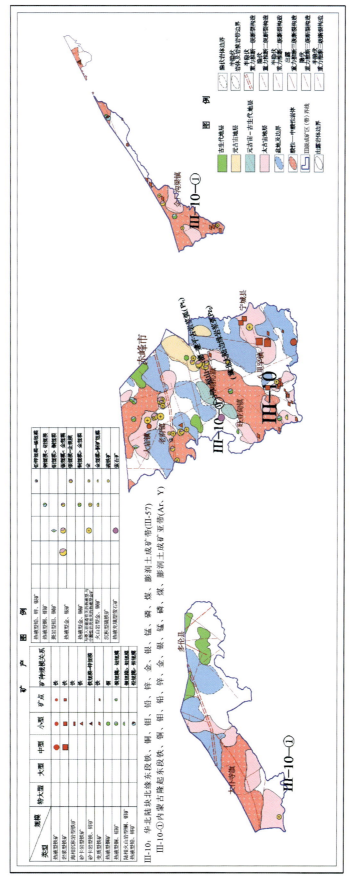

图 3-44 Ⅲ-10 成矿带重力推断地质构造图

第八节 鄂尔多斯西缘(陆缘坳褶带)铁、铅、锌、磷、石膏、芒硝成矿带(Ⅲ-12)

一、地质概况

鄂尔多斯盆地西缘位于华北板块的西部,西邻阿拉善地块,东为鄂尔多斯盆地,北为狼山造山带,南为秦祁昆碰撞带。它处于我国东部环太平洋构造域与西部古特提斯-喜马拉雅构造域的多期反复交替拉张和挤压作用相互影响、互为补偿的结合区。属于贺兰山被动陆缘盆地四级构造单元(图3-45)。

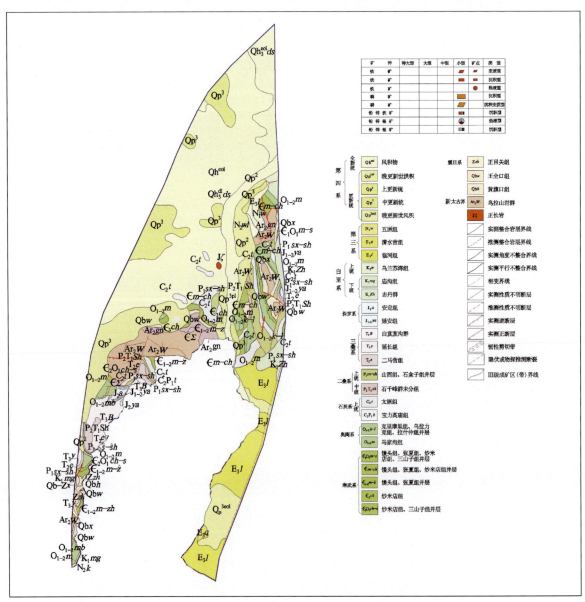

图3-45 Ⅲ-12成矿带地质矿产图

该成矿带总体以桌子山为主体。基底岩系为太古宇乌拉山岩群(原千里山群),其上被中元古界不整合覆盖。中元古代发育西勒图组和王全口组,为浅海相石英岩建造、泥页岩建造、镁质碳酸盐岩建造,显示了封闭断陷盆地的沉积环境。寒武系和奥陶系为浅海相碳酸盐岩建造。其上平行不整合覆盖石炭系、二叠系,为海陆交互相或陆相含煤建造,三叠系为湖沼相含煤建造、碎屑岩建造。

该成矿带存在3个主要成矿期。

1. 太古宙

该成矿带太古宙基底岩系,控制着本区沉积变质型铁矿的分布。中太古代乌拉山岩群的含铁变质建造控制了沉积变质型铁矿的具体分布,形成的铁矿、磷矿以矿点—小型矿床居多,未发现中大型矿床。

2. 早古生代

自早古生代以来本区处于强烈的沉降环境,出露的主要地层有下古生界寒武系张夏组泥质条带灰岩、鲕状灰岩,馒头组深灰色厚层灰岩、薄层灰岩、灰色含钙质石英砂岩及浅灰色白云质灰岩、深灰色白云岩,以及灰色含磷钙质砂岩、磷块岩。寒武系馒头组为主要含铁、磷层位,主要岩性为含磷钙质砂岩、磷块岩。

3. 印支期—燕山期

印支期,鄂尔多斯盆地西缘及其所处的华北板块遭受西伯利亚板块和华南板块南北向挤压。

燕山期,主要应力方向来自东南部,与伊佐奈歧板块向北西方向的强烈俯冲有关;北侧受西伯利亚板块向南漂移、蒙古-俄霍茨克洋闭合的影响,在华北板块北缘的阴山碰撞带内发生强烈的挤压和逆冲作用(郑亚东,1990;刘正宏,2004)。在上述两个方向应力作用下,鄂尔多斯盆地西缘主要遭受北西-南东向挤压,形成一系列热液型金属矿床。

二、区域成矿模式及成矿谱系

该成矿带由太古宙基底组成华北陆块,发育有与海相火山-沉积作用有关的铁矿床成矿系列。

早古生代华北陆块整体处于陆表海的稳定环境,此时整个陆块才有了统一的稳定盖层。火山、岩浆活动很少,寒武系和奥陶系主要由碳酸盐岩和碎屑岩组成,没有火山岩。形成一系列沉积型铁、磷矿床。

到了晚古生代,可能受南、北两侧挤压作用减缓,华北陆块再次整体下陷,从晚石炭世开始广泛接受浅海相沉积,并很快向海陆交互相、陆相沉积转变,到二叠纪则主要是陆相沉积。形成海相沉积型铁矿。这一时期华北陆块处于低纬度下的湿热气候,是地球上植物大繁盛时期,成为最有利的成煤时期。

燕山运动所导致的东西向挤压力,在本区形成一系列轴向南北、轴面西倾的非对称背、向斜。形成与燕山期酸性岩浆活动有关的铅、锌矿床成矿系列。

该成矿带区域成矿模式如图 3-46 所示。

三、重力场特征及地质构造解释推断成果

Ⅲ-12 成矿带,从区域重力异常图上来看,该区域北部重力低值区,重力异常值$(-224 \sim -170) \times 10^{-5} \mathrm{m/s^2}$,为河套盆地区。南部重力场总体反映为重力高异常区,分东、西两个片区(图 3-47)。西部重力异常呈北北东向展布,局部异常呈不规则面状或等轴状,东部呈岩近南北走向,局部异常呈哑铃型。重力异常最高值分别为$-147 \times 10^{-5} \mathrm{m/s^2}$、$-132 \times 10^{-5} \mathrm{m/s^2}$,最低值为$-184.73 \times 10^{-5} \mathrm{m/s^2}$,位于东西

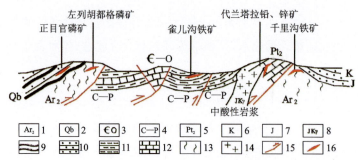

图 3-46 鄂尔多斯西缘(台褶带)成矿带区域成矿模式图(《内蒙古自治区重要矿种区域成矿规律研究成果报告》,2013)
1.中太古代岩组;2.青白口系;3.寒武系—奥陶系;4.石炭系—二叠系;5.中元古代;6.白垩系;7.侏罗系;
8.侏罗纪—白垩纪花岗岩;9.板岩;10.砂岩;11.泥岩;12.灰岩;13.片麻岩;14.花岗岩;15.逆断层;16.矿体

高值区之间。西部高值区地表主要出露太古宇乌拉山岩群,其密度高达 2.71g/cm³,推断重力高与乌拉山岩群有关;东部高值区,地质环境复杂,地层从太古宇—元古宇—古生界均有出露,显然重力高与其有关,分布其间的重力低由中新生代山间盆地引起。

该区太古宙基底岩系控制着本区沉积变质型铁、磷矿的分布,另外前寒武纪地层是铁、磷矿床的主要含矿层位,因此在以上所述重力高值区或剩余重力正异常区(图 3-48)应注意铁磷矿床的寻找。

该成矿带重力推断地质构造推断成果见表 3-8 及图 3-49。

表 3-8　Ⅲ-12 成矿带重力推断地质构造成果统计表

推断地质体		出露情况 数量(个)	隐伏	半隐伏	出露	合计	
地层	太古宇		41	1	无	5	10
	古生界		1	4	无	5	
断裂			17	9	2	28	
盆地			10			10	

第九节　觉罗塔格-黑鹰山铜、镍、铁、金、银、钼、钨、石膏、硅、灰石、膨润土、煤成矿带(Ⅲ-1)

一、地质概况

该成矿带位于北山成矿远景区北部,呈近东西向分布,与蒙古国毗邻。成矿单元属于Ⅰ-1:古亚洲成矿域,Ⅱ-2:准噶尔成矿省,Ⅲ-1:觉罗塔格-黑鹰山铜、镍、铁、金、银、钼、钨、石膏、硅、灰石、膨润土、煤成矿带,Ⅲ-1-①黑鹰山-雅干铁、金、铜、钼成矿亚带(Vm),研究区内只分布有该成矿亚带。

本区构造单元属于天山-兴蒙造山系(Ⅰ)、额济纳旗-北山弧盆系(Ⅰ-9),成矿带区域地质矿产特征见图 3-50。

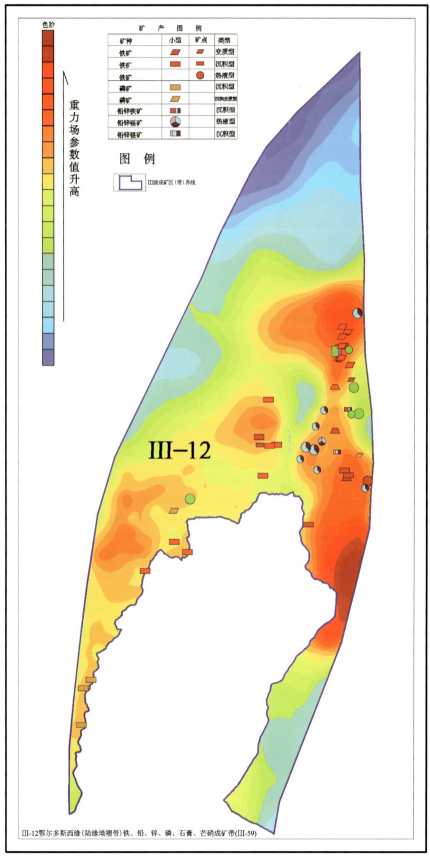

图 3-47 Ⅲ-12 成矿带区域重力异常图

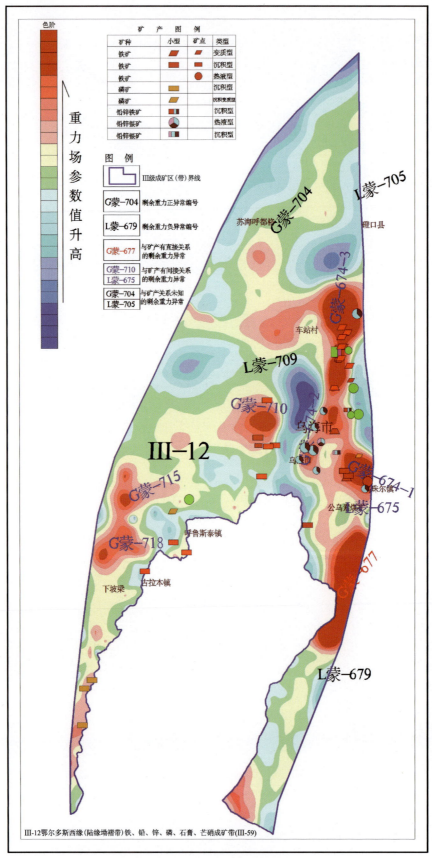

图 3-48 Ⅲ-12 成矿带剩余重力异常图

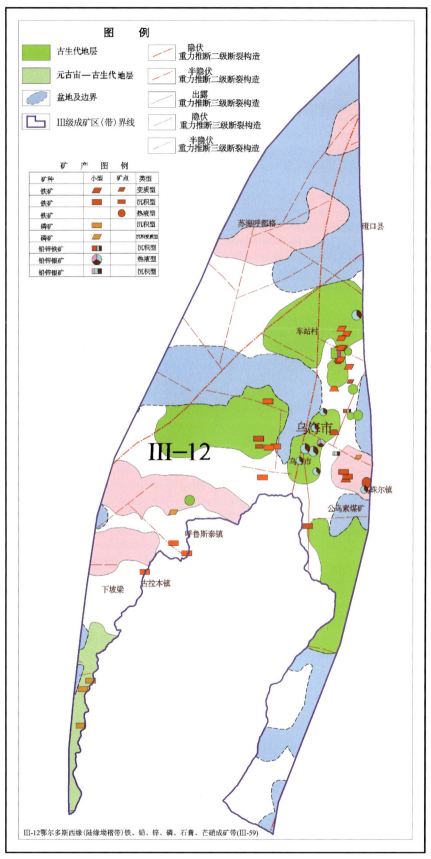

图 3-49 Ⅲ-12 成矿带重力推断地质构造图

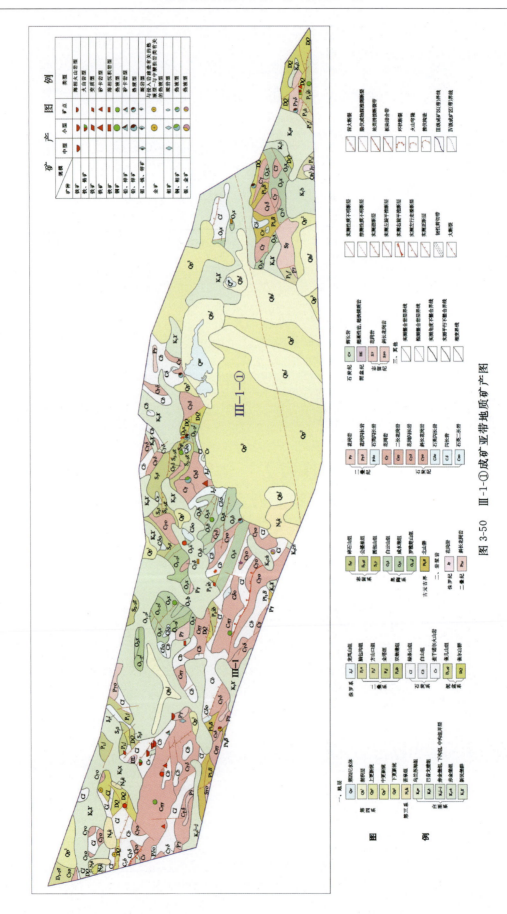

图 3-50　Ⅲ-1-①成矿亚带地质矿产图

该成矿带分布于明水-旱山地块北侧，为从奥陶纪到泥盆纪长期发育的岛弧和弧内、弧前陆坡盆地等构造环境的一个构造单元。奥陶纪咸水湖组以安山岩为主的安山岩-英安岩-流纹岩等钙碱性火山岩、火山碎屑岩，该火山弧两侧则为罗雅楚山组浅-次深海相的陆缘斜坡性质的细砂岩-粉砂岩-硅质岩建造、笔石页岩建造。志留纪早期为园包山组陆棚相砂岩-粉砂岩-泥页岩建造，中晚期则为以公婆泉组安山岩为主的安山岩、英安岩、流纹岩等陆缘火山弧的喷溢活动，弧前陆坡盆地为中上志留统碎石山组浅-半深海相砂岩、粉砂岩、粉砂质泥岩夹硅质岩岩石组合。泥盆纪继承了志留纪火山活动特点，但火山-沉积范围较志留纪大为缩小。岛弧火山岩为雀儿山组安山玄武岩、安山岩、流纹岩、凝灰熔岩岩石组合。

石炭纪为陆缘火山弧和弧内盆地沉积环境。火山弧白山组为安山岩，英安岩，流纹岩，流纹质、英安质凝灰岩岩石组合。弧内盆地绿条山组为长石砂岩、粉砂岩、粉砂质泥岩夹灰岩岩石组合。同期发育有俯冲岩浆杂岩（TTG）岩石构造组合。还出现有蛇绿岩组合的超基性岩、辉长岩、角闪辉长岩等。

二叠纪仍为陆缘弧环境，发育有中二叠统金塔组英安岩、流纹岩、大理岩岩石组合和俯冲型靠海一侧的 TTG 岩石构造组合。上二叠统出现陆相火山岩。早侏罗世本区出现伸展构造环境，局部见有后造山岩浆杂岩。

本成矿带岩浆活动强烈，侵入岩分布广泛，从深成相到浅成相，从超基性岩、基性岩到中性岩、酸性岩均有分布，其中以中酸性侵入岩为主，形成时代主要为石炭纪和二叠纪，其分布受区域构造控制，总体上呈近东西向带状展布。

本成矿带主控断裂为近北西—北西西向展布的甜水井-六驼山区域性深大断裂带。该断裂带向西延入甘肃省境内，向东经甜水井、流沙山至六驼山，再向东隐伏于居延海坳陷之下。断裂带出露长度大于 300km，由多组互相平行向北逆冲断层、劈理带、韧性剪切带等构造形迹组成，形成有强弱变形域交织而成的宽度达数千米乃至数十千米的构造网络带，断裂延伸方向与地层的走向相近。断裂带在区域重、磁场中为场的分界线或梯度带。属于晚古生代—早中生代塔里木-哈萨克斯坦联合板块与西伯利亚板块碰撞造山形成的挤压构造系统的一部分。

甜水井-六驼山区域性深大断裂带次级断裂发育，主要呈近东西向、北西向及北西西向、北东向展布，其次呈南北向。其中北东向断层与北西向断层具有共轭关系。受区域性深大断裂活动的影响区内岩层变形强烈，片（劈）理、挤压破碎带广泛发育。深大断裂带及其次级断裂为岩浆热液成矿提供了通道及富集空间，特别是其次一级断裂构造的交会部位是金属矿床（点）产出的有利部位。

本成矿带志留纪—泥盆纪岛弧火山建造具备形成斑岩铜矿的有利背景；石炭纪—二叠纪陆内裂谷具备形成火山沉积铁矿、铜矿、斑岩铜矿的有利背景；中生代古陆壳活化重熔型花岗岩具有形成钨钼金属矿的有利背景。区内基性—酸性强烈的岩浆活动不仅为成矿提供了热源，同时也提供了物质来源，石炭纪强烈的基性—酸性火山喷发，形成与海相火山岩相关的黑鹰山铁矿床。晚期大规模海西期中酸性岩浆侵位，形成矽卡岩型铁铜矿（乌珠尔嘎顺）、斑岩型额勒根钼铜矿床。印支期酸性—超酸性铝过饱和花岗岩是其小狐狸山钼铅锌矿含矿母岩。

二、区域成矿模式及成矿谱系

本区从奥陶纪到泥盆纪为长期发育的岛弧和弧内、弧前陆坡盆地等构造环境的一个构造单元，分布有许多与该期岛弧火山岩关系密切的铜矿（化）点。石炭纪—二叠纪逐渐演化为活动大陆边缘环境，并伴有强烈火山喷发活动及大规模海西期花岗岩类侵位。石炭纪火山-沉积岩中形成了与火山岩有关的海相火山岩型黑鹰山铁矿床，重熔花岗岩浆与本区海西期铜、钼、金、铅、锌成矿相关，如斑岩型流沙山钼金矿床、接触交代型乌珠尔嘎顺铁矿。印支期为陆内环境，矿化与构造-岩浆活化作用有关，如小狐狸山斑岩型钼铅锌矿床。区域成矿模式见图 3-51，区域成矿谱系见图 3-52。

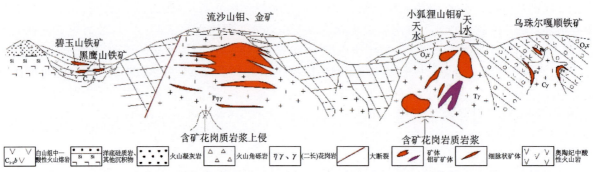

图 3-51 觉罗塔格-黑鹰山铜、镍、铁、金、银、钼、钨、石膏、硅灰石、膨润土、煤成矿带区域成矿模式图
(《内蒙古自治区重要矿种区域成矿规律研究成果报告》,2013)

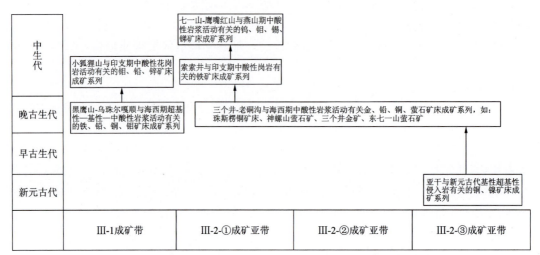

图 3-52 觉罗塔格-黑鹰山Ⅲ-1、磁海-公婆泉Ⅲ-2 成矿带区域成矿成矿谱系

三、重力场特征及推断地质构造成果

Ⅲ-1-①成矿亚带西部甜水井一带已完成 1:20 万区域重力测量工作,东部只有 1:100 万重力测量成果。

由区域重力异常图可见(图 3-35),重力异常总体呈东部高、南西低的趋势,由东到西其值 Δg(−224.9～−148)$\times 10^{-5}$ m/s²。在东西跨度约 200km 范围内,下降 76×10^{-5} m/s²。这主要与地幔深度变化有关。东部是幔凸区,地幔深度约 50km,向南西逐步变深,最深处 53km,区域上形成北西向的幔坡带,显然区域重力异常的总体变化趋势受地幔深度变化制约,重力异常走向同时也受区域构造控制,总体呈北西西向。南西部重力低值区同时也是构造岩浆岩带分布区,该岩浆岩带受区域性深大断裂清河口断裂 F蒙-02023 控制。

该区域异常形态复杂,等值线多处形成密集的梯级带或发生同向扭曲变形(图 3-53),这与该区域北西西向的区域性大断裂及北东向、北西向断裂发育有关。中西部区存在北西西向重力异常梯级带,并伴有断续分布的窄条状磁异常,该梯级带与区域性大断裂 F蒙-02023 有关。另外由于东西部工作比例尺不同,西部区布格重力异常的细部反映更明显,比如等值线的转弯、疏密变化等。

由剩余重力异常图可见(图 3-54),该区域的正异常多呈长条状,部分异常受断裂构造影响沿长轴发生扭曲。在大部分剩余重力正异常区内主要出露奥陶纪、志留纪、石炭纪、二叠纪地层,南部有元古宙地层出露,可见该区正异常主要与前中生代基底隆起有关。异常形态呈不规状、等轴状且等值线相对较稀

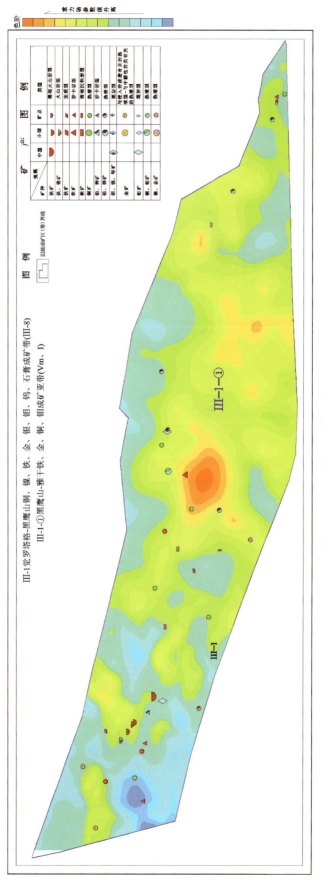

图 3-53 Ⅲ-1-①成矿亚带区域重力异常图

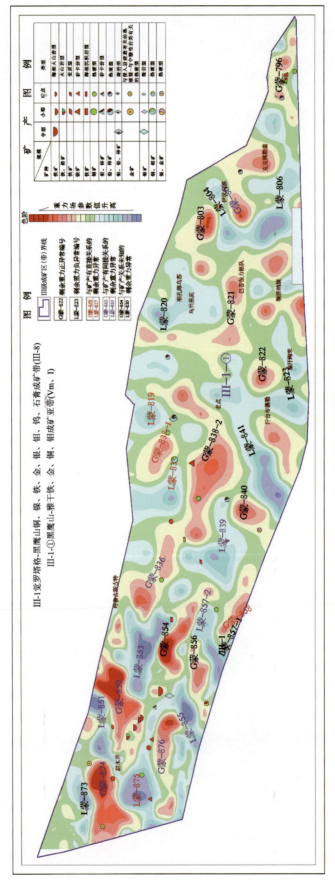

图 3-54 Ⅲ-1-①成矿亚带剩余重力异常图

疏的负异常多与中酸性侵入岩有关。部分负异常形态较规整，呈条带状，且边部等值线密集，推断其由中新生代坳陷盆地引起。

区内铁金多金属矿点主要分布于布格重力异常梯级带上，或等值线变形部位，剩余重力正异常边部或正负异常交替带上。尤其在西部清河口F蒙-0023断裂形成的北西西向梯级带上及其折曲部位，矿点分布更为集中，可见断裂对成矿活动有明显的控制作用。综上所述认为，在剩余重力正异常区边部注意铁金多金属矿的寻找，正负异常交替带上应注意铜铅锌多金属矿的寻找，比如剩余重力正异常G蒙-852、G蒙-842、G蒙-874、G蒙-860等。

该成矿亚带内重力推断地质构造成果见表3-9及图3-55。

表3-9　Ⅲ-1-①成矿亚带重力推断地质构造成果统计表

推断地质体		出露情况 数量（个）	隐伏	半隐伏	出露	合计	
地层	太古宇		2	1	1	4	21
	元古宇		1	无	无	1	
	古生界		无	16	无	16	
岩体	酸性—中酸性岩体		无	8	2	10	11
	基性—超基性岩体		1	无	无	1	
断裂			37	24	5	66	
盆地				13		13	

第十节　磁海-公婆泉铁、铜、金、铅、锌、钼、锰、钨、锡、铷、钒、铀、磷成矿带（Ⅲ-2）

该成矿区带北以甜水井-六驼山断裂与觉觉罗塔格-黑鹰山铜、镍、铁、金、银、钼、钨、石膏、硅、灰石、膨润土、煤成矿带（Ⅲ-1）相邻，南以恩格尔乌苏深断裂为界。跨北山弧盆系和塔里木陆块两个构造单元。属于古亚洲成矿域（Ⅰ-1）、塔里木成矿省（Ⅱ-4）。成矿带地质矿产特征见图3-56。

一、地质概况

该成矿单元是星星峡-公婆泉金、铜、铅、锌成矿带的东延部分。出露地层为中、新元古代长城纪碳酸盐岩和细碎屑岩，早古生代寒武纪、奥陶纪地层及晚古生代石炭纪和二叠纪地层。岩浆活动频繁，而与成矿有关的为海西晚期、印支期和燕山晚期的中酸性岩浆岩。主要岩浆岩为闪长岩、花岗闪长岩，黑云花岗岩等。

该成矿带矿体赋存于一定的地层层位，老硐沟式热液型金矿体赋存于中元古界长城系古硐井群上岩组（ChG^2），太古宙和古中元古代地层是铁多金属矿的重要矿源层。新元古代辉长岩是铜镍矿的赋矿岩体，构造岩浆岩为钨矿形成提供了物质来源，岩浆活动同时也为该区多金属矿的形成提供了热源。

已知矿床类型为：接触交代型索索井铁铜矿床，热液型鹰嘴红山钨矿、老硐沟金多金属矿，七一山钨钼矿床等。该成矿带是今后寻找铜多金属矿远景区。

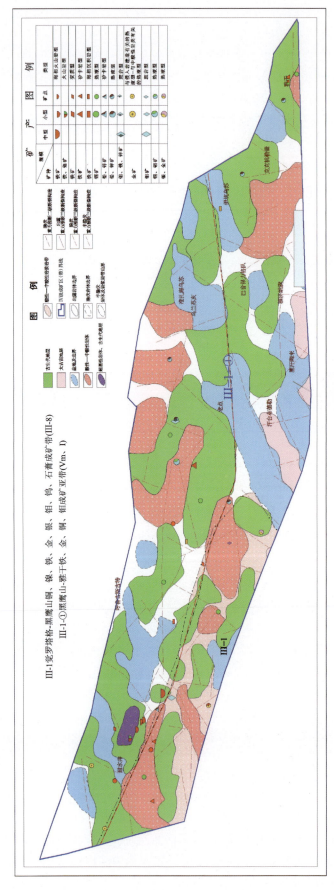

图 3-55　Ⅲ-1-①成矿亚带重力推断地质构造图

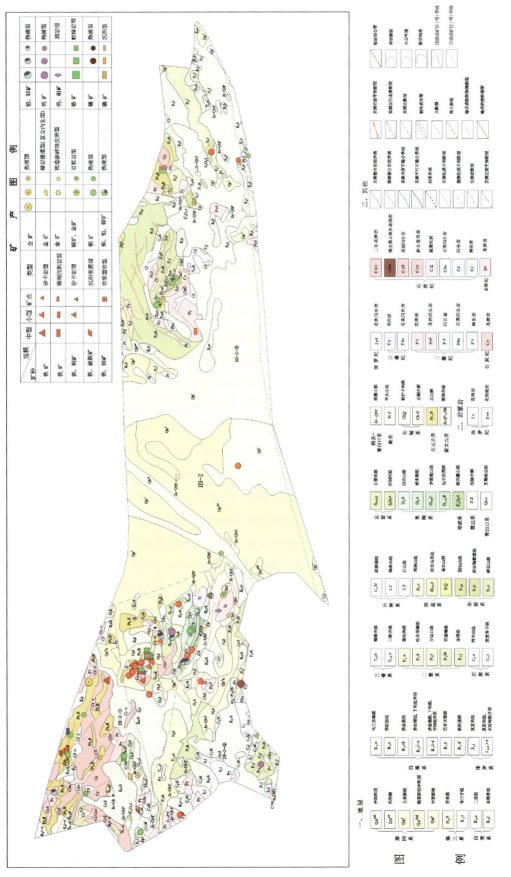

图 3-56 Ⅲ-2 成矿带地质矿产图

该成矿带根据成矿作用控制、主导控矿因素、矿田分布区及矿化富集区的成矿作用特征,又可进一步划分为3个成矿亚带,下面分述之。

1. Ⅲ-2-①石板井-东七一山钨、锡、铷、钼、铜、铁、金、铬、萤石成矿亚带(C、V)

该成矿亚带受甜水井-六驼山深大断裂、白云石-月牙山-湖西新村断裂带及银额盆地边界断裂围限。大地构造属于天山-兴蒙造山系(Ⅰ)额济纳旗-北山弧盆系(Ⅰ-9)。北侧为明水岩浆弧(Ⅰ-9-3),南侧为公婆泉岛弧(Ⅰ-9-4),二者大致以石板井-小黄山断裂为界。

明水岩浆弧亦称为明水-旱山地块,是一个建立在古老变质基底岩系之上的岩浆弧,基底岩系由中—新太古代黑云斜长变粒岩、石英岩、斜长角闪混合岩、黑云斜长片麻岩等变质建造,以及古元古代北山岩群黑云石英片岩、绢云石英片岩、石英岩、大理岩等变质建造组成。推测是在奥陶纪从塔里木陆块分裂出来的地块。志留纪有俯冲岩浆杂岩侵入。可能与南部公婆泉岛弧的再生洋盆俯冲消减有关。石炭纪为陆缘弧环境,由白山组和绿条山组构成的陆缘火山弧和弧内盆地碎屑岩沉积。同期伴有石炭纪、二叠纪俯冲岩浆杂岩(TTG_1)岩石构造组合。侏罗纪至早白垩世为后造山岩浆杂岩侵入的伸展构造环境。

公婆泉岛弧是一个从塔里木陆块于中奥陶世拉伸裂开的再生洋盆发育起来的构造单元。出露有中元古代至早中奥陶世被动陆缘性质的陆棚碎屑岩和碳酸盐岩台地的岩石组合。包括中元古界长城系古硐井群,中、新元古界蓟县系—青白口系圆藻山群,下寒武统双鹰山组,中寒武统至下奥陶统西双鹰山组及中下奥陶统罗雅楚山组。中奥陶世至志留纪,再生洋盆内发育有火山弧玄武岩、安山岩、英安岩、碧玉岩的中、上奥陶统锡林柯博组岩石组合和白云山组浅海相长石石英砂岩、杂砂岩、粉砂岩、灰岩的弧背沉积的岩石组合。并形成SSZ型蛇绿混杂岩。志留纪,随着洋盆的不断扩展,伴有洋壳向两侧俯冲消减,形成中上志留统公婆泉组以安山岩为主的玄武岩、英安岩、大理岩火山弧岩石组合,同期有半深海相的碳酸盐岩、石英砂岩、硅质岩等弧内沉积的岩石组合,以中下志留统园包山组和中上志留统碎石山组为代表。晚志留世洋盆封闭。石炭纪本区发育俯冲岩浆杂岩岩石构造组合(TTG)。二叠纪为俯冲岩浆杂岩 G_1G_2 岩石构造组合,该岩石构造组合与其北部的园包山岩浆弧、红石山蛇绿混杂岩带、明水岩浆弧内的TTG岩石构造组合可以构成由北向南的俯冲极性。三叠纪为后碰撞岩浆杂岩岩石构造组合,为过铝质高钾钙碱性花岗岩,二长花岗岩岩石组合。侏罗纪至白垩纪为后造山岩浆杂岩岩石构造组合。

2. Ⅲ-2-②阿木乌苏-老硐沟金、钨、锑、萤石成矿亚带(V)

该成矿亚带的大地构造属于Ⅲ塔里木陆块区,Ⅲ-2敦煌陆块,三级构造单元主体属于Ⅲ-2-1柳园裂谷(C—P),其北侧为Ⅰ-9-4公婆泉岛弧(O—S)。

本区基底为长城系古硐井群(ChG)、蓟县系平头山组(Jxp)及部分青白口系大豁落山组(Qbd),局部出露有太古宙—古元古代敦煌杂岩(Ar_2Pt_1Dh)。中新元古代至寒武纪,为稳定的被动陆缘陆棚碎屑岩和碳酸盐岩台地环境,属于敦煌陆块盖层性质的沉积。石炭纪和二叠纪发育有裂谷中心的双峰式火山岩(玄武岩和流纹岩),裂谷边缘则有浅海相的石英岩、粉砂岩、页岩、碳酸盐岩组合。

三叠纪以后,本区进入盆山构造体系。三叠纪为断陷盆地和后碰撞岩浆杂岩的侵入活动。侏罗纪、白垩纪为后造山岩浆杂岩侵入的板内伸展构造环境。

3. Ⅲ-2-③珠斯楞-乌拉尚德铜、金、镍、铅、锌、煤成矿亚带(Pt、V)

该成矿亚带东侧为隆起区,西侧为中新生代的银额盆地。大地构造属天山-兴蒙造山系(Ⅰ)额济纳旗-北山弧盆系(Ⅰ-9)珠斯楞海尔汗陆缘弧(Ⅰ-9-5)。

本成矿亚带呈北东-南西走向,与Ⅲ-1、Ⅲ-7成矿带相邻,西侧与Ⅲ-2-①、Ⅲ-2-②成矿亚带接壤,西南侧大部分为中新生界覆盖,仅北东角出露基岩。

是一个发育在中元古代至泥盆纪稳定的被动陆缘之上的以石炭纪—二叠纪陆缘弧为优势构造相构造单元。基底出露有古元古界北山岩群黑云角闪斜长片麻岩、变粒岩岩石组合。中元古代至泥盆纪,本区进入相对稳定的被动陆缘的构造环境,出露有中元古界古硐井群,中新元古界园藻山群,中寒武统至下奥陶统西双鹰山组,中上奥陶统白云山组,上奥陶统至下志留统为班定陶勒盖组,下志留统园包山组,上志留统碎石山组,中下泥盆统伊克乌苏组,中上泥盆统卧驼山组、西屏山组。

石炭纪本区进入活动陆缘阶段,发育石炭纪和二叠纪陆缘火山弧和俯冲岩浆杂岩(TTG)岩石构造组合。石炭纪陆缘火山弧为石炭系白山组海相流纹岩、英安岩、安山岩、流纹质、英安质凝灰岩岩石组合;同期弧内沉积为绿条山组浅海相长石石英砂岩、粉砂岩、泥岩、灰岩组。下二叠统双堡塘组为陆棚碎屑砂岩、粉砂岩、泥岩岩石组合。陆缘火山弧为中二叠统金塔组海相英安质凝灰岩、砂岩、粉砂岩、泥岩岩石组合;上二叠统哈尔苏海组为弧背沉积砂砾岩、砂岩、粉砂质泥岩岩石组合,标志着本区陆缘火山活动的终结。

三叠纪以后,本区发育陆内断陷盆地和少量后碰撞、后造山构造岩浆岩侵入活动。

中生代由于滨太平洋构造域的影响,地质构造环境发生明显变化。总体以形成近东西向和北东—北北东向断陷盆地和隆起相伴的格局为特征。

新生代,由于地壳以断块升降运动为主,基本形成了现今的盆山体系。第三纪在盆地中沉积了河湖相含膏盐砂泥质建造。第四纪总体抬升,但断块差异升降运动仍在继续。全新世地壳活动仍以抬升和局部坳陷为特征。

侵入岩主要为石炭纪花岗岩类,二叠纪花岗闪长岩、花岗岩。

二、区域成矿模式及成矿谱系

本区由古元古代、中新元古代地层组成的旱山和雅干等微地块自震旦纪末开始裂解与离散,形成与古陆裂解阶段基性—超基性岩有关的岩浆型亚干铜镍矿。寒武纪—中奥陶世为被动陆缘构造环境,堆积了海相复理石建造。晚奥陶世—泥盆纪洋壳俯冲转化为活动边缘,本区处于火山岛弧环境,发育钙碱性火山岩。

石炭纪—二叠纪,北侧为活动大陆边缘环境,发育陆缘弧火山-沉积地层。在塔里木陆块为裂谷拉伸体系,伴有强烈火山喷发活动及大规模海西期花岗质岩浆侵位,形成与之相关的金、铜矿床。

中生代及之后为后造山及陆内发展阶段,古陆壳活化重熔型花岗岩有利于形成钨锡稀有金属矿,如热液型阿木乌素锑矿、矽卡岩型索索井铁矿。区域成矿模式如图3-57所示。

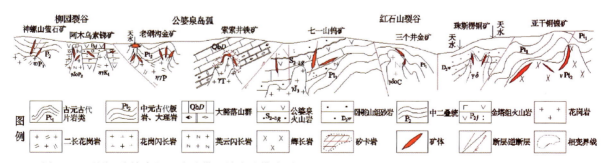

图3-57 磁海-公婆泉Ⅲ-2成矿带区域成矿模式图(《内蒙古自治区重要矿种区域成矿规律研究成果报告》,2013)

三、重力场特征及地质构造解释推断

该区域只在西北角完成了一小部分1∶20万重力测量,大部分地区只开展了1∶100万重力测量工作,中东部巴丹吉林沙漠区为重力测量空白区。

由于该区重力工作程度较低,所以重力场特征只能大致反映区域构造格架及基底起伏变化情况。

Ⅲ-2成矿带位于Ⅲ-1成矿带之南,两个区段区域重力异常变化趋势相近。异常总体呈北西西向展布,由北东至南西呈降低趋势(图3-58),其值 Δg 由 $-152\times10^{-5}\mathrm{m/s^2}$,降至 $-232\times10^{-5}\mathrm{m/s^2}$,在东西跨度约200km范围内,下降 $80\times10^{-5}\mathrm{m/s^2}$。地幔深度由北东约50km,至南西逐步降低到54km。该区域为北西向幔坡带的南段,区域重力异常的总体变化趋势受地幔深度制约。重力异常走向同时也受北西西向展布的区域构造控制,即受横跨成矿带东西的区域性深大断裂——额济纳旗断裂F蒙-02024、横蛮山-乌兰套海断裂F蒙-02025-⑥控制。

以横蛮山-乌兰套海F蒙-02025-⑥断裂为界,为哈萨克斯坦板块与塔里木陆块结合部,其间为七一山-洗肠井蛇绿岩带,断裂部位存在明显的重力异常梯级带,两侧重力场特征明显不同,北侧异常呈北西向展布,异常等值线多处折曲,南侧异常呈面状等轴状展布。

该区域存在多处重力异常局部高值区,这正是前述地质概况中所述的元古宙—古生代形成的老地块的客观反映。又由于中新生代构造运动的影响,总体形成近东西向、北东—北北东向隆起和断陷盆地相伴的格局,受其制约,剩余重力正负异常亦表现为近东西向和北东—北北东向相间分布的特点(图3-59)。伴随深大断裂活动有强烈的岩浆活动,沿额济纳旗F蒙-02024、横蛮山-乌兰套海F蒙-02025-⑥断裂形成北西向的构造岩浆岩带。该区剩余重力负异常由断陷盆地和侵入岩体引起;正异常主要与老地块有关,沿F蒙-02025-⑥分布的基性岩亦是形成正异常的重要因素。

该区矿点多集中分布于板块结合部F蒙-02025-⑥断裂两侧附近的局部正异常区边部。另外在额济纳旗断裂F蒙-02024两侧剩余重力正异常边部矿点分布也较集中。这是由于该区成矿活动不仅与断裂活动有关,而且元古宙、太古宙地层是重要的矿源层。

综上所述认为,在F蒙-02025-⑥、F蒙-02024断裂带两侧附近的正异常区,特别是推断的隐伏、半隐伏基底隆起区是成矿的有利地区,尤其在推断与基性岩有关的G蒙-844、G蒙-846、G蒙-865等异常区应注意铜镍多金属矿的寻找。由前述地质概况可知,该区的构造岩浆岩与钨矿成矿关系密切,所以在推断与中酸性侵入岩有关的负异常区应注意钨多金属矿的寻找。

Ⅲ-2成矿带重力推断地质构造成果见表3-10及图3-60。

表3-10 Ⅲ-2成矿带重力推断地质构造成果统计表

推断地质体		出露情况 隐伏	半隐伏	出露	合计	
地层	太古宇	无	2	无	2	25
	元古宇	2	1	1	4	
	元古宇—古生界	无	4	无	4	
	古生界	无	15	无	15	
岩体	酸性—中酸性岩体	1	8	3	12	7
	基性—超基性岩体	4	1	无	5	
断裂		92	30	12	134	
盆地			19		19	

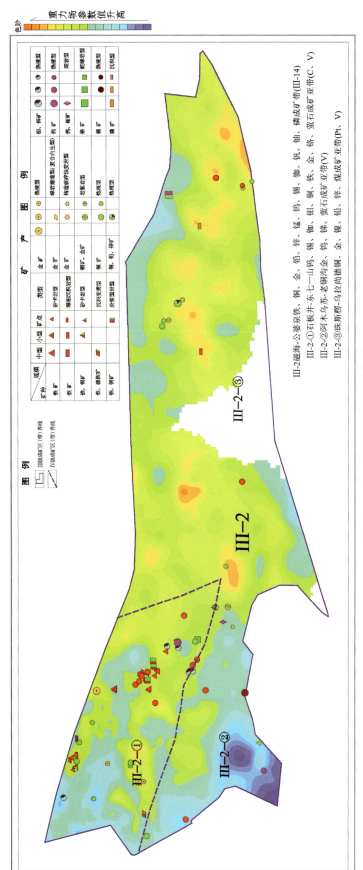

图 3-58　Ⅲ-2 成矿带区域重力异常图

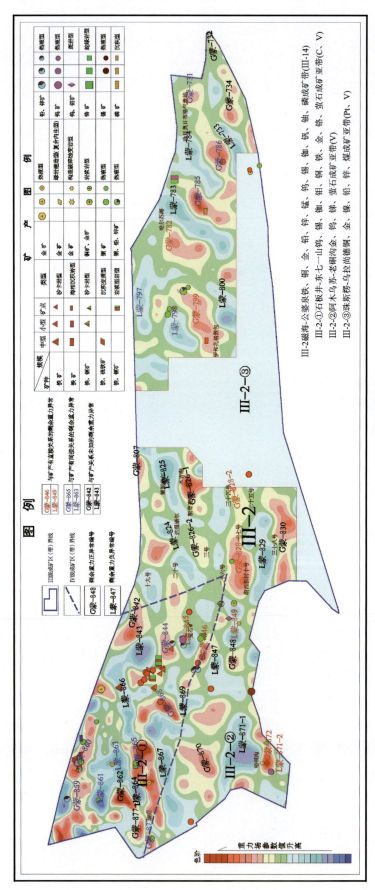

图 3-59 Ⅲ-2 成矿带剩余重力异常图

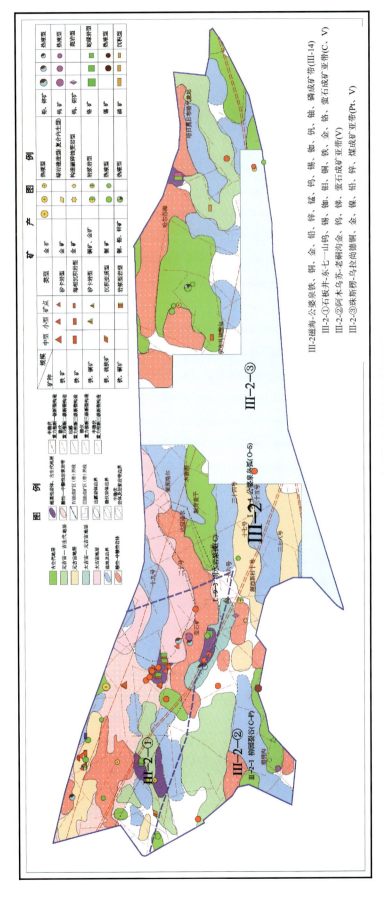

图 3-60　Ⅲ-2 成矿带重力推断地质构造图

第十一节　河西走廊铁、锰、萤石、盐类、凹凸棒石、石油成矿带（Ⅲ-4）

一、地质概况

该成矿单元属于Ⅰ-2：秦祁昆成矿域，Ⅱ-5：阿尔金-祁连成矿省，Ⅲ-4：河西走廊铁、锰、萤石、盐类、凹凸棒石成矿带，Ⅲ-4-①阎地拉图铁、钼、镍成矿亚带（C、Vm）。

本区大地构造位置主体属于Ⅳ：秦祁昆造山系，Ⅳ-1：北祁连弧盆系，Ⅳ-1-1：走廊弧后盆地（O—S）。少部分属于华北陆块区Ⅱ-5：鄂尔多斯陆块，Ⅱ-5-2：贺兰山被动陆缘盆地（Pz_1）。Ⅲ-4成矿带区域地质矿产特征见图3-61。

本区中寒武统香山群、张夏组和下中奥陶统米钵山组为近陆弧后盆地沉积环境。中寒武统为浅-半深海相的硅质泥岩、硅质岩和硅质碳酸盐岩组合；中下奥陶统为滨浅海相石英砂岩、长石砂岩、泥岩组合，厚度较大。

泥盆纪，本区结束弧后盆地发展历史，进入陆内或海陆交互相沉积环境。泥盆系石峡沟组、老君山组为断陷盆地冲积扇-河湖相砾岩、砂砾岩、砂岩、粉砂岩组合。石炭系—下二叠统为海陆交互相砂、页岩、含煤碎屑岩组合。中二叠统至下白垩统，均为坳陷盆地河流相、湖泊相砂砾岩、长石石英砂岩、粉砂岩、泥岩组合。下侏罗统为含煤碎屑岩组合。

区内断裂构造十分发育，呈北东及北西向展布。断裂构造对矿区的地层及矿层有一定的控制和破坏作用，尤其是北东及北西向断裂严格地控制了矿（体）层的边界。

区内岩浆岩不发育，分布有少量海西期中酸性侵入岩。

该区域矿产分布受区域性北西西向深大断裂及次一级北西向、北东向构造控制作用明显。寒武系香山群是钼镍矿重要的赋矿层位，石炭纪地层是铁矿的赋矿地层。

与蒸发岩有关的盐类、自然硫矿床包括有天然碱、芒硝、石膏等矿床，其成矿时代为中生代，属于与蒸发沉积作用有关并赋存于蒸发沉积岩中的矿床，如与红层有关的石膏矿床成矿系列。

二、区域成矿模式

早寒武世，本地区处在裂陷盆地环境下，受同沉积断裂活动影响，使上地幔有关元素被热水（泉）循环体系带入裂陷盆地中，在相对深水的还原条件下，沉积形成了一套含碳黑色岩系（含Ni、Mo等元素）。此后，在不断的构造及热液活动影响下，黑色岩系逐渐被改造为黑色含碳千枚岩类地层，成矿元素也在其中局部有利地段逐渐富集，最终形成了具有一定工业价值的层状镍钼矿体。后期构造运动使地壳抬升，黑色含碳千枚岩类地层发生褶皱并被剥蚀暴露于地表或近地表。晚古生代北祁连山褶皱带内中酸性岩浆侵入形成阎地拉图式热液型铁矿床。区域成矿模式如图3-62所示。

三、重力场特征及推断地质构造成果

Ⅲ-4成矿带东部及西部分别完成了1∶50万、1∶100万重力测量工作，各占50%。

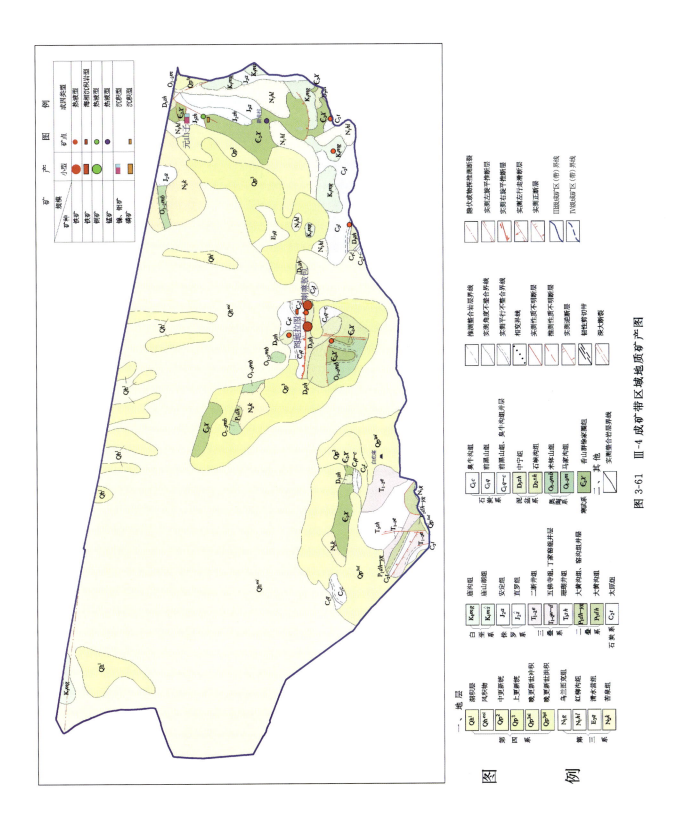

图 3-61 Ⅲ-4 成矿带区域地质矿产图

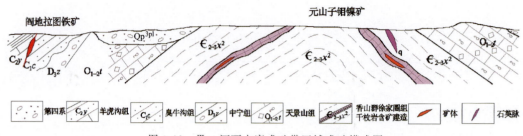

图 3-62　Ⅲ-4 河西走廊成矿带区域成矿模式图

该区为雅布赖-腾格里盆地（腾格里沙漠），地表第四纪风成沙广布，基底为早古生代地层，地表北东部多有早古生代寒武纪、奥陶纪地层出露，南西部全部为风成沙覆盖。重力异常为区域上的低值区，呈北东高、南西低的变化趋势（图 3-63），其值：$\Delta g(-236\sim-172)\times10^{-5}\,m/s^2$，显然重力场特征基本反映了基底起伏的变化趋势。该区北侧形成北西西向展布的等值线密集区，与重力推断的区域性深大断裂腾格里断裂 F 蒙-02038-⑦对应。区内剩余重力异常总体走向明显受区域断裂控制，呈北西西向（图 3-64），但部分局部异常受次级断裂控制，呈北东向。正负异常反映了盆地区的基底隆起和凹陷的轮廓，负异常区为凹陷区，正异常区为隆起区，北东部对应正异常区地表多有寒武纪—奥陶纪地层出露，南西部为第四纪风成沙覆盖。

结合前述地质概况，综合分析认为，在重力推断的断裂构造附近和剩余重力正异常区应注意钼镍铁多金属矿的寻找。在盆地区应注意与蒸发沉积作用有关的天然碱、芒硝、石膏等矿床的寻找。

该成矿带重力推断地质构造成果见表 3-11，图 3-65。

表 3-11　Ⅲ-4 成矿带重力推断地质构造成果统计表

推断地质体		出露情况 数量（个）	隐伏	半隐伏	出露	合计
地层	古生界		3	7	无	10
断裂			41	6	无	47
盆地				6		6

第十二节　山西（断隆）铁、铝土矿、石膏、煤、煤层气成矿带（Ⅲ-14）

一、地质概况

该Ⅲ级成矿带的一、二、三级构造单元属于华北陆块区-晋冀陆块-吕梁碳酸盐岩台地（Pz_1）（吕梁陆缘古岩浆弧 Pt_1）。Ⅲ-14 成矿带区域地质矿产特征如图 3-66 所示。

该成矿带主要出露沉积岩地层，火山岩、侵入岩、变质岩均不发育。

以近南北向黄河为界，Ⅲ-14 东部以寒武系、奥陶系分布为主，地层产状平缓或近水平。西部以石炭系、二叠系为主，地层西缓倾。地形整体东高、西低，形成原因为南北向西倾正断层阶梯式下落所致。

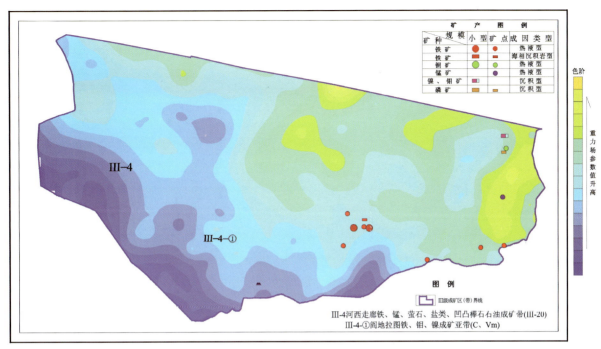

图 3-63　Ⅲ-4 成矿带区域重力异常图

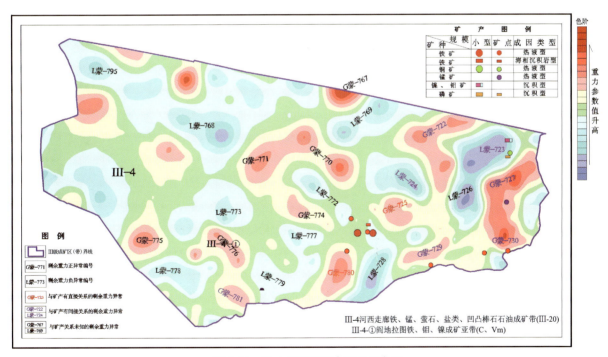

图 3-64　Ⅲ-4 成矿带剩余重力异常图

寒武系凤山组广泛出露在成矿带东部，由一套薄层灰岩、泥质灰岩、白云质灰岩为主夹少量竹叶状灰岩（砾状白云岩）组成。与下伏长山组整合接触，与上覆奥陶系冶里组整合接触。

奥陶系马家沟组仅出露在部分沟谷地段，图 3-64 中未表示。岩石组合为灰岩、豹皮状灰岩、白云质灰岩，底部为灰白色钙质石英砂岩。上覆地层为石炭系本溪组，二者呈不整合接触；与寒武系凤山组未见接触。

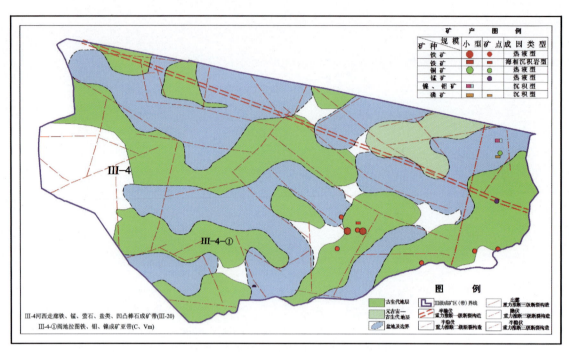

图 3-65　Ⅲ-4 成矿带重力推断地质构造图

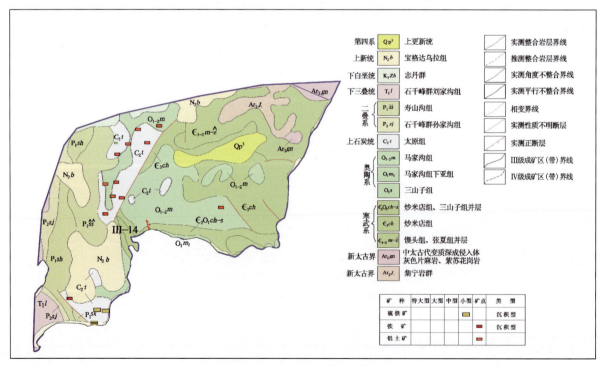

图 3-66　Ⅲ-14 成矿带地质图

石炭系本溪组沿沟谷出露于成矿带东部，厚 20～48m，南薄，向北逐渐变厚，是本区高铝黏土矿的主要含矿层位。为一套砂质黏土页岩、铝土页岩、灰岩夹铝土矿层、褐铁矿层岩石组合。底部有中粒石英砂岩、含碳质粉沙黏土页岩和山西式铁矿层。

石炭系太原组整合于本溪组之上，与上覆二叠系山西组呈整合接触。主要岩石组合为碳质页岩、砂质页岩、黏土岩、石英砂岩夹煤层。厚 64～94m，南薄北厚，是海陆交互相沉积。

二叠系有山西组、下石盒子组、上石盒子组、石千峰组。

白垩系东胜组见于成矿带北西，沿沟谷分布，不整合覆盖于石炭系、二叠系之上，主要岩石为杂色砂质泥岩、砂砾岩、含砾砂岩等。

第四纪黄土覆盖全区(图 3-66 中表示为第三系 N_2)，沿沟谷分布第四纪冲洪积，局部地区有小面积风成砂土。

区内构造较为简单。寒武纪、奥陶纪和石炭纪地层产状整体近水平，局部有挠曲。二叠系山西组微倾斜，向上产状逐渐变陡。下石盒子组、上石盒子组、石千峰组倾角一般 30°～40°，西倾或西偏北倾。

区内由于大面积黄土覆盖，断裂构造不太发育。主要见北东向、北西向正断层，少见南北向和北东东向断层。北东向断层断面北西倾，倾角 50°～70°，性质为正断层。北西向断层，断面南西倾，倾角 40°～70°，性质为正断层。两组断裂均切割了寒武系、奥陶系和石炭系。北西向断裂有时为石炭系、二叠系之分界线。

二、区域重力场特征

该区域只开展了 1∶50 万重力测量。

成矿带位于Ⅲ-11 之南清水河地区，面积较小，约 200km²。区域上属于重力异常相对高值区，由西到东场值呈增高趋势(图 3-67)，$\Delta g(-140～-123)\times 10^{-5}$ m/s²。东部出露早古生代、太古宙地层，太古宙地层出露区形成明显的局部重力高异常，对应剩余重力正异常(图 3-68)。西部主要出露二叠纪地层及第三系，重力场相对平稳，是沉积变质型铁矿的集中分布区(图 3-69)。

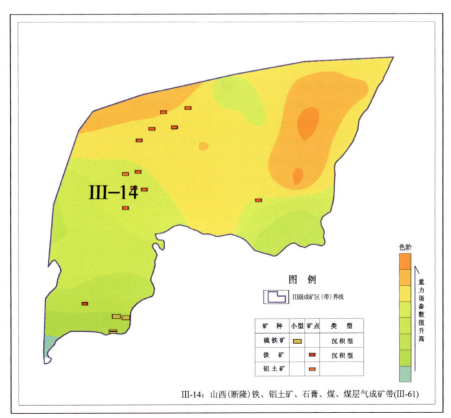

图 3-67　Ⅲ-14 成矿带区域重力异常图

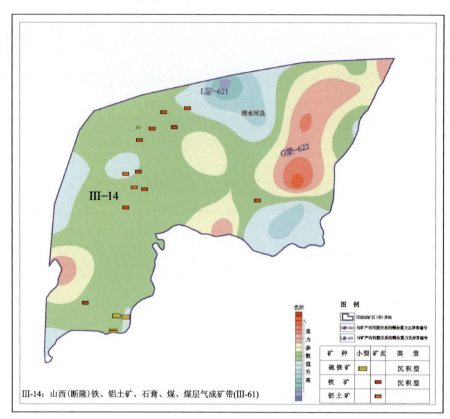

图 3-68　Ⅲ-14 成矿带剩余重力异常图

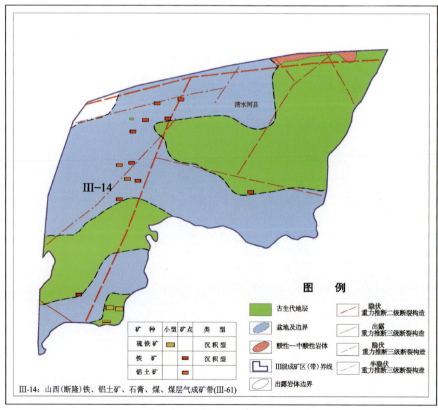

图 3-69　Ⅲ-14 成矿带重力推断地质构造图

第四章　重大地质找矿问题的重力资料综合研究

第一节　全区矿产资源概况

内蒙古自治区地处古亚洲成矿域和滨太平洋成矿域两大成矿域，前者呈近东西向带状分布，后者呈北东向叠加在前者之上。区内地层发育较齐全，地质构造复杂，岩浆活动强烈，成矿地质条件优越。全区矿产资源丰富，具有发现矿种数量多、分布地域广的特点，是我国重要的有色金属、稀有稀土金属和能源基地。

截至2010年底，内蒙古自治区查明资源储量的矿产共103种（含亚种），列入《内蒙古自治区矿产资源储量表》的矿产为99种（石油、天然气、铀矿、地热由国土资源部统计管理）。内蒙古自治区99种上表矿产查明矿产地共有1696处，其中能源矿产地548处，金属矿产地827处，非金属矿产地321处。大型矿产地296处，占全区总数的17.45%；中型矿产地285处，占全区总数的17.04%；小型矿产地1111处，占全区总数的65.51%。上表矿产已开发利用的有84种，开发利用矿产地1227处。

从成矿区域上来看，矿产资源集中分布于"三带"和"三盆地"内。"三带"（华北陆块北缘成矿带、大兴安岭成矿带和得尔布干成矿带）蕴藏了全区两大稀土稀有矿床、95%以上的有色金属储量和90%以上的铁矿。"三盆"即鄂尔多斯盆地、二连盆地（群）和海拉尔盆地（群），集中了全区90%以上的煤炭资源，亦是石油、天然气和铀矿的主要产地。资源分布相对集中，为规模开采创造了良好条件。

从地域分布上来看，东部区以有色多金属为主，其次为能源和非金属矿产；中部区以能源、黑色金属、有色金属、贵金属、稀有稀土为主，其次为非金属矿产；西部区以能源、非金属矿产为主，其次为金属矿产。

总体上全区矿产资源的主要特点表现为：以煤和石油、天然气为主的能源矿产品种较齐全、分布广泛、储量丰富，是国家重要的能源基地；稀土资源得天独厚，举世无双，储量世界排名第一位，成为世界最大的稀土原料生产和供应基地；有色金属矿产资源分布集中、储量丰富，具有规模化开发的天然禀赋条件；非金属矿产种类繁多、分布广，矿种优势明显。

第二节　区内已知矿床所在区域重力场特征

综观全区的铁及金、铜、铅锌、钨、锑、稀土、磷、银、铬、锰、镍、锡、钼、硫铁等矿床（点）所在区域的重力场特征，存在以下规律。

多金属矿点基本都处在布格重力异常的边部梯级带处，对应的剩余重力异常多为正负异常交界处附近，或正异常的边部。这是因为矿床赋存的部位，地质环境必然是发生了明显的物理化学条件的改变，才会形成成矿元素的富集。而这些区域由于物质成分的改变以及温度、压力的改变，必然表现为地质体密度的明显差异，从而引起重力场值的明显变化。事实上矿床的赋存部位一般会受断裂控制，或是位于地层与岩体的接触带等部位，这些地段因地质体密度差异明显，会形成布格重力异常梯级带或高低异常交替带。可见区内矿点所在区域的重力场特征，在某种程度上反映了矿床的成矿地质环境。

一、矿产与重力推断构造岩浆岩带的关系

重力推断的构造岩浆岩带重磁场特征一般表现为区域重力低、磁力高。这些区域矿产分布常常较为集中且矿产种类丰富。

比如内蒙古中东部二连—东乌旗、查干敖包—镶黄旗—翁牛特旗、大兴安岭中南段（克什克腾旗—霍林郭勒市），大兴安岭中段（阿尔山—五一林场）等地，其重、磁场特征均为重力低、磁力高（图4-1、图4-2）。地表以广泛出露密度较低的古生代、中生代中酸性侵入岩（密度 $2.56g/m^3$）及大面积分布的侏罗纪火山岩（密度 $2.6g/m^3$）为特征，是幔源岩浆沿深部构造上侵或喷出形成的巨型岩浆岩带。分布有众多不同类型的铁、铜、铅、锡、锌、钨、钼、银、稀土、金、水晶、巴林石、萤石等矿床（图4-1）。

以上区域以北东向展布的大兴安岭中南段重力低值区及其与近东西向展布的查干敖包—镶黄旗—翁牛特旗段交会部位翁牛特旗段矿床分布最为集中。该区域重力低不仅受北东向大兴安岭岭脊断裂及近东西向西拉木伦河断裂控制，更重要的是位于大兴安岭梯级带呈大"S"形展布的扭曲部位之西南侧，属明显的地幔变异带（详见第三章第四节成矿区带重力场特征）（图4-1）。伴有呈面状、带状、等轴状展布的局部航磁正异常，最大值一般为300~500nT。在该变形区段向西凸出或向东凹进的边缘带上，是矿床（点）分布最集中的地段。矿床点有白音诺尔铅锌矿、浩不高铅矿、拜仁达坝银铅矿、黄岗梁铁锌矿等。表明这些矿产在形成过程中，中—酸性岩浆岩活动区（带）不仅为其提供了充分的热源，同时也提供了物质来源。上述现象说明，应用重力资料推断的每一个岩浆岩活动区（带）实质上是一个成矿系统。在空间上，这些岩浆岩活动区（带）控制着内生矿床的分布，在成因上它们存在着内在联系。重力异常图反映的岩浆岩活动区（带）特别是其边部凹凸变异带上是成矿最有利地段。

二、矿产与重力推断的基性—超基性岩（区）带的关系

最具代表性的区域为沿索伦山—二连—贺根山一带形成的重力相对高值区（图4-3至图4-5），于扎嘎乌苏、索伦山及贺根山、小坝梁一带形成几处明显不规则的块状隆起，背景值较高，由多个局部重力高组成，对应剩余重力正异常。特别是贺根山、小坝梁一带局部重力异常边缘多为陡变的等值线密集带，隆起幅度为$(15~20)\times10^{-5}m/s^2$。磁场以负磁异常为背景，形成东西向或北东向延伸的局部磁力高值带，推断为基性—超基性岩带。本异常带是全区最著名的蛇绿岩（或洋壳残片）分布带。

这一区域是铜镍铬等矿床的集中分布区，已发现巴彦、阿尔善特、白音宝力道、温特敖包、巴彦哈尔、乌兰敖包、干宽岭和满来西、贺根山、索伦山、小坝梁等铜、金、钴、镍、铂、钯等矿床和矿点。勘查结果和评价后认为，矿床的形成与基性、超基性岩及热液活动有关，所以重力推断的超基性岩区（带）亦是寻找上述矿床的有利地段。

三、矿产与重力推断的太古宙—古元古代隆起区的关系

重力推断的太古宙—古元古代隆起区，其显著特点是区域重力高，伴有较强的磁异常（图4-6、图4-7）。属华北陆块区太古宙—古元古代古陆核，主要出露乌拉山群一套深变质的片麻岩、混合岩类

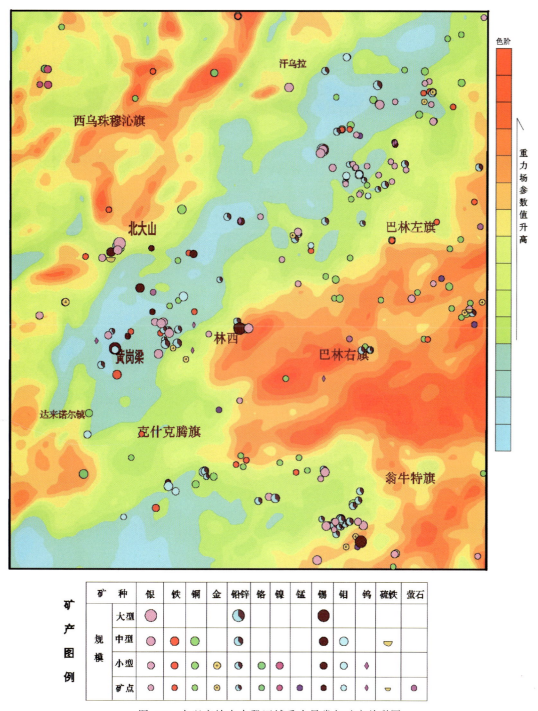

图 4-1 大兴安岭中南段区域重力异常与矿产关联图

等。该区域是沉积变质型铁矿及绿岩型金矿的集中分布区。最有代表性的区段,其一为沿乌拉山、大青山呈东西向展布的重力高值区,其二为赤峰市-哈拉沁旗高值区,后者重力场面貌受大兴安岭梯级带影响,特征不显著。

由于太古宙—元古宙陆核为一套与海底火山作用有关的硅铁建造和含金建造(绿岩建造),具较高的密度值($\sigma=2.74$)和较强的磁性($\kappa=1280$、$J_r=1590$),所以会形成明显区域重力高,且伴有强度大、梯度陡的尖峰磁异常。场值 $\Delta g(-135\sim-120)\times10^{-5}\mathrm{m/s^2}$;$\Delta T 400\sim600\mathrm{nT}$,$-200\sim-100\mathrm{nT}$,最高达 $1000\sim1200\mathrm{nT}$,$-400\sim-200\mathrm{nT}$,为一变化剧烈的强磁异常带。该套岩石建造铁金等多金属丰度值高,

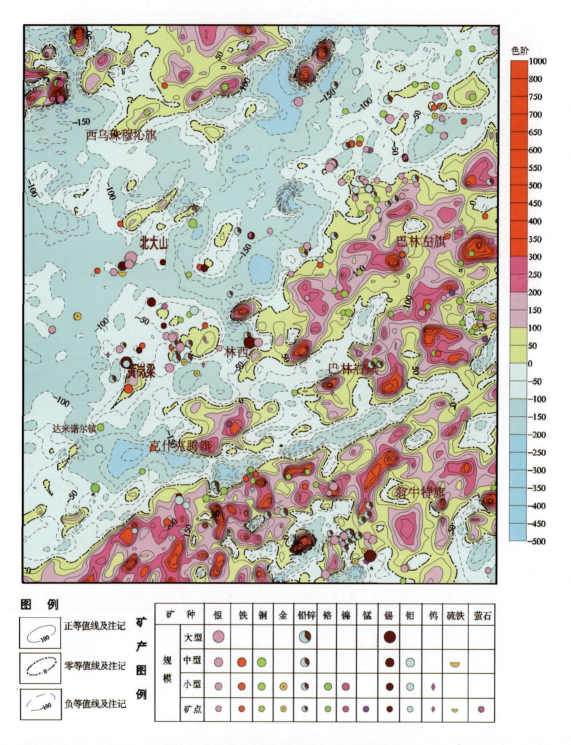

图 4-2 大兴安岭中南段航磁异常与矿产关联图

在后期的变质变形过程中,矿物质进一步富集形成鞍山式铁矿和绿岩型金矿等,同时在高级变质岩区还赋存众多的非金属矿产,如白云母、石墨及磷矿等。在赤峰地区主要为与太古宙地层有关的铁矿、金矿、铜多金属矿等。所以重力推断的隐伏、半隐伏太古宙—古元古代基底隆起区应属找矿的重点靶区。

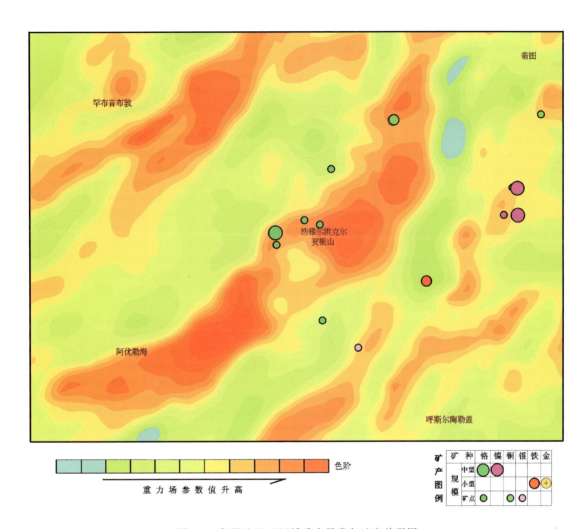

图 4-3 贺根山地区区域重力异常与矿产关联图

四、矿产与重力推断断裂构造的关系

由重力资料推断的北北东向深大断裂,对大兴安岭地区的岩浆岩、矿产的形成和分布起着一定的控制作用,如得尔布干断裂;近东西向深大断裂,控制着内蒙古中部深源侵入岩和矿产的形成与分布,如二连-东乌旗断裂、西拉木伦河断裂等;近北西向深大断裂,控制着内蒙古西部侵入岩和矿产的分布规律,如额济纳旗断裂、横蛮山-乌兰套海断裂等。深大断裂构造是深源岩浆岩的通道,断裂产状变化或交会处是矿产形成和富集的有利部位。

第三节 重大基础地质问题研究

内蒙古自治区境内,关于华北板块、西伯利亚板块间界线的厘定及其相关的一系列地质问题,在地质学界始终存在着不同的观点。本次重点从重磁场特征结合地质特征讨论之。

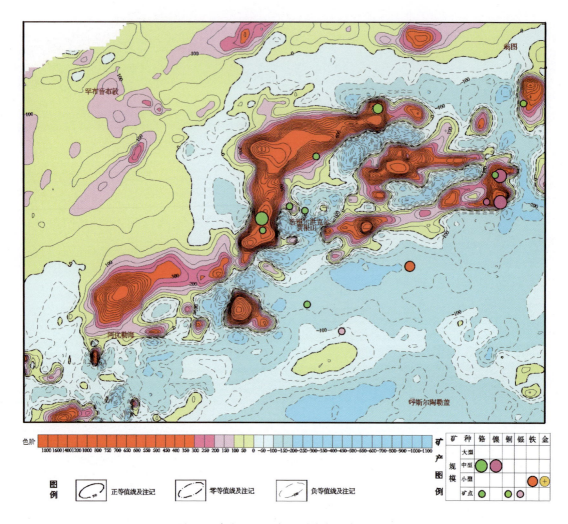

图 4-4 贺根山地区航磁异常与矿产关联图

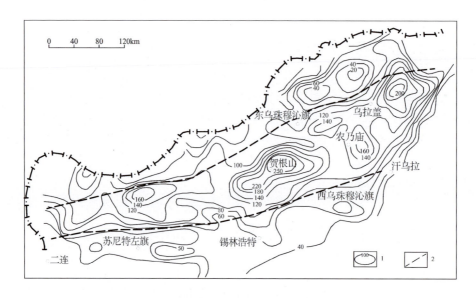

图 4-5 贺根山-东乌珠穆沁旗航磁异常化极上延 10km 等值线图
1.异常等值线(单位:nT);2.断裂

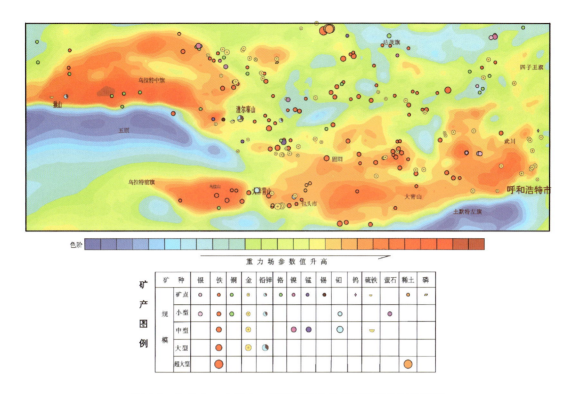

图 4-6　乌拉山—大青山一带区域重力异常与矿产分布关联图

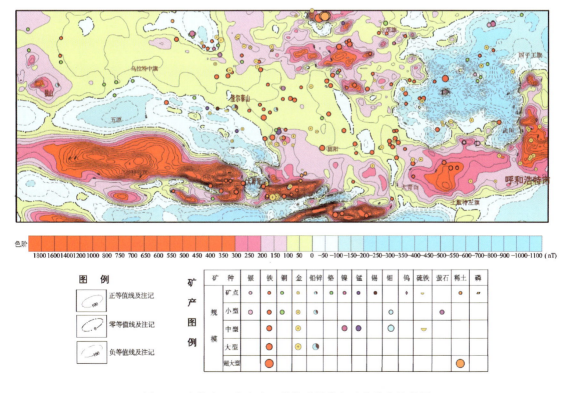

图 4-7　乌拉山—大青山一带航磁异常与矿产分布关联图

一、本区古板块汇集带的地球物理标志

通过重磁异常的地质解释(详见第二章第一节),可以发现:

(1)区内最醒目而且强度大、范围广的航磁异常区(带)与新太古界乌拉山岩群(或与之相当层位)绿岩建造分布区(乌拉山—大青山及其以南地区)及侏罗纪中酸性火山岩分布区(大兴安岭地区)相对应。前者是在古生代板块活动之前形成的,后者是在古生代板块活动结束之后的产物,因而,它们对识别古生代板块汇集带将不起作用。

(2)具有一定规模的晚古生代蛇绿岩建造(如二连-贺根山岩带,图2-1至图2-3中的G_{1-4}—T_{1-4})常常能形成明显的高磁异常带,对应局部重力高异常,是识别晚古生代板块汇集带的重要地球物理标志。

(3)晚古生代(石炭纪—二叠纪)钙碱系列火山岩和I型花岗岩分布带(如乌拉特后旗-翁牛特旗岩带),可形成规模宏大的低缓正异常带(图2-3中的T_{2-1}),对应背景值略高(接近正常重力场)的重力低值带(图2-1、图2-2中的G_{2-1})。这类长几百千米至千余千米、宽几十千米至百余千米的巨型重磁异常带,是晚古生代时期强烈或较强烈的岩浆-火山活动遗迹的反映,是识别和确定晚古生代板块汇集带的又一重要地球物理标志(内蒙古自治区地质勘查局第一物探队,1991)。

(4)另有一类晚古生代S型花岗岩体分布带,一般反映为负磁异常带,对应背景值较低的重力低值带,在研究晚古生代板块汇集带中,是重要的因素之一(详见第二章第一节)。

需要强调说明的是,在1:150万全区布格重力异常图上,沿北纬42°带南侧的乌拉特中旗—商都一带,展布一条极为醒目而规模宏大的巨型重力低值带,向东可一直延伸到开鲁盆地西缘,其北半部(白云鄂博—化德一线以北)带状重力低值带,对应晚古生代I型花岗岩体分布带(T_{2-1}、G_{2-1}异常带);其南半部(白云鄂博—化德一线以南),重力低值区,对应晚古生代S型花岗岩体分布带(T_{2-2}、G_{2-2}异常带)。晚古生代I型和S型花岗岩带呈近东西向平行排列,且紧密伴生,两者组合而成双花岗岩带,对识别晚古生代板块汇集带将起到重要作用。

(5)1:150万全区布格重力异常图上,最显著的特点是布格重力值自东而西趋势性降低,这是中新生代以来壳幔均衡补偿作用的结果,与识别古板块构造无关。

(6)除上述重力异常带以外,还有较多的局部重力高和重力低,与中新生代盆地相对应(如海拉尔重力高,呼包、临河盆地重力低等),与识别古板块构造亦无关。

将上述与古板块活动遗迹有关的地球物理标志和地质标志相结合,本书称之为地质-地球物理综合标志。

依据地质-地球物理综合标志,笔者识别和确定了华北板块北缘、西伯利亚板块南缘晚古生代活动陆缘带和两大板块之间晚古生代复合型缝合带以及哈萨克斯坦板块北缘古生代活动陆缘带等,现依次叙述如下。

二、华北板块北缘晚古生代(晚石炭世—早二叠世)活动陆缘带

沿乌拉山—大青山一线,展布有极醒目的高磁、高重力异常带(图2-1、图2-2之G_{2-3},图2-3之T_{2-3}),系由新太古界乌拉山群为主的绿岩建造所引起,是华北板块古老结晶基底的重要组成部分。

它的北面,沿北纬42°附近,展布一条近东西向、横亘全区的巨型重磁异常带,其北界为索伦山-巴林右旗断裂(F蒙-02016-⑥),南界为华北板块北缘临河-集宁断裂[F蒙-02027-(11)],其间为温都尔庙-西拉木伦河断裂F蒙-02016-⑤(以上断裂构造为叙述方便,下面统称为华北板块北缘断裂带,其中F蒙-02016-⑥,F蒙-02027-(11)构成索伦山-西拉木伦河断裂带,以下简称为西拉木伦河断裂带)。该重

磁异常带北侧为低缓正磁异常带、重力低值带(见图 2-2 之 T_{2-1},图 2-1 之 G_{2-1}),系由分布于华北板块北缘的晚古生代(晚石炭世—早二叠世为主)钙碱系列火山岩和 I 型花岗岩体(海西晚期为主)分布带所引起(详见第二章第一节)。该巨型异常带的南侧,展布有与其平行排列的巨型负磁异常带,对应重力低值带(见图 2-1、图 2-2 之 G_{2-2}、T_{2-2}),系由与上述 I 型花岗岩带紧密伴生的晚古生代 S 型花岗岩体(海西晚期为主)分布带所引起(详见第二章第一节)。

晚古生代钙碱系列火山岩带,与同期形成的中酸性岩体相共生,是识别陆缘火山带的重要标志。

据皮切尔(Picher,1983)研究,同时期形成且紧密伴生的陆缘火山带和双花岗岩带是大洋板块向大陆板块之下俯冲、消减以及大陆板块快速向大洋方向推移的产物。I 型花岗岩带靠近大洋,S 型花岗岩带靠近大陆,它们是识别和确定大陆板块活动陆缘带的重要标志。

上述重磁异常所反映的岩浆岩带的分布特征,与现代板块构造——南美大陆板块相比较,类似于安第斯型活动陆缘。

此外,该活动陆缘带的北侧,沿索伦山一带,展布有近东西走向的高磁、高重力异常带,系由石炭纪蛇绿岩建造所引起;向东,时隐时现,在锡林浩特南东一带,又出现石炭纪大洋拉斑玄武岩(由于规模较小,重磁异常图上没有显示)。该洋壳残片带与华北板块北缘晚古生代活动陆缘带之间,存在着索伦山-巴林右旗断裂带 F 蒙-02016-④(详见第二章第二节),推测它是一条晚古生代板块俯冲带,即北面的洋壳沿该断裂带俯冲于华北板块北缘之下。显然,这条断裂带应是华北板块北缘晚古生代活动陆缘带的边界。

综上所述,内蒙古中部新太古界乌拉山群分布区,形成了极为明显的高磁、高重力异常带。晚古生代钙碱系列火山岩(陆缘火山带)及双花岗岩带形成了规模巨大的重力低值带和平行排列的正、负磁异常带。再向北,索伦山石炭纪蛇绿岩建造形成了较明显的高磁、高重力异常带。上述重磁异常的分布特征所反映的古板块活动痕迹,是识别华北板块北缘晚古生代活动陆缘带重要的地质-地球物理标志。

三、西伯利亚板块南缘晚古生代(石炭纪为主)活动陆缘带

沿二连—贺根山一带分布的巨型磁力高、重力高异常带(见图 2-1 至图 2-3 之 T_{1-4}、G_{1-4}),系由泥盆纪蛇绿岩建造分布带所引起(详见第一章第一节)。

该重磁异常带的北面,沿查干敖包庙—东乌珠穆沁旗一线展布有正磁异常带、重力过渡带(见图 2-1 至图 2-3 之 T_{1-3}、G_{1-3}),系由晚古生代(晚石炭世)陆相火山岩建造(部分地段有中奥陶世岛弧型火山岩影响)和以 S 型为主的晚古生代花岗岩体分布带所引起(详见第二章第一节)。

根据地质资料,本区寒武系、奥陶系、志留系及泥盆系皆为海相沉积,而晚石炭世为陆相火山岩,可见泥盆纪末本区已经开始隆起成陆。据此认为,石炭纪时,由于二连-贺根山洋壳向北面的古陆之下俯冲,导致陆缘晚石炭世陆相火山岩的喷发。此现象类似于现代安第斯型活动陆缘。

根据上述重磁异常特征及地质资料,推断二连-东乌珠穆沁旗晚古生代(石炭纪为主)俯冲带是西伯利亚板块南缘晚古生代活动陆缘带的南部边界。

需要说明的是,由于受到中生代大兴安岭火山岩系的干扰,西伯利亚板块南缘和华北板块北缘晚古生代活动陆缘带东段的地球物理标志不明显,主要依据地质标志加以识别。

四、华北板块与西伯利亚板块之间晚古生代(石炭纪—早二叠世)复合型缝合带

复合型缝合带是指两大古板块之间,不是简单的一次碰撞、拼接,而是两次或多次碰撞、拼接所形成的大型缝合带,宽度较大,延续时间较长。

1. 地球物理标志

沿二连—贺根山一带分布的北东东走向的巨型磁力高、重力高值带（见图 2-1 至图 2-3 之 T_{1-4}、G_{1-4}），系由泥盆纪蛇绿岩建造分布带所引起。反映泥盆纪时，这里有古大洋存在。

二连-贺根山重磁异常带之南，分布一条北东东走向的相对重力低值带负磁异常带（见图 2-1 至图 2-3 之 T_{1-5}、G_{1-5}，T_{1-6}、G_{1-6}），系由分布于艾里格庙-锡林浩特中间地块分布带中的海西中晚期 S 型为主的花岗岩体分布带所引起。

该中间地块分布带主要由大小不等的古元古界、新元古界碎块及下寒武统温都尔庙群等组成。古元古界分布于锡林浩特地区，以片麻岩、片岩及混合岩为主；新元古界展布于艾里格庙一带，由浅变质的碳酸盐岩、中酸性火山岩及碎屑岩等组成。结晶灰岩中含 Vermi-culites cf. fortuosrs 等。见于俄罗斯和蒙古国境内的相应地层中。下寒武统温都尔庙群以绿色片岩和变质砂岩为主。上述地层与华北板块北缘相应地层对比，差异较大，目前还没有比较充分的依据说明前者是从后者分裂出去的。

沿中间地块分布带，海西中晚期 S 型为主的花岗岩体甚为发育。据北京大学李茂松等（1985）研究，该花岗岩带形成时，处于相对挤压的构造环境，而不是处于活动的大陆边缘，与北、南两大板块的碰撞、缝合密切相关。

沿上述花岗岩带南面的索伦山地区，展布有近东西走向的局部高磁、高重力异常（图 2-1～图 2-3），系由石炭纪蛇绿岩建造所引起。

索伦山地区见有双变质带和混杂堆积（《地质志》，1991 年版），它们是俯冲作用的产物。由此推断，索伦山-巴林右旗断裂带即为洋壳板块向华北板块北缘陆块之下的俯冲带，其形成时代，推测为晚石炭世—早二叠世。

综上所述，西伯利亚板块南缘与华北板块北缘之间，展布有二连-贺根山蛇绿岩带及索伦山-毡铺洋壳残片分布带，中间为艾里格庙-锡林浩特中间地块分布带所隔开，根据地层、古生物及古地磁资料（《地质志》，1991 年版）推测，石炭纪末，该中间地块带先行与西伯利亚板块南缘碰撞、拼接，二连-贺根山蛇绿岩带为两者之间的缝合带（晚古生代早期缝合带）。早二叠世晚期，该中间地块分布带（此时已成为西伯利亚板块南缘的组成部分）与华北板块北缘最终碰撞、拼接在一起，索伦山-毡铺洋壳残片带构成两者之间的终极缝合带（晚古生代晚期缝合带）。经晚古生代早期和晚期两次碰撞、拼接所形成的大型缝合带，称之为复合型缝合带。其北界为二连-东乌珠穆沁旗断裂带，南界为索伦山-巴林右旗断裂带。

2. 讨论

也有地质学者认为，二连-贺根山蛇绿岩带是西伯利亚板块与华北板块之间的终极缝合带。但是从重力场特征来看，二连-贺根山蛇绿岩带及索伦山-毡铺洋壳残片分布带无论其所在区域重力场特征，还是其两侧重力场的差异性，后者较前者更为明显。

以二连-贺根山蛇绿岩带为界，其北侧重磁异常带与其南侧所谓中间地块，其磁场特征分区明显（图 2-1～图 2-3），重力场则表现为渐变过渡的特征（图 2-2）：北侧为区域性的高磁异常，南侧呈区域性负磁场；重力场北侧总体相对较高，分布有多条由东西转为北北东向展布的高低相间分布的重力异常带，南侧重力场值偏低，以相对宽缓平稳为特征，南、北两侧重力异常走向基本一致，重力场值及趋势变化差异性不显著。其间推断断裂所在位置梯级带呈断续分布，在水平方向导数图上（图 2-3），沿断裂未形成连续分布的极值带。

华北板块北缘断裂带所在区域重磁场以索伦山断裂带（索伦山-毡铺洋壳残片带）为界与其北侧形成了明显的分界线（图 2-1～图 2-3），北侧呈区域性负磁异常带，南侧为条带状正磁异常带。北侧重力场值相对较高且平稳，南侧重力场表现为明显的梯级带下降，形成近东西向展布的低值带。断裂构造所在位置为明显线性延伸且连续分布的梯级带。以上特点在原平面布格重力异常减深部重力异常之剩余异常图上极为显著（图 4-8），在水平方向一阶导数图上其线性特征更为突出，沿断裂构造呈窄条状线性极值带展布（图 4-9）。

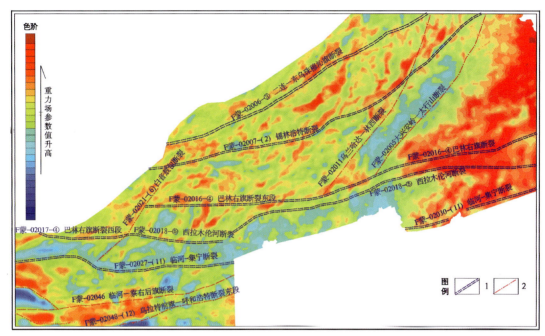

图 4-8　大兴安岭以西地区近东西向断裂所在区域剩余重力异常图
（原平面布格重力异常减深部重力异常）
（据《内蒙古自治区矿产资源潜力评价成矿地质背景研究成果报告》，2013）
1. 一级深大断裂；2. 二级大断裂

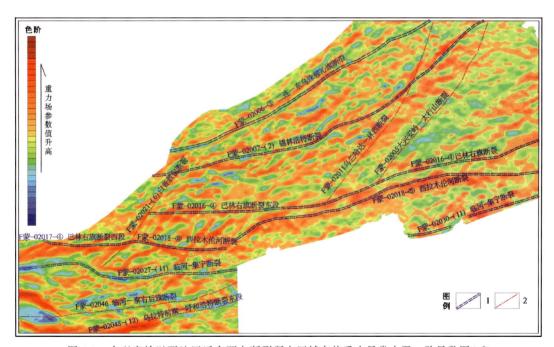

图 4-9　大兴安岭以西地区近东西向断裂所在区域布格重力异常水平一阶导数图（0°）
（据《内蒙古自治区矿产资源潜力评价成矿地质背景研究成果报告》，2013）
1. 一级深大断裂；2. 二级大断裂

在上延 2km（图 4-10）、5km、10km 布格重力异常图及剩余重力异常图上（见图 4-8）：西拉木伦河断裂带所在区域存在明显的近东西向线性梯级带，在该断裂带以南地区重力异常为近东西向巨型低值带，以北地区布格重力异常由西向东、由近东西转为北东向，场值呈逐渐升高的趋势；在贺根山断裂带所在区域无明显梯级带分布,重力异常西段呈由近东西向展布,中东段呈雁行式排列由东西向转为北北东向,显示向北收敛的特征,且随着上延高度增加,以上特点趋于消失。深部重力异常图上(图 4-11),西拉木伦河断裂带所在区域梯级带依然存在,两侧重力场特征差异显著,但在贺根山断裂带所在区域梯级带完全消失,其两侧重力场特征无显著差异。以上特点说明,深部地质体密度的差异性,以西拉木伦河断裂带两侧更为显著。

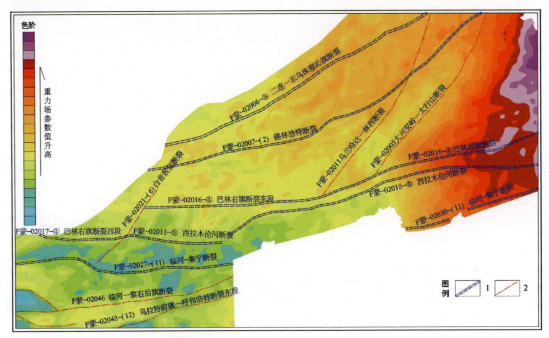

图 4-10　大兴安岭以西地区近东西向断裂所在区域布格重力异常图
(据《内蒙古自治区矿产资源潜力评价成矿地质背景研究成果报告》,2013)
1.一级深大断裂;2.二级大断裂

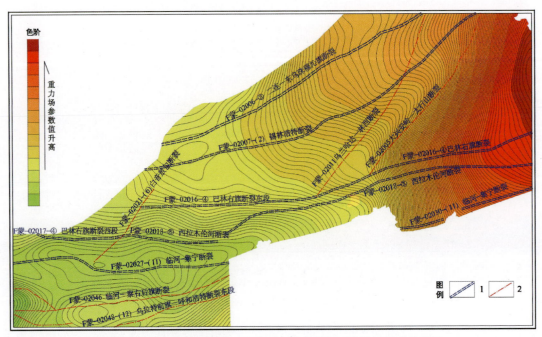

图 4-11　大兴安岭以西地区近东西向断裂所在区域深部重力异常图
(据《内蒙古自治区矿产资源潜力评价成矿地质背景研究成果报告》,2013)
1.一级深大断裂;2.二级大断裂

敖汉-东乌珠穆沁旗地震测深剖面显示(图 4-12),沿西拉木伦河南、北两侧,地壳速度结构有明显差异,是两大不同构造单元的客观反映。西拉木伦河断裂带以北,中生界盖层之下,上地壳和中地壳速度 Vp 6.1~6.2km/s,厚度约 30km,中地壳未见低速层;下地壳速度 Vp 6.4~7.9km/s,莫霍面 Vp 8.1km/s。其特征显示为地槽型陆壳结构,是由古生代由塑性洋壳逐渐转化为刚性陆壳的客观反映。西拉木伦河断裂带以南,中生界盖层之下,上地壳速度 Vp 6.1~6.4km/s;中地壳速度 Vp 5.6~6.1km/s,速度倒转,为低速层;下地壳速度 Vp 6.4~7.9km/s,莫霍面 Vp 8.0km/s。中地壳普遍发育低速高导层,上地壳和下地壳结构形式及其各速度层物质基本相似,属华北板块地台型陆壳结构,说明在前寒武纪就已形成刚性陆壳(张振法,1997)。

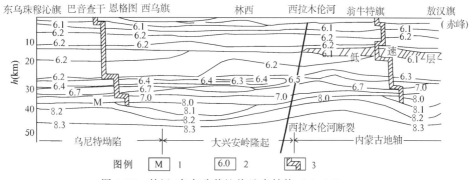

图 4-12 敖汉-东乌珠穆沁旗地壳结构(张振法等,2002)
1.莫霍面;2.P 波速度等值线(km/s);3.地壳速度垂向模式

综上所述,无论从断裂带所在区域布格重力异常梯级带或水平方向导数极值带的延续性,还是断裂两侧重磁异常的差异性,以西拉木伦河断裂带更为醒目显著。地壳速度在西拉木伦河断裂带两侧也明显不同。也就是说从地球物理场的角度分析,更支持西拉木伦河断裂带是构成华北板块与西伯利亚板块的终极缝合带(晚古生代晚期缝合带)之观点(苏美霞等,2014)。

第五章 重力资料研究方法及技术要求

第一节 重力资料研究方法

一、重力工作程度

截至 2010 年底全区完成 1∶20 万区域重力测量 142 幅，面积 $61.0×10^4 km^2$，约占全区总面积的 51.6%。1∶50 万区域重力测量面积 $37.3×10^4 km^2$；1∶100 万重力测量面积 $65.0×10^4 km^2$（详见重力工作程度图 5-1）。这亦是本次重力资料研究所采用的基础数据资料精度。

二、数据处理方法

1. 重力基础数据网格化

全区重力基础图件编制将内蒙古自治区 2010 年底前已完成的 1∶20 万、1∶50 万、1∶100 万区域重力测量的基础数据全部集成，作为基本数据，利用 RGIS 软件将数据进行网格化处理，网度为 2km×2km。

网格化处理后的数据为编制布格重力异常图、求取剩余异常、进行延拓与求导计算的基本数据。

2. 剩余异常计算

重力资料进行场分离的目的是将总异常分离为反映深部或浅部规模较大的地质体的区域异常和反映规模相对较小、深度相对较浅地质体的剩余异常。在全区重力资料解释中区域连续而明显的梯级带是地质构造分区的依据，而剩余重力异常则是中小型地层、岩浆岩、盆地等地质体划分的依据。

剩余重力异常的计算方法：利用前述网格化布格重力异常数据，采用滑动平均法求取区域异常，滑动窗口为 30km×30km。以窗口滑动平均的异常值作为窗口中心点的区域背景场，该点布格重力异常值与区域背景场相减即为该点的剩余重力异常。

3. 上延

区域重力资料进行上延的目的是将原观测平面上的数据转化到更高的观测面上，使规模小且埋深浅的地质体产生的高频异常更快地衰减，从而突出规模大且埋藏深的地质体产生的低频异常。内蒙古全区的重力资料进行了 2km、5km、10km、20km 四个延拓高度上的上延处理。处理方法以前述处理的网格数据为基本数据,用 RGIS 软件,采用空间域进行延拓处理。

4. 导数计算

重力资料求导数异常的主要目的是突出浅而小的地质体、梯级带和异常变化的细节,其中水平方向导数主要用于突出走向垂直于求导方向的断裂及其大致位置以及地层、岩体、盆地等具有物性差异的地质体的边界线及走向;垂直导数主要用于突出局部地质体,有利于研究岩体、断陷盆地等局部地质体,处理效果与剩余异常相当。

内蒙古全区对重力资料做了垂向一阶导数、垂向二阶导数计算。水平方向导数分别计算了 $0°$、$45°$、$90°$、$135°$ 四个方向的水平一阶导数处理及水平梯度模计算。在资料的解释中采用 4 个方向的水平一阶导数、水平梯度模综合研究推断断裂带的位置和地层、岩体、盆地等的边界,通过垂向二阶导数零值线位置定性(半定量)确定断裂带或地下构造边界的大致位置。总之是多种手段综合研究,相互验证。

以上各项计算均利用 RGIS 软件,采用空间域进行计算。

三、剩余重力异常的筛选

1. 剩余重力异常的选取原则

剩余重力异常值大于 $1\times10^{-5}\mathrm{m/s^2}$,有一定面积,并且认为有地质意义的即进行编号。

2. 剩余重力异常编号原则

异常编码由"类别码""省简称""顺序号"三部分组成,其中重力高的"类别码"用"G"表示,重力低用"L"表示。

重力异常编码样式如下:

G(L)蒙-顺序号,如"L蒙-721"表示内蒙古自治区第 721 号剩余重力负异常。如"G蒙-360"表示内蒙古自治区第 360 号剩余重力正异常。

剩余重力异常编号基本遵循由北到南、从东至西、编号由小到大的原则,统一标号。

四、地质解释方法

(1)定性解释的任务是根据初步建立的地质-地球物理模型和标志,对各类重力场起因做出大致判断,推断场源体(拟探测目标物)的性质及状态、大小、产状等。在进行地质解释时尽量运用地学界成熟的新理论、新观点,收集最新的地质资料,并吸纳国内外的最新成果。

(2)定性解释既采用了原始异常等基础图件,同时也应用了经过前述要求处理的成果图件,包括布格重力异常图、剩余重力异常图、不同高度的布格重力异常延拓图、水平梯度图、方向导数图(水平和垂向)、区域重力异常图。充分利用和全面分析所有信息,对局部异常要与地形进行相关分析,排除中间层和地改不完善引起的假异常。

(3)根据内蒙古自治区区内或其他地区在已知各类地质图标志物上建立的地质-地球物理概念模型显示的标志(异常强度、形态、梯度、走向、规模、展布特点等)来判断异常的起因;根据地质图和本区实测物性,经过半定量正演估算加以验证,同时特别注意发现隐伏的地质体。局部异常的定性解释一般首先从强度大、形态简单、干扰小的或有岩石出露的异常入手。

(4)以地质构造建造底图为基础,以重力资料为依据,结合航磁、遥感、化探资料,尤其注意了与航磁资料进行综合解释,二者互为印证与补充和约束,以研究重磁异常的相关性,更加准确地判断异常的起因。根据各种地质体的地质-地球物理模型的特征,遵循从已知到未知的原则,将重力解释成果表达为推断的地质体,进而对它们从空间和时间上做出合乎地质学原理的地质解释与推断。

(5)对工作区内的地质认识特别是区域性深大断裂和构造单元的划分,放在更大范围的地质背景上进行了研究,最后得出相对合理的结论。

(6)根据定性和定量解释、平面和剖面解释的结果,按照地质学的基本原理编制推断地质构造成果图,其内容包括构造单元、断裂、盆地、地层、中酸性岩体、基性—超基性岩体、岩浆岩带等二级要素。

总之,重力地质推断是以地学理论为指导,以地质资料为基础,以重力资料为依据,结合磁测、化探、遥感等资料进行合理的推断解释,最终将重力解释推断成果转化为地质信息,并以推断地质构造图的形式进行直接表达。但基于物探资料多解性的特点,以及解释手段的局限性,解释成果可能会与实际地质情况有出入,后人利用成果时应结合最新资料、最新方法技术作进一步的综合分析。

五、地质解释可靠性分级

1. 可靠

地质填图与钻探均得到证实、岩石密度资料依据充分、有重力精测剖面的推断解释结果。

2. 较可靠

地质填图得到证实、岩石密度资料依据充分、有重力精测剖面或有大于1:20万比例尺面积性重力资料的推断解释结果。

3. 可供参考的

地表无出露,岩石密度资料依据充分,没有重力精测剖面又无钻探验证的推断解释结果。

第二节 图件编制方法

一、编制图件的统一说明

编制全区各类图件所采用的软件、坐标系、数据来源、地理底图等统一说明如下。

(1)编图软件:利用 MapGIS6.X 完成,系统库使用矿产资源潜力评价项目组下发的统一的字库和色库。

(2)投影类型:全区图件采用兰伯特等角圆锥投影坐标系,第一纬度52°,第二纬度38°,中央经线111°00′00″,原点纬度37°35′00″。

(3)地理底图:将全国矿产资源潜力评价项目组提供的地理底图根据实际情况进行简化后直接利用。

(4)技术说明参照《区域重力调查技术规范》中对布格重力异常图技术说明的相关要求执行。不同类型图件根据图件内容具体修改补充。

(5)编图比例尺:全区图件工作比例尺为1:50万,表达比例尺为1:150万。

(6)编图数据:将重力基础数据库中的省级1:20万、1:25万、1:50万、1:100万重力数据合并作为编图基础数据。

(7)离散数据网格化:各类图件均是用网格化数据作为基本数据进行编图,网格化方法详见前述"数据处理方法"。

(8)引用标准:

《全国矿产资源潜力评价——重力资料应用技术要求》,以下简称"重力技术要求"。

《全国矿产资源潜力评价数据模型——重力分册》,以下简称"重力数据模型"。

以下各类图件的编制都严格执行以上两个标准。

二、重力工作程度图

根据内蒙古重力资料情况,工作程度图以1:20万标准分幅为编图单元,不同比例尺工作区域以不同色块表示,工作区边界以细黑实线表示。在不同幅图或不同工作区域的左下角标注野外工作年度及工作比例尺如$\left(\frac{1985}{1:20\ 000}\right)$或$\left(\frac{1985}{1:50\ 000}\right)$、$\left(\frac{1985}{1:100\ 000}\right)$,图式见图5-1。

三、布格重力异常图

(1)布格重力异常、剩余重力异常除用等值线表达外,还使用了色区表达。

(2)等值线类型及线宽按照表5-1执行。

(3)注记线的确定:以零值等值线起算每5条绘一条计曲线。在计曲线上进行等值线的标注。封闭等值线内进行极值点标注,相对重力高用"+",相对重力低用"-",并标注极值。注记字体为宋体,字体大小为2.2mm×2.2mm。

(4)布格重力异常等值线间距为$2\times10^{-5}\text{m/s}^2$。

(5)布格重力异常色标分层配色方案参照"重力技术要求"提供的色例,色间值根据全区布格重力异常最高与最低的变化确定,并且每5条等值线使用一种色标。

本书中布格重力异常图(插图),因涉密问题,一律未标注等值线值。

表 5-1 重力基础图件等值线属性表

名称		线型	线颜色	线宽(单位:mm)	线类型	X系数	Y系数	辅助线型	辅助颜色
布格重力异常	首曲线	实线	1	0.2	光滑线	5	5	0	0
	计曲线	实线	1	0.4	光滑线	5	5	0	0
	零值线	点划线	1	0.4	光滑线	5	5	0	0
剩余重力异常	正等值线	实线	1	0.2	光滑线	5	5	0	0
	负等值线	实线	1	0.2	光滑线	5	5	0	0
	零值线	点划线	1	0.4	光滑线	5	5	1	0

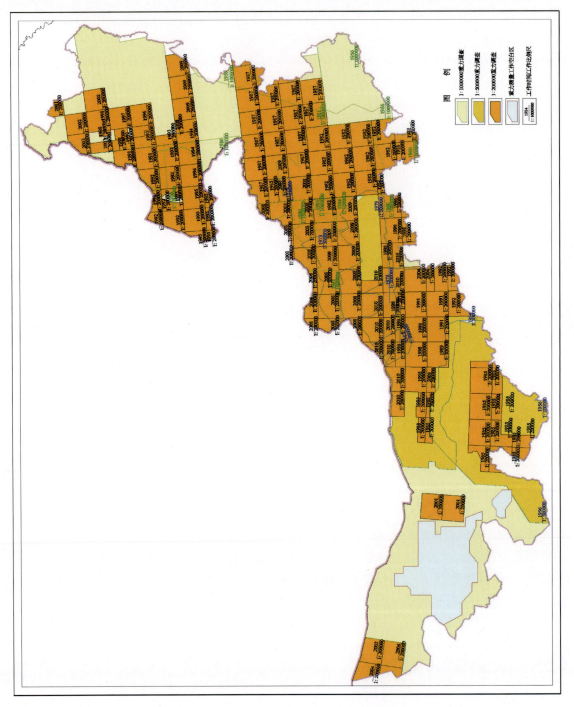

图 5-1 内蒙古自治区重力测量工作程度图

四、剩余重力异常图编制

(1)基础数据。以本章第一节所述"剩余异常计算方法"求得的剩余异常值作为编制剩余重力异常图的基本数据。

(2)剩余重力异常等值线间距为 $1\times10^{-5}\,\mathrm{m/s^2}$。

(3)等值线类型及线宽按照表 5-1 执行。等值线每条都进行注记,注记字体为宋体,字体大小为 2.2mm×2.2mm。

(4)剩余重力异常的色标分层和配色方案:$>1\times10^{-5}\,\mathrm{m/s^2}$ 的异常为红色系,$<-1\times10^{-5}\,\mathrm{m/s^2}$ 的异常为蓝色系,$(-1\sim+1)\times0^{-5}\,\mathrm{m/s^2}$ 的异常为绿色。

(5)剩余重力异常编码:详见本章第一节。

五、全区重力推断地质构造图

内蒙古重力解释推断图的编图内容主要包括构造单元、断裂构造、盆地、地层单元、岩浆岩带、岩浆岩体,其中构造单元、断裂构造用不同线型表示,其余则以不同色块表示。不同地质要素设置为不同图层。线、面图元参数按"重力数据模型"执行。对推断的地质构造均按"重力技术要求"进行统一的编号,填写属性表。

内蒙古自治区重力工作程度图、布格重力异常图、剩余重力异常图、推断地质构造图 2010 年 6 月经中国地质调查局组织专家验收评为"优秀"级。

六、典型矿床剖析图

内蒙古自治区重力测量由于没有大比例尺资料,所以只能编制典型矿床所在区域地质地球物理模型图。依据矿产资源潜力评价项目矿产预测课题提供的不同矿产预测类型所选定的典型矿床,编制了该套图件。具体编制方法如下。

1. 采用的资料

按照"重力技术要求"的规定结合全区实际情况。

地质:采用 1∶20 万构造建造图。

航磁:采用 2km×2km 网格数据编制的 ΔT 等值线平面图、ΔT 化极等值线平面图、ΔT 化极垂向一阶导数图。

重力:直接利用典型矿床所在区域的布格重力异常图、剩余重力异常图、推断地质构造图进行裁剪。

2. 表现样式

依照重力技术要求的编图样式编制的典型矿床所在区域剖析图如图 5-2 所示。

剖析图截取图的范围以能完整反映矿床所在区域的区域成矿地质背景及区域地球物理场特征为目标而选定。基于此,剖析图最终表达比例尺为 1∶50 万。

在剖析图图例中对所采用的资料作了必要的说明。

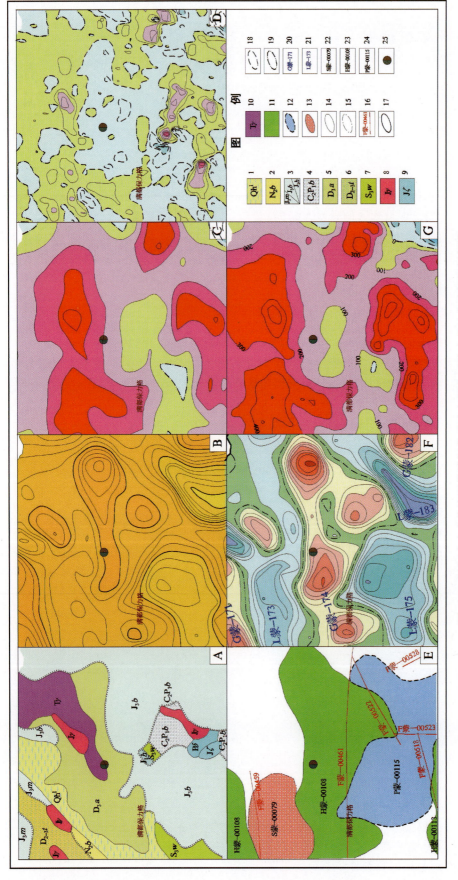

图 5-2 阿尔哈达式热液型铅锌银典型矿床所在区域地质矿产及物探剖析图

A. 地质矿产图；B. 布格重力异常等值线平面图；C. 航磁 ΔT 等值线平面图；D. 航磁 ΔT 化极垂向一阶导数等值线平面图；E. 重力解释推断地质构造图；F. 剩余重力异常等值线平面图；G. 航磁 ΔT 化极等值线平面图

1. 第四纪湖积层；2. 新近系宝格达乌拉组；3. 侏罗系满克头鄂博组、白音高老组、红旗组；4. 石炭系-二叠系宝力高庙组 5. 泥盆系安格尔音乌拉组；6. 泥盆系塔尔巴格特组；7. 志留系卧都河组；8. 侏罗纪花岗岩；9. 侏罗纪英安岩；10. 三叠纪花岗岩；11. 古生代地层；12. 盆地及边界；13. 酸性-中酸性岩体；14. 出露岩体；15. 半隐伏岩体；16. 重力推断三级断裂构造及编号；17. 航磁正等值线；18. 航磁负等值线；19. 零等值线；20. 剩余正异常编号；21. 剩余负异常编号；22. 酸性-中酸性岩体编号；23. 地层编号；24. 盆地编号；25. 铅锌矿点

第六章 结　　语

本书是在内蒙古自治区矿产资源潜力评价——重力资料应用成果报告的基础上修编而成。矿产资源潜力评价项目历时 8 年,通过全面系统地收集研究全区历年来的地、物、化、遥资料,取得了丰硕的成果。重力资料应用研究分析总结了全区重力场特征,对重力异常进行了全面细致的解释推断,尤其对重力场特征与矿产的关系、华北板块与西伯利亚板块终级缝合带之重力场特征等重大地质问题进了深入的研究与探讨。主要取得了以下几个方面的研究成果。

(1)通过对内蒙古全区重力场特征及局部异常的划分和分析研究,明确了全区重力场所反映出的区域构造格架,对断裂构造、侵入岩体、沉积岩地层等引起的典型局部异常及区带进行了解释。以本次研究成果为基础编制了重力推断地质构造图,总体上提出了较系统的以重力资料为主要依据的全区地质构造和典型地质体分布特征等成果资料,为全区深化区域地质构造及成矿背景研究和资源潜力预测提供了地球物理(重力)依据。

(2)综合地质、重力场特征、异常特征和推断研究成果,认为内蒙古处在重要的区域地质构造和地层建造变化的区段,结构复杂多样,特征差异明显;以大兴安岭及贺兰山梯级带为界,内蒙古由东到西划分为 3 个重力场大区,即东部区、中部区和西部区,在此基础上又进一步划分为 9 个重力场分区。重力场分区及其界线是地质构造格局和地层建造的地球物理场的反映,具有重要的地质意义。

(3)以板块构造理论为指导,以地质资料和区域重磁资料的综合解释为依据,研究古板块构造可发挥重要作用。比如作为划分西伯利亚板块与华北板块重要界线的温都尔庙-西拉木伦河深大断裂带,其两侧重力场特征明显不同。北侧重力异常值总体走向由东西转为北东,南侧呈近东西向展布。该断裂带所在区间呈现长数百千米,宽几十千米近东西展布的重力低、磁力高异常带,该异常带被认为是幔源型岩浆岩的客观反映。一些学者认为二连-贺根山断裂带是西伯利亚板块的终极缝合带。该断裂带呈现为由近东西转北东断续分布的梯级带,其两侧重力场面貌的差异性远没有前者明显。

(4)对全区 12 个重要矿产成矿区(带)(Ⅲ级)重力场特征与矿产的关系进行了系统的分析总结,指出了成矿远景区,为全区矿产预测及成矿规律研究提供了重要依据。

(5)按照局部异常划分原则和方法,全区共提取局部布格重力异常 723 个,剩余重力异常 943 个。局部异常的分布有成带连续的特征,明显受构造环境的控制,其性质多与构造的地质意义相关。较稳定的中酸性岩浆岩带是铜、铅、锌、钨等多金属矿的重要成矿系统,超基性岩浆岩带与铁、铜等矿产有重要的成因关系。

(6)以资源潜力评价项目提供的构造建造图为基础,以重力资料为依据,结合磁测遥感资料,参照以往研究成果,对全区地质构造进行了全面系统的研究。具体成果如下:①推断区域性大断裂一、二级断裂构造 58 条,其中矿产资源潜力评价项目研究新识别划分的断裂有 20 条。新推断一般断裂(三级) 1624 条。并根据编制的布格重力异常图及各类研究图件,对前人划分的 35 条一、二级断裂构造位置及规模做了必要的修改。②全区推断的一、二级深大断裂为地质背景课题确定地质单元界线(一级、二级、三级)提供了重要依据。③首次系统地完成了地质体的推断解释,推断地层单元 425 个,中—新生代盆地 357 个,中—酸性岩体 194 个,基性、超基性岩体 75 个,圈定中—酸性岩浆岩带 8 个,超基性岩浆岩带 2 个。

(7)一般局部重力高异常是前中生代地层等地质体与矿床重力效应的综合反映,尤其区域重力异常更多的是大范围地质背景的综合反映。区内部分剩余重力正异常是铁、铬、镍矿床所在区域岩体和地层的综合反映。所以对于局部剩余重力正异常,当成矿地质环境有利时应注意铁、铬、镍矿床的寻找。

(8)区内绝大部分的有色金属矿产和贵金属矿产都分布在布格重力异常相对低值区或其外围的梯级带部位、等值线的扭曲部位,化探异常的分布也是如此,尤其是分布在布格重力异常低异常外围等值线密集带上,如内蒙古中东部地区白音诺尔铅锌矿、浩不高铅矿、拜仁达坝银铅矿、黄岗铁锌矿等。表明这些矿产形成过程中,中—酸性岩浆岩活动区(带)为其提供了充分的热源和热流。上述现象说明,应用重力资料推断的每一个岩浆岩活动区(带)实质上是一个成矿系统。在空间上,这些岩浆岩活动区(带)控制着内生矿床的分布,在成因上它们存在着内在的联系。布格重力异常图反映的岩浆岩活动区(带)是成矿最有利地段。

(9)沿索伦山—二连—贺根山一带为重力相对高值区,剩余重力异常多为正异常,推断为超基性岩带,在这一区域已发现巴彦、阿尔善特、白音宝力道、温特敖包、巴彦哈尔、乌兰敖包、干宽岭和满来西、贺根山、索伦山、小坝梁等铜、金、钴、铬、镍、铂(Pt)、钯(Pd)等矿床和矿点,这些矿床的形成与基性—超基性岩及热液活动有关。区内的镍、铬铁矿已知矿床均与基性—超基性岩有关。所以重力推断的基性—超基性岩区(带)亦是寻找上述矿床的有利地段。

(10)乌拉山、大青山一带及赤峰市—哈拉沁旗地区,属华北陆块区太古宙—古元古代古陆核,该区域是沉积变质型铁矿及绿岩型金矿的集中分布区。其显著特点是区域重力高,伴有较强的磁异常。所以重力推断的隐伏、半隐伏前古生代基底隆起区应是寻找同类型隐伏矿产的重点靶区。

(11)由重力资料推断的北北东向深大断裂,对大兴安岭地区的岩浆岩、矿产的形成和分布起着一定的控制作用;近东西向深大断裂,控制着内蒙古中部深源侵入岩和矿产的形成和分布;近北西向深大断裂,控制着内蒙古西部侵入岩和矿产的分布规律。深大断裂构造是深源岩浆岩的通道,断裂产状变化或交会处是矿产形成和富集的有利部位。

(12)编制的内蒙古自治区全区及14个重要矿产成矿区带(Ⅲ级)的布格重力异常图、剩余重力异常图、推断地质构造图等各类成果图件,为基础地质研究、成矿背景研究和资源潜力预测等提供了重要的地球物理信息资源及平台。

(13)通过对铁、铝、金、铜、银等20个矿种不同成因类型的典型矿床成矿地质环境的研究,提取了已知矿床成矿概念模型的重力信息,结合磁测及化探成果,建立了不同成因类型铁、铝、金、铜、银等20个矿种的地球物理模型。该项成果为典型矿床预测模型的建立、成矿要素的提取提供了重要依据。

矿产资源潜力评价项目对全区重力资料的研究虽取得了一定的成果,但许多方面还有待做进一步的深入探讨,比如有关深部构造研究、找矿预测研究等。根据布格重力异常和剩余重力异常及磁异常、地球化学异常、地震、电法异常进行深入研究、综合分析,可以为重要地质界线的厘定,为中深部矿床的寻找,提供更可靠、翔实、充分的资料和依据。

对于深部找矿,剩余重力异常是一个重要依据,必须进行深入研究。重力推断的隐伏、半隐伏岩体、地层等地质体,特别是与成矿有关的重点区段,在今后地质勘查工作的部署中,应作为一个重要的前提和依据,以期为寻找中深部矿床特别是覆盖区隐伏矿床做出贡献。

主要参考文献

内蒙古自治区地质矿产局.内蒙古自治区区域地质志[M].北京:地质出版社,1991.

苏美霞,赵文涛,张慧聪,等.华北板块与西伯利亚板块缝合带之地球物理特征[J].物探与化探,2014,38(5):949-955.

邵积东,王惠,张梅,等.内蒙古大地构造单元划分及其地质特征[J].西部资源,2011(2):51-56.

张振法.阴山山链隆起机制及有关问题探讨[J].内蒙古地质,1995(Z1).

张振法,牛颖智,常忠耀,等.中华地台与兴蒙古生代地槽褶皱区界线的重新厘定[J].物探与化探,2002,26(2):83-90.

张振法.松辽大型移置体和大兴安岭隆起机制探讨[J].物探与化探,1997,21(2):91-98.

主要内部资料

全国矿产资源潜力评价重力资料应用数据模型.中国地质调查局发展研究中心,2009.

全国矿产资源潜力评价重力资料应用技术要求.中国地质调查局发展研究中心,2010.

全国矿产资源潜力评价省级重力资料应用成果汇总技术要求(修订本).中国地质调查局发展研究中心,2012.

内蒙古自治区矿产资源潜力评价成矿地质背景研究成果报告.2013.

内蒙古自治区重要矿种区域成矿规律研究成果报告.2013.

内蒙古自治区重要矿种区域矿产预测成果报告.2013.

内蒙古自治区1∶50万航空磁力异常图和1∶100万布格重力异常图综合研究报告.原地勘局内蒙古第一物探队,1991.

内蒙古中部区区域物性调查研究工作报告.1985.

华北断面内蒙古段区带综合研究报告.原地勘局内蒙古第一物探队,1988.

内蒙古狼山-渣尔泰山区物化探资料综合研究及找矿预测研究报告.原地勘局内蒙古第一物探队,1989.

鄂尔多斯地台东北部重力、磁力普查总结报告(1∶50万).西安地质调查处B-304、305重力磁力普查联合队,1957.

内蒙古自治区大兴安岭南段1∶20万区域重力工作报告.地质矿产部第二综合物探大队,1968.

内蒙古自治区大兴安岭中段煤田及有色金属矿产远景区1∶20万区域重力报告.地质矿产部第二综合物探大队,1989.

内蒙古海拉尔地区重、磁法石油物探工作结果报告.地质部东北石油物探大队重磁联队,1961.

黑龙江海拉尔盆地地质物探综合报告.大庆油田海拉尔勘探会战前线指挥所,1977.

正蓝旗[K-50-(14)]、康保县幅[K-50-(19)]、太仆寺旗幅[K-50-(20)](内蒙古境内地区)1∶20万区域重力调查.原内蒙古地质局物探大队,1999.

多伦幅[K-50-(15)]、上黄旗幅[K-50-(21)](内蒙部分)1∶20万区域重力调查成果报告.内蒙古国土资源勘察开发院,1998.

内蒙古东乌珠穆沁旗二连盆地综合地球物理勘探成果报告.石油地球物理勘探局普查大队,1978.

内蒙古西乌珠穆沁旗锡林郭勒地区重力电阻率测深法煤田普查工作报告.内蒙古物探队,1983.

内蒙古锡林郭勒盟超基性岩普查勘探报告:地球物理探测结果报告.内蒙古自治区地质局地球物理探矿大队物探一队,1958.

内蒙古西北部地区超基性岩和铬铁矿普查勘探工作结果报告.原内蒙古地质局物探大队,1959,12.

内蒙古乌盟北部超基性岩和铬铁矿普查勘探物(化)探工作年终报告.内蒙古地质局地球物理探矿大队二中队,1960.

燕山地区1:100万重力测量结果报告,地质部综合物探大队,1964.

内蒙古东乌朱穆泌旗白音呼布尔盆地煤田远景调查报告(1:20万).原地勘局内蒙古第一物化探队,1984.

内蒙古锡林郭勒一盟二连一带超基性岩物探工作报告.原内蒙古地质局物探大队,1962,12.

内蒙古得尔布干南部地区1:20万区域重力工作报告.原地质部第二综合物探大队,1997.

云金表,庞庆山,方德庆.大地构造学与全国区域地质.2002年6月第1版.